氣壓迴路設計實務

傅棖榮　編著

全華圖書股份有限公司

國家圖書館出版品預行編目資料

氣壓迴路設計實務 / 傅根棻編著. – 初版.-新
北市：全華圖書, 2019.07
面：　　公分
ISBN:978-986-503-150-3(平面附光碟片)

1.氣壓控制 2.電腦輔助設計
448.919　　　　　　　　　108008933

氣壓迴路設計實務

作者 / 傅根棻

發行人 / 陳本源

執行編輯 / 康容慈

封面設計 / 曾霈宗

出版者 / 全華圖書股份有限公司

郵政帳號 / 0100836-1 號

印刷者 / 宏懋打字印刷股份有限公司

圖書編號 / 06404007

初版一刷 / 2019 年 08 月

定價 / 新台幣 380 元

ISBN / 978-986-503-150-3

全華圖書 / www.chwa.com.tw

全華網路書店 Open Tech / www.opentech.com.tw

若您對書籍內容、排版印刷有任何問題，歡迎來信指導 book@chwa.com.tw

臺北總公司(北區營業處)
地址：23671 新北市土城區忠義路 21 號
電話：(02) 2262-5666
傳真：(02) 6637-3695、6637-3696

中區營業處
地址：40256 臺中市南區樹義一巷 26 號
電話：(04) 2261-8485
傳真：(04) 3600-9806

南區營業處
地址：80769 高雄市三民區應安街 12 號
電話：(07) 381-1377
傳真：(07) 862-5562

自 序

　　機電整合的範圍包含相當廣泛，對於一個初學者要如何踏進該領域，確實會有難以抉擇的困擾。筆者擔任機電整合職類教學工作近二十年的經驗告訴我，從氣壓控制方面來導入會是一條相當容易又正確的途徑。其最主要的原因筆者歸納有四：

（一）　氣壓控制可以使用少數幾種設計方法 (如：串級法、直覺法、循環步進法、邏輯設計法等) 來設計千變萬化的題目，能很深入地訓練有關順序控制方面的邏輯思考能力，變化性非常大、很具有挑戰性，且能在很短的時間內，將設計能力提昇至相當的程度，讓學習者於學習過程中非常有成就感，產生一股很想往更高層級繼續深入學習動力。

（二）　氣壓控制適合初學者學習，可以從最簡單的基本迴路領進門，經過純氣壓迴路設計，再到氣－電迴路設計，一直到具有相當複雜度之整個系統的純氣壓或氣－電迴路；在純氣壓或氣－電迴路的設計中，筆者會教授如何寫出邏輯控制式，繪製迴路時即直接將邏輯控制式轉劃成迴路即可，可以使用簡單的設計方法來繪製出具有相當複雜度的氣壓迴路，而且不會使用到很高深的數理公式。

（三）　氣壓控制的實際上機實習是既方便又乾淨，學生可以在很短的時間內裝配出自己所設計的迴路，來印證自己所設計之迴路的正確性，馬上給予即時的回饋，對學習效果的增強有非常大的幫助。

（四）　氣壓實習元件於實習過程中，若有接管錯誤，一般只有不能正常動作，並不會損傷到元件的正常功能 (如有常壓、低壓混用時就要特別注意)；使初學者能放心做實習，不會造成心理負擔。若在氣－電迴路實習時，可應用不同顏色的電線來區分，以避免造成短路的現象。

　　以上筆者的觀點也可以從最近十年來，各高職農校的農機科紛紛轉型為生物機電科，大多數都以氣壓控制為其核心課程，甚至在檢定時也是選定氣壓為其檢定職類可見一斑。

　　另外，筆者常會被學生要求推薦介紹有關氣壓迴路設計方面的參考書籍，但坊間各書局所販售之氣壓迴路設計的內容大都只點到為止，並沒有深入探討各種迴路設計的技巧，很難找到一本適合筆者上課使用的教材。基於上述原因及筆者二十餘年來在氣壓教學上的經驗，故將所接觸過之各種不同氣壓迴路做一個有系統的整理與分類，特將其分為十二類型不同迴路及第十三章敘述自動化機械常用的操作功能：(1) 簡單動作迴路 (2)

複雜動作迴路 (3) 行程中間停止迴路 (4) 快慢速、高低壓迴路 (5) 反覆動作型迴路 (6) 計數型迴路 (7) 並進型迴路 (8) 選擇型迴路 (9) 跳躍型迴路 (10) 判別型迴路 (11) 組中有組型迴路 (12) 不歸位型迴路 (13) 自動化機械常用操作功能等類型，而在每個類型迴路中列舉三個例題說明各類型迴路的設計要領，及兩個練習題，使學習者充分了解設計的技巧。在內文中每個純氣壓迴路及氣－電迴路皆是筆者指導本期機電整合班學員逐題試做過之正確的迴路，期能針對不同類型之迴路提出有效又詳細的迴路設計方法，在深入淺出地解說下，將各類型氣壓迴路設計的要領說明清楚，能在有系統又有效率的方式下傳承下去，更盼對工業界在氣壓迴路設計領域方面略盡綿薄之力。

　　本書內容承蒙艾群教授指導與修正，林錫麟老師校閱與建議，94-2 期機電整合班學員對各題迴路試做實習等鼎力相助，各大專院校師長們的關心與督促，以及內人全力支持與鼓勵，才能促使本書得以完成，在此特致上最高的敬意與謝意。

　　本書經全華科技圖書公司相關同仁排版印製，筆者細心校稿。如有疏落或錯誤之處，請各位讀者不吝指正與建議。

　　　　　　　　　　　　　　　　　傅根棻　謹識於 台南職業訓練中心　謹識

再版序

　　筆者自 95 年出版『氣壓迴路設計經典』一書，不間斷的在原單位從事氣壓、油壓方面的教學工作，並且受邀參與氣壓、油壓、機電整合等職類技能檢定相關工作一、二十年之久，因此對氣壓、油壓課程的教學內容相當清楚，亦從中梳理出一些心得。舉凡從氣油壓入門課程－氣油壓符號認識、閥件名稱如何稱呼、機械－氣壓基本迴路瞭解、電氣－氣壓基本迴路介紹，到中階課程－機械－氣壓迴路分析設計、電氣－氣壓迴路分析設計及油壓各基本迴路講解、油壓迴路分析說明、電氣－油壓迴路分析設計，乃至於進階的應用課程－氣壓閥件型態之選用、自動化機械常見操作功能講解、氣壓特定功能迴路分析、氣壓各種主題計算、油壓典型迴路分析講解等課程，均有深入的研究與獨創的教學方法，甚至對機械 - 氣壓迴路的設計方式，有自行研發出一種全新的氣壓迴路設計法－氣壓訊號分析設計法 (下冊實務篇第 9 章)。

　　坊間經常傳說：『學過氣壓後，即能看懂油壓迴路』似是而非的說法，導因於兩者間的符號是相通的，所以表面上看來氣壓迴路看得懂、能夠通，就可讀通油壓迴路。不過，以筆者三十多年同時在教授氣壓及油壓兩門課的經驗來看，並不能認同此種說法，頂多只是控制油壓系統的電氣迴路看得通而已 (然其設計繪製出控制油壓系統之電路圖的方式是不同與氣壓的)，至於油壓迴路的特性還是無法看得懂的。一般氣壓系統會注重控制迴路是如何設計繪製出來的，因此學會及參透一種設計方法 (如：串級法)，就可以設計出非常多難度等級不同的氣壓迴路，由簡至繁均可使用同一種迴路設計法設計，在氣壓上重點弄懂前後順序概念，即可輕易地將迴路設計完成。當然氣壓也是會有各種特定功能之動力管線迴路 (如：實務篇第 11 章所介紹的)，但由於有以下三種因素：(1) 氣壓系統的使用壓力不高 (正常情形在 8 kgf/cm^2 以下) 出力較小 (一般以 kgf 計算)，很少利用壓力高低的變化作為控制的特性。(2) 的媒介質是空氣，會有顯著的縮收、膨脹之特性。(3) 一般氣壓系統沒有裝配回氣管線，當使用完畢立即就地排氣。因此，氣壓系統對動力管線的各種特性就很難如油壓系統發揮了，也就不太會注重動力管線的特性；反而對機械 - 氣壓迴路、電氣 - 氣壓迴路等，系統迴路圖如何設計繪製出來，尤其格外的重視，甚至還可當作是引領進入控制領域的快速捷徑。

　　另一方面在油壓系統中：(1) 出力大小都是以噸 (= 1000 kgf) 來計算的，輸出力量需要很強大。(2) 所使用壓力的變化從幾 kgf/cm^2 到幾百 kgf/cm^2，有非常大範圍的變化，且從柏努力定理可了解壓力能與速度能是能互換的，油壓的壓力高低是因油的流動遇到阻力而得來的，當油流變慢時，其壓力就會變高，反之亦然。(3) 要求油壓缸的移動速度可慢至幾 mm/min(幾乎以肉眼看不出有移動的情形，宛如時鐘裏的分針行走速度)，但快時可達幾 m/min，快慢速相差達千倍以上。(4) 用油量也從每分鐘零點幾公升 (λ / min)，大到幾百公升，甚至上千公升也有。(5) 油壓系統都有裝設回油系統管線，將用過的油引回油箱再行處理。前面所敘述的各項要素，若想符合要求時，就需在動力管線上有各種不同的特性迴路相應之，因此油壓基本迴路就有 15 種以上之多，每一種基本迴路特性幾乎是定型化的，不大會更換；所以，要弄通油壓系統就要先懂得油壓各種基本迴路的特性，必須每個基本迴路逐一去了解，才能辦得到的。油壓系統所重視的除了先後順序觀念之外，更加注重在系統迴路中壓力的變化與流量的控制等特性，這些觀念是氣壓方面學不到的。綜合前面論述深入了解後，深深感覺到氣壓與油壓學習的面向是不同的，就會很清楚了解學完氣壓後，要弄通油壓是必須重新再學習油壓各種基本迴路之特性，才有能力對油壓系統深入地分析與詳實的了解，因此絕對需要對油壓各種動力管線特性的展現有瞭若指掌的熟悉度，及靈活運用的熟練度。

　　筆者任職三十多年來都沒離開氣油壓領域之教學工作，也很幸運地能參與各職類 (氣壓、油壓、機電整合) 之技能檢定相關工作的淬鍊，渴望能將課堂上所領悟出來的豐富經驗與專業心得，在工作職場上好好發揮並善加應用。已然有初步的成果，如上冊 (基礎篇) 第 9 章的『氣壓閥件型態之選用』、第 10 (上冊)、1(下冊) 章的『自動化機械常見操作功能』、下冊 (實務篇) 第 11 章的『氣壓特定功能迴路』、第 12 章的『氣壓各種主題的計算』等章節之專業獨創概念。筆者再過幾年也將離開職業訓練的教學崗位，希望能將三十多年來對氣油壓教學的豐富經驗與獨創見解，毫無保留地與大家分享，期盼有潛力的優秀青年朋友們，在本書既齊備又創新的內容引領下，能在短時間內對氣油壓之專業技術，有正確之專業的觀念及深入地體悟，更期盼能與氣油壓的同好共勉之！

　　本書得以完成，首先要感謝賢內助的鼎力相助，使筆者能在無後顧之憂的環境下，全心全意撰寫本書各章節內容及繪製各氣壓迴路圖，並且使用 fluid.sim-P 繪圖軟體繪製與模擬各氣壓迴路圖，由衷地感謝她。其次感恩勞動部勞動力發展署雲嘉南分署，本單位提供完善的教學環境，讓我在此吸取養分，在這裡全力成長、茁壯。也因為教導三十多年學員的緣故，更練就我一身對氣油壓如此堅強勇猛的功力，再次感恩雲嘉南分署。本書各章節內容資料雖然經過筆者仔細撰寫，並經多次校稿，恐仍有疏落之處，尚祈各專家學者能不吝賜予指教及匡正。

雲嘉南分署　機電整合正訓練師

傅根榮　謹誌

編輯部序

　　「系統編輯」是我們的編輯方針，我們提供給您的，絕對不只是一本書，而是關於這本書的所有知識，它們由淺入深，循序漸進。

　　作者將所接觸過之氣壓迴路，按其迴路特性分類為十二類並依其難易度由淺入深地編排，再按每種不同迴路之特性詳細說明純氣壓迴路及氣壓電氣迴路的設計要領。在設計的過程中作者針對每種不同迴路會深入分析，寫出邏輯控制式，再以該式繪製純氣壓迴路圖或氣壓電氣迴路圖，可以很容易將各種迴路設計完成。每種迴路皆舉出 3 個例題與 2 個練習題，讓讀者能充分體會每一種迴路的設計要領，再經由練習題徹底了解設計氣壓迴路的技巧。

　　同時，為了使您能有系統且循序漸進研習相關方面的叢書，我們列出了各相關圖書的介紹，以減少您研習此門學問的摸索時間，並能對這門學問有更加完整的知識。若您在這方面有任何的問題，歡迎來函聯繫，我們將竭誠為您服務。

目 錄

第 5 章   不歸位型迴路 5-1

附錄　練習題解答

自動化機械常見操作功能

在上冊最後一章節中說明自動化機械從生產面，到機械意外狀況發生，都有相關常用的操作功能相因應，使得自動化機械的操作，能達到最安全、最便利的要求。

接下來以更嚴謹的方式闡述，自動化機械從生產面、到校正調機，甚至到意外狀況發生時，應如何因應處理。仍是以 $A^+B^+A^-C^+TC^-B^-$ 自動化鑽孔機械為例，而詳細說明各種情況的處理方式。

例題 1-1

$A^+B^+A^-C^+TC^-B^-$ 自動化鑽孔機加入動作中切換有效之 "單一／連續循環" 功能的氣壓及電氣－氣壓迴路設計

一、分析說明動作中切換有效之單一／連續循環操作功能的設計要領

在設計動作中除了 "切換無效" 之外，還有 "切換有效" 之單一／連續循環操作功能，也就是功能選擇閥 (或選擇開關) 可隨時決定操作運轉模式，要達此項功能，則需再多增加一個自保用雙邊氣導閥 (或 R0 繼電器)，以作為單一／連續循環選擇之用。當動作執行到循環結束點時，自保用雙邊氣導閥 (或 R0 繼電器) 仍持續作動住，機械的動作就以連續循環功能運轉；若到循環結束點自保用雙邊氣導閥 (或 R0 繼電器) 就復歸，則機械就會停止運轉，即為單一循環操作功能。一般單一／連續循環操作大都以一個 CS 切換閥 (或切換開關) 來選擇之，且在機械動作中轉換 CS 切換閥 (或切換開關)，機械必須轉換為最新的功能運轉。因此，這種在動作中切換有效的選擇模式，可以不用 off 停止閥 (或停止開關)，若為連續循環下運轉要停止機械，只要切換為單

一循環操作功能，即可使機械在完成一個循換後停止。依據以上之分析，可繪製出氣壓迴路如圖 1-1、電路如圖 1-2 之迴路。

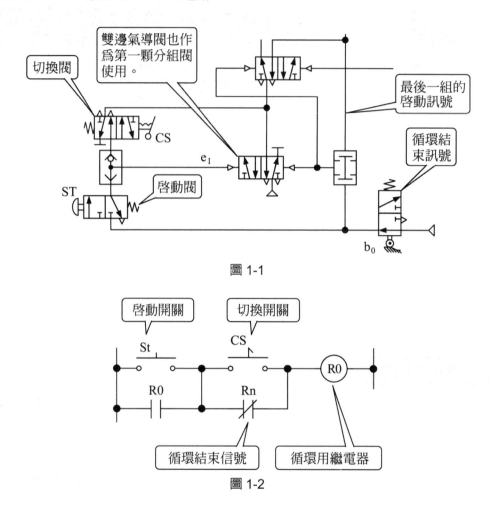

圖 1-1

圖 1-2

　　在圖 1-1、圖 1-2 中，不管是選擇在單一或連續循環功能，只要按下 st 啟動閥 (或啟動開關) 在機械運轉中，自保用雙邊氣導閥 (或 R0 繼電器) 都會作動。在氣壓迴路中，自保用雙邊氣導閥左側引導口有啟動訊號，及透過 CS 切換閥傳送自保訊號，將雙邊氣導閥作動至左側位置，使系統可啟動；而氣導閥右側引導口在循環結束時，有最後一組分組訊號與循環結束時碰觸極限閥 (b_0) 相串連的訊號，想把氣導閥復歸，就會形成以下兩種不同的狀況：

1. 如 CS 切換閥沒有切下則氣導閥左側沒有作動訊號存在，則雙邊氣導閥會被復歸到右側位置，系統即停止運轉，就是所謂的 "單一循環" 模式。
2. 若 CS 切換閥有切下，則氣導閥左側有作動訊號存在，就不可能將氣導閥復歸，系統繼續運轉，即成為 "連續循環" 模式。

　　圖 1-2 為單一／連續循環切換有效的電路圖，在圖中將 CS 切換開關與 Rn 循環結束點信號的 "b" 接點並聯連接，當機械運轉至結束點時該接點會打開再閉合，此時切換開關的 "開／閉" 狀態，就會形成以下兩種不同的情形：

1. 如並聯之 CS 切換開關是閉合的，則 R0 繼電器仍持續激磁，繼續執行下一個新循環的動作，屬於連續循環的運轉功能。

2. 若並聯之 CS 切換開關是打開的，則 R0 繼電器就消磁，機械停止運轉，屬於單一循環的運轉功能。以 Rn 繼電器來代替循環結束點信號是因不確定分組繼電器的使用數量，若能知道分組數量即可確定為分組繼電器的最後一個。因 R0 繼電器不管是單一或連續循環功能都會激磁，故也可作為第一個分組用繼電器。

二、繪出氣壓迴路並加入 "動作中切換有效" 之單一／連續循環操作功能，如圖 1-3。

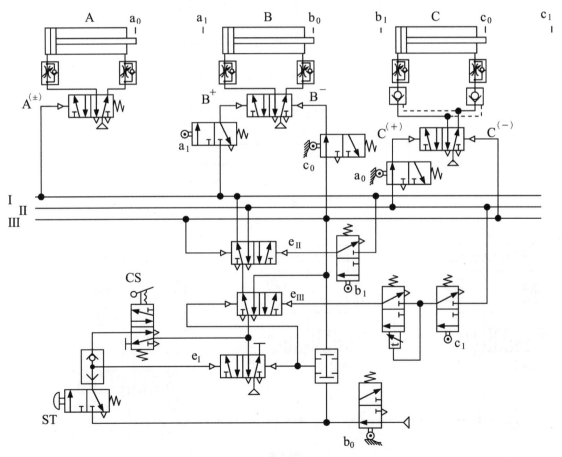

圖 1-3

三、繪製電氣－氣壓迴路圖及氣壓迴路圖，如圖 1-4、圖 1-5。

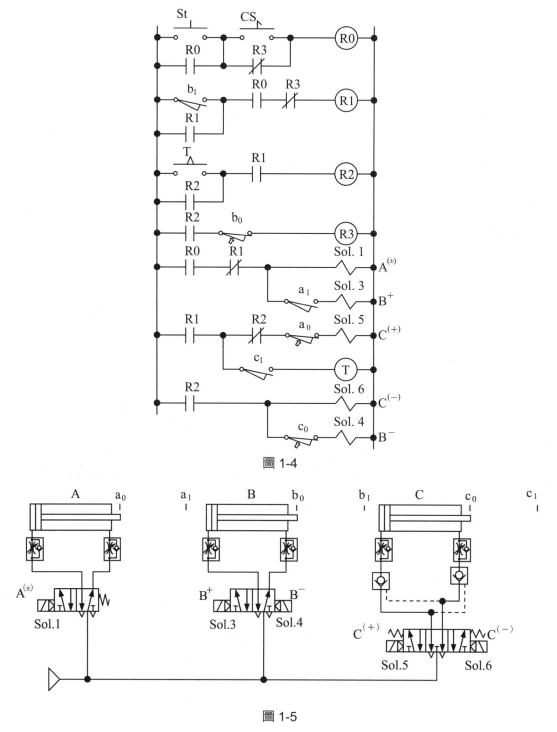

圖 1-4

圖 1-5

　　把圖 1-4 與圖 1-5 結合起來，即可執行 $A^+B^+A^-C^+TC^-B^-$ 自動化鑽孔機之單一／連續循環且動作中切換有效的電氣－氣壓迴路的動作。

例題 1-2

$A^+B^+A^-C^+TC^-B^-$自動化鑽孔機加入 "步進操作與單一／連續循環" 功能的電氣－氣壓迴路設計

一、分析說明步進操作功能的設計要領

因雙穩態電磁閥之閥體具有自保持功能，在設計步進操作功能時就比較簡單，只需要對要執行步進那一個動作的電磁閥，做一個短暫訊號的激磁即可；當閥位完成切換時就可斷電，否則會造成多個動作連續執行，就不符步進操作功能的要求。因此，為了能執行前述之功能，需再多增加一個執行 STP 步進功能的繼電器，而把步進繼電器的 "b" 接點串接於每個要執行步進動作的電磁閥之驅動電路上。在執行正常動作時，STP 步進繼電器不激磁，所串接的 "b" 接點皆可導通；當要進行步進動作時，STP 步進繼電器立即激磁，所有串接的 "b" 接點皆不通，待啟動鈕按下時，使 STP 繼電器短暫消磁，所有串接的 "b" 接點也就短暫導通，僅可執行其所串接之其他條件也已導通的那一步動作。另外在不同操作功能的切換時，均需要切換完畢後再按下啟動鈕，才能執行新的操作功能。基於上述原則繪製出如圖 1-6 之迴路，才能正確地達成自動化機械的 "步進操作及單一／連續循環" 功能。

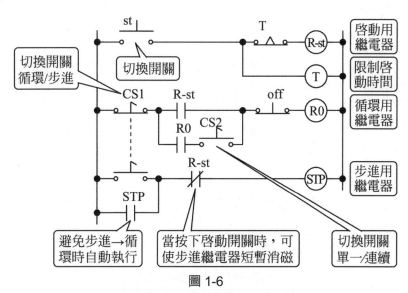

圖 1-6

然而，因單穩態電磁閥之閥體不具有自保持功能，在設計單穩態迴路步進操作功能時就比較複雜，不能以設計雙穩態閥步進功能的方式設計，就是在驅動電路上串接 STP 步進繼電器 "b" 接點處理，因執行步進功能時，所串接之 "b" 接點是呈開路狀態，這樣每個激磁之電磁閥皆會復歸，氣壓缸的動作就不符合規定。因此，需針對每個單

穩態電磁閥都要各自增加一個自保用繼電器或可藉由分組繼電器來控制之，才能使氣壓缸的動作符合規定。當氣壓缸要作動時，控制該氣壓缸的電磁閥會隨著相對應之繼電器激磁而作動，並自保住；等到氣壓缸要復歸時，電磁閥才能隨著相對應之繼電器消磁而歸位。

　　單穩態迴路在設計步進操作功能時，仍要再多增加一個 STP 步進繼電器，為了要能正確又簡單地設計出前述之功能，每個自保用繼電器需以下列兩項要領來處理：

1. 把步進繼電器的 "b" 接點串接在自保用繼電器之啟動處，當其他啟動條件成立時，仍需等待步進繼電器 "b" 接點的短暫閉合，才能使自保用繼電氣激磁，這樣就能控制電磁閥的激磁時機，也等於控制每支氣壓缸的第一個動作。

2. 把步進繼電器的 "a" 接點並接在自保用繼電器之斷電處，當其他斷電條件成立時，仍需等待步進繼電器 "a" 接點的短暫打開，才能使自保用繼電氣消磁，這樣就能控制電磁閥的消磁時機，也就等於可控制每支氣壓缸的第二個動作。若能做出前述兩點之說明，即可以正確地控制單穩態迴路步進操作功能。

　　依據以上之分析說明，特繪製出如圖 1-7 之迴路，才能正確地達成單穩態迴路 "步進操作及單一 / 連續循環" 功能。

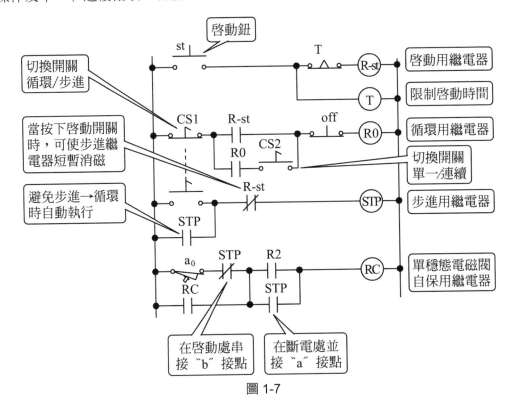

圖 1-7

　　另外，針對自動化機械比較重要動作在試車時，經常會使用的功能 "寸動操作" 做詳細的說明：就是操作者按著啓動開關，機械就會運轉；放掉啓動開關，機械就會就地停止，此種操作就是所謂的 "寸動操作"；一般是使用於重要動作在試車時，爲了方便詳細觀察其相關的特性，經常用此種操作方式，當操作者發現試車時有問題，立即鬆開啓動開關，機械立即就地停止，這樣才能確保人員與機械的安全。

　　而做 "寸動操作" 時需要有三位置閥件 (如圖 1-8) 搭配，才能有此功能。當按下復歸型按鈕開關使左側線圈激磁時，閥位切換氣壓缸就會動作；在放掉開關，開關接點立即復歸彈開，線圈就消磁，閥位復歸至中間位置，氣壓缸就地停止；這樣就能執行 "寸動操作" 的功能。依據上述說明三位置閥件就等同於兩個單穩態閥件相加在一起，控制該元件的方式可以單穩態元件的控制方式來處理之。在圖 1-8 中三種不同型態的三位置電磁閥，會有不同的停止效果 (詳細情形請參閱第 11 章)。

P 5/3 中位排氣電磁閥

P 5/3 中位加壓電磁閥

P 5/3 中位閉氣電磁閥

圖 1-8

二、繪出自動化鑽孔機之電氣－氣壓迴路並加入〝步進操作及單 一／連續循環切換有效〞操作功能，如圖 1-9。

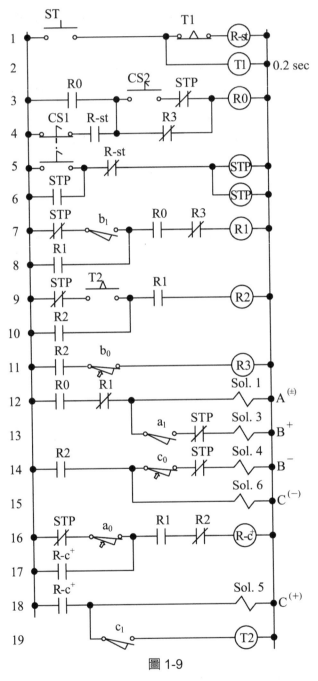

圖 1-9

　　圖 1-9 中第 3 線有串接 STP 〝b〞接點，是在連續循環時切至步進操作，必須將 R0 連續循環繼電器切斷，所以與切換開關串接在一起，可以獲得想達成的目的。

　　第 7、9、16 線串接 STP "b" 接點，正常動作時爲閉合狀態，只要與其串接之接點成立，即能使 R1、R2、RC$^+$等繼電器作動，所串接之 STP "b" 接點完全不影響電路的啓動功能；但是，在步進動作時所串接之 STP "b" 接點爲打開的狀態，與其相串接之其他接點若是已導通，電仍會被 STP "b" 接點 (打開的狀態) 擋下來，需等到按下啓動開關時，STP "b" 接點短暫閉合，才會使與其相串接之其他接點都已導通的那一條電路成功驅動繼電器，而執行步進的動作。

　　第 13、14 線串接 STP "b" 接點在 B$^+$、B$^-$的驅動電路上，正常動作時爲閉合狀態，只要與其串接之接點成立，即能使 B$^+$、B$^-$的電磁閥作動；但在步進動作時所串接之 STP "b" 接點爲打開的狀態，與其相串接之其他接點若是已導通，電仍會被 STP "b" 接點 (打開的狀態) 擋下來，需等到按下啓動鈕 STP "b" 接點短暫閉合，才會使與其相串接之其他接點都已導通的那一條電路成功驅動電磁閥，而執行雙穩態電路的步進動作。

　　第 6 線並接 STP "a" 接點，是在步進操作模式轉變爲正常運轉模式時，避免自行運轉，需待壓按啓動開關後，將步進繼電器 (STP) 消磁，機械才會進入正常運轉模式，這樣就可以達到安全操作的要求。

　　以上各線路所串接的 STP "b" 接點或並接 STP "a" 接點，都是以單穩態、雙穩態傳統控制電路，在執行步進操作功能所必須的設計方式。

三、繪製氣壓迴路圖，如圖 1-10。

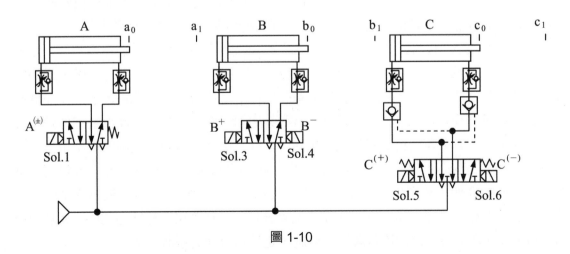

圖 1-10

　　把圖 1-9 與圖 1-10 結合起來，即可執行 A$^+$B$^+$A$^-$C$^+$TC$^-$B$^-$自動化鑽孔機步進操作及單一／連續循環功能切換有效之電氣－氣壓迴路的動作。

例題 1-3

$A^+B^+A^-C^+TC^-B^-$自動化鑽孔機加入 "緊急停止後再解除緊急停止開關時，壓按復歸開關各氣壓缸按機械需求依序復歸" 功能的電氣－氣壓迴路設計

一、分析說明急停與復歸功能的設計要領

　　緊急停止是使用於機械發生意外狀況時，為了使人員或機械損傷降至最低情況而使用的，一般的原則是以最簡單的操作方式來設計，也就是用 EMS 急停開關的 "b" 接點將控制線路的電源切斷，切斷後會使電路中所有的單穩態元件 (如繼電器) 立即復歸；而氣壓缸的動作隨著機械的安全需求，會有不同的處理情形：

1. 設氣壓缸需立即反向動作者，則使用單穩態電磁閥驅動之，電磁閥線圈在斷電後，電磁閥位復歸，氣壓缸也會隨著電磁閥而執行反向動作。

2. 如氣壓缸仍然要保持急停前的狀態時，就要使用雙穩態電磁閥，即會繼續保持斷電前最後的狀態，氣壓缸就隨著電磁閥的保持，也會保持在急停前的狀態。

3. 若氣壓缸要就地停止時，便需要使用三位置的電磁閥，在停電時因控制線路已沒有電能了，電磁閥位就會因閥內的復歸彈簧，而復歸至中間位置，氣壓缸也就會就地停止。而停止的效果如何，需視使用三位置閥件的種類來決定，詳情可看上冊第 9 章。

　　執行過緊急停止後，機械已安全地停止了，接著是以人工方式排除故障的部份；待故障點排除完畢，機械需在緊急停止開關解除後，依機械安全要求進行復歸動作或重新校正機械各部位相關位置的準確性後，才能夠恢復正常的量產運轉動作。

　　現在，假設 $A^+B^+A^-C^+C^-B^-$ 動作為一台自動化鑽孔機，A 缸為進料缸、B 缸為夾料缸、C 缸為鑽孔缸。一般自動鑽孔機最常發生意外狀況是在鑽孔過程中鑽頭斷裂，當執行急停功能時，C 缸之鑽孔缸必須就地停止，使鑽頭不再繼續前進，避免機械損傷更加嚴重。但此時 B 缸之夾料缸仍須保持夾料狀態，否則可能會發生工件飛出傷人的意外事件，必須等到故障狀況完全排除，C 缸之鑽孔缸退回至後限的安全位置，才是 B 缸之夾料缸後退的時機。或是切屑不小心跳到進料導槽內，使 A 缸之進料缸在進料時不順暢的問題，若產生時 A 缸需要立即反向縮回離開料件，是屬最為安全的緊急停止方式。因此，依據之前的各項故障狀況來分析，A 缸選用單穩態電磁閥、B 缸用雙穩態電磁閥、C 缸用三位置電磁閥等來控制，是較為合理的規劃安排。

　　當按下急停開關執行急停功能時，C 缸之鑽孔缸會因急停開關切斷電源，使三位置電磁閥消磁，復歸回中間位置，C 缸立即就地停止；但 B 缸之夾料缸因使用雙穩態電磁閥控制，可繼續保持夾料狀態，這樣才能獲得最為安全之緊急停止後的狀態。至於 A 缸用單穩態電磁閥，萬一進料不順，在按下急停開關時，也可馬上後退不會繼續強行進料，而釀成更大的損傷情形。

二、繪出電氣－氣壓迴路並加入 "緊急停止後氣壓缸按機械需求依序復歸" 操作功能，如圖 1-11。

　　圖 1-11 中是以動作中切換有效的電氣迴路，再加上緊急停止 (R-E 繼電器) 及解除緊急停止後依序復歸的方式設計的。其中復歸開關 (RST) 在正常動作時是壓按無效的，需先執行過緊急停止及解除緊急停止開關後，壓按復歸開關才可執行依序復歸動作的功能。

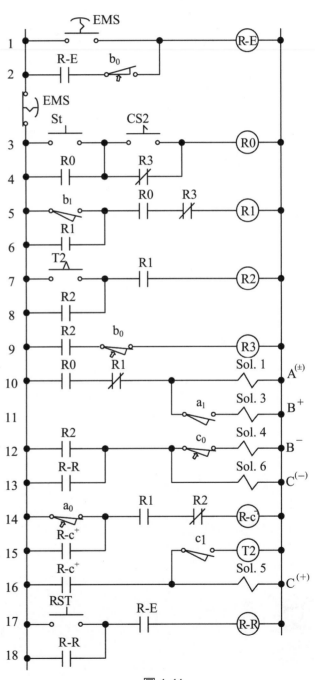

圖 1-11

三、繪製氣壓迴路圖，如圖 **1-12**。

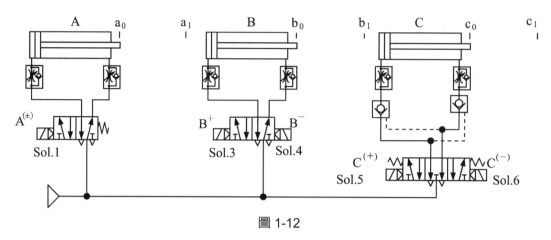

圖 1-12

把圖 1-11 與圖 1-12 結合起來，即可執行 $A^+B^+A^-C^+TC^-B^-$ 三支氣壓缸 "緊急停止後再解除緊急停止開關時，壓按復歸開關各氣壓缸按機械需求依序復歸" 功能之電氣－氣壓迴路的動作。

例題 1-4

$A^+B^+A^-C^+TC^-B^-$ 自動化鑽孔機加入 (1) 緊急停止後再解除緊急停止開關時、壓按復歸開關各氣壓缸按機械需求依序復歸，(2) 單一 / 連續模式切換有效，(3)A、B 兩缸步進操作，鑽孔用 C 缸單獨操控等功能的電氣－氣壓迴路設計。

一、分析說明各項功能的設計要領

前兩項功能的設計要領，可參考本章節前面幾個已敘述過之例題的內容說明，即可大致明白。

現在要特別針對"鑽孔用 C 缸單獨操控之手動寸進功能"來詳加說明之：所謂"寸進功能"是選擇開關已選在手動操作功能下，並在按下寸進功能專用的操作開關時，機械就能夠執行寸進的動作；是在操作開關壓按時，機械就能夠執行運轉的動作；放開操作開關後，立即就地停止，暫停動作，以上所描述的功能，即是所謂的"寸進功能"。

設計時需要增加兩個選擇開關 CS1(循環 / 步進、寸進用)、CS2(單一 / 連續用)，當選擇開關 (CS1) 切下去"a"接點會閉合時，機械即進入步進、寸進功能，待執行完 A 缸後退後，按下寸進功能專用的 PB1 操作開關，鑽孔 C 缸即執行前進動作，如放開 PB1 操作開關，鑽孔 C 缸立即停止前進動作；若是操作寸進功能專用的 PB2 操作開關，則鑽孔 C 缸即執行後退動作，在放開 PB2 操作開關，鑽孔 C 缸立即停止後退動作。此種操作功能經常使用於自動化機械上比較重要的氣壓缸操作上，因該動作在試車時不能直接以全行程一次走完，必須以分段方式多次操作完成之；若能使用手動寸進功能操作開關，在壓按多久就動作多久的寸進功能操作，且配合操作者的目視情況下，以最安全的方式逐一執行試車動作，萬一發現有危險情況，立即鬆開氣壓缸隨即就地停止，這樣最能符合試車時安全操作的要求。

二、繪出電氣－氣壓迴路並加入：(1) 緊急停止後再解除緊急停止開關時、壓按復歸開關各氣壓缸按機械需求依序復歸，(2) 單一 / 連續模式切換有效，(3)A、B 兩缸步進操作，鑽孔用 C 缸單獨操控等功能的電氣－氣壓迴路設計，如圖 1-13。

在圖 1-13 中第 2 線串接 b_0 位置極限的"b"接點是做為機械復歸至原點，用來切斷 EMS 急停繼電器用的。第 25 線以 RST 按鈕開關驅動一個 RST 復歸用繼電器，其斷電條件串接 EMS 的"a"接點，有兩種用途：

1. 必須 EMS 急停功能有被執行過，按下 RST 按鈕開關才有效用。

2. 當機械復歸至原點把 EMS 急停繼電器復歸時，亦可把 RST 復歸用繼電器復歸。

　　當按下 EMS 急停鈕時，第 3~26 線全部斷電，單穩態電磁閥控制的 A 缸立即後退、C 缸就地停止，B 缸則因雙穩態電磁閥控制，繼續保持伸出狀態；待解除 EMS 急停鈕並按下 RST 按鈕開關，由第 19 線之 RST 的 "a" 接點送電給 C 缸，當 C 缸碰觸 c_0 極限開關，再給 B 缸線圈有電，可確保 C 缸退至定位，B 缸才會後退。

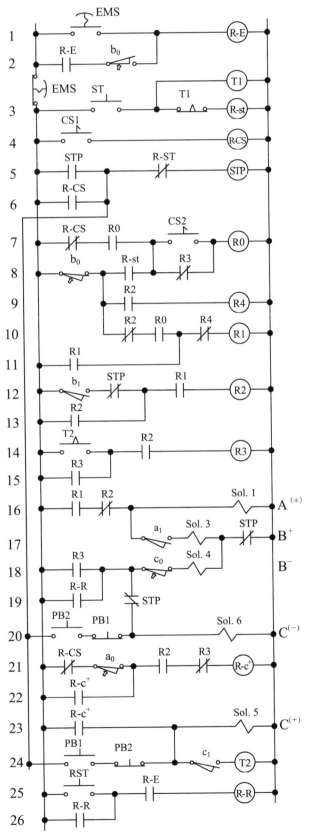

圖 1-13

三、繪製單穩態氣壓迴路圖，如圖 **1-14**。

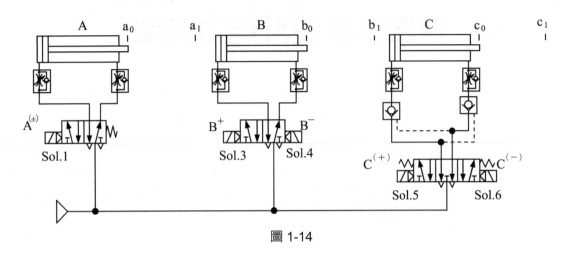

圖 1-14

把圖 1-13 與圖 1-14 結合起來，即可執行 $A^+B^+A^-C^+C^-B^-$ 三支氣壓缸之 (1) 緊急停止後再解除緊急停止開關時、壓按復歸開關各氣壓缸按機械需求依序復歸，(2) 單一／連續模式切換有效，(3)A、B 兩缸步進操作、C 缸單獨操控等功能的電氣－氣壓迴路的動作。

自動化機械常見功能 (二)
迴路綜合設計能力測驗

練習 1 應用前面各例題所介紹之方法，設計 $A^+B^+B^-TC^+C^-A^-$ 三支氣壓缸簡單動作，包括單一／連續 (動作中切換無效)、步進操作等功能之電氣－氣壓迴路。

練習 2 應用前面各例題所介紹之方法，設計 $A^+B^+B^-TC^+C^-A^-$ 三支氣壓缸簡單動作，包括單一／連續 (動作中切換有效)、步進操作 (A、B)、寸進操作 (C) 等功能之電氣－氣壓迴路。(三個電磁閥至少有一個是單穩態的)

2 並進型迴路

所謂"並進型迴路"係指自動化機械在整個循環過程中，機械動作到某一個特定點，需要有兩串不同的動作同時進行，完成後再合流進行後續的動作。

此種並進型回路設計的重點：

1. 在分歧點是以分歧點的信號，同時去驅動並進之兩串不同動作的頭一個。
2. 在合流點需等待並進之兩串不同動作的最後一個動作的結束點都完成後，才能繼續進行後續的動作。現列舉三個例題來詳細說明"並進型迴路"的設計要領。

(1) $A^+ \begin{cases} B^+ \quad T \quad B^- \\ (C^+C^-)_2 \end{cases} A^-$

(2) $A^+ \begin{cases} \overline{(B^+B^-)} \quad \cdots \\ C^+ \quad T_2 \end{cases} \xrightarrow{T_1} C^- \quad A^-$

(3) $A^+ \begin{cases} B^+_{1/2}B^- \quad B^{++} \quad B^- \\ C^+ \quad T \quad C^- \end{cases} A^-$

例題 2-1

$$A^+ < \genfrac{}{}{0pt}{}{B^+ \; T \; B^-}{(C^+C^-)_2} > A^-$$

壹、機械－氣壓迴路設計

一、分析研判動作類型

$A^+ < \genfrac{}{}{0pt}{}{B^+ \; T \; B^-}{(C^+C^-)_2} > A^-$ 為三支氣壓缸的複雜動作兼具 "並進型" 之迴路。複雜動作之設計要領可參考前面章節，"並進型" 迴路設計技巧即如上面所述之重點。

二、分組

$A^+ < \genfrac{}{}{0pt}{}{B^+ \; T \; B^-}{(C^+C^-)_2} > A$ 　分為二組 ⟶

三、列出邏輯方程式 (僅適用於雙穩態迴路)

$e_I = a_0 \cdot st$

e_I：表要切換至第 I 組的條件；在 A 缸退回後限碰觸 a_0 極限開關且壓下 st 啟動開關時，系統信號就切換至第 I 組。

$e_{II} = t \cdot b_0 \cdot k \cdot c_0$

e_{II}：表要切換至第 II 組的條件；在第 I 組有氣壓信號，計時器計時已到 B 缸後退至後限碰觸 b_0 極限開關且計數器計數次數已到 C 缸退回後限碰觸 c_0 極限開關時，系統信號就切換至第 II 組。

$A^+ = I$

A^+：表 A 缸前進的條件；在第 I 有氣壓信號時，A 缸即前進。

$A^- = II$

A^-：表 A 缸後退的條件；在第 II 組有氣壓信號時，A 缸即後退。

$B^+ = I \cdot a_1 \cdot \bar{t}$

B^+：表 B 缸前進的條件；在第 I 組有氣壓信號且 a_0 極限開關被碰觸，計時器計時未到時，B 缸就會前進。

$B^- = t$

B^-：表 B 缸後退的條件；在計時器計時已到時，B 缸即後退。

$C^+ = I \cdot a_1 \cdot \bar{k} \cdot c_0$

C^+：表 C 缸前進的條件；在第 I 組有氣壓信號、計數器計數次數未到且 C 缸退回後限碰觸 c_0 極限開關時，C 缸就前進。

$C^- = c_1$

C^-：表 C 缸後退的條件；在 C 缸前進至前限碰觸 c_1 極限開關時，C 缸就後退。

$T = I \cdot (b_1 + t_a)$

T：表計時器開始計時的條件；當第 I 組有氣壓信號時，B 缸前進至前限碰觸 b_1 極限開關，計時器開始計時；且需自保持住，待切至第 II 組時再復歸。

$C_Z = c_1$

C_Z：表計數器計數的條件；在 C 缸前進至前限碰觸 c_1 極限開關時，計數一次。

$C_Y = II$

C_Y：表計數器復歸的條件；在第 II 組有氣壓信號時，計數器就復歸。

四、繪製機械－氣壓迴路。

(一) 先繪製氣壓缸、主氣閥、組線及換組用回動閥、氣源供應部份，如圖 2-1。

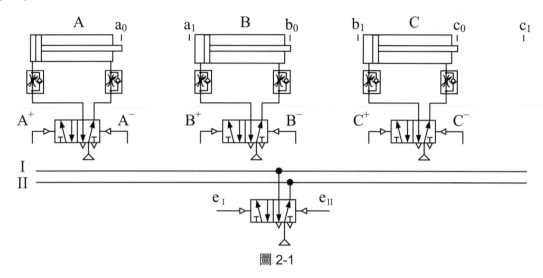

圖 2-1

(二) 再把邏輯方程式的信號元件繪入並連接線路，如圖 2-2。

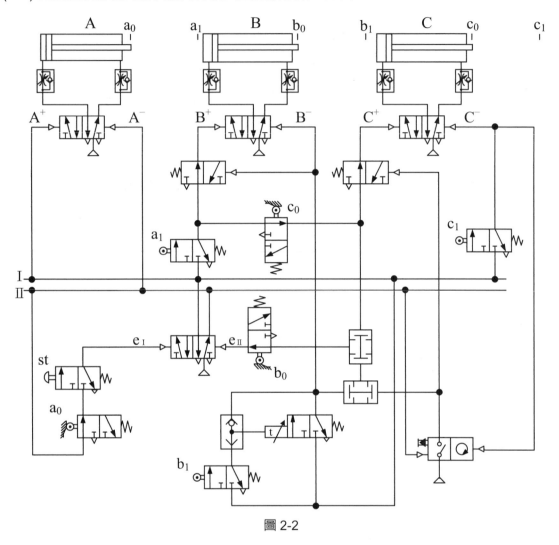

圖 2-2

　　以上圖 2-2 是 $A^+ \begin{smallmatrix} B^+ & T & B^- \\ & (C^+C^-)_2 & \end{smallmatrix} A^-$ 三支氣壓缸 A、B、C 並進型迴路的機械－氣壓迴路。

貳、電氣－氣壓迴路設計

一、列出邏輯方程式 (可參考前面機械－氣壓迴路，適用於雙穩態迴路)

因只分為兩組，分組用繼電器僅使用一個，規劃 R1 分組繼電器的激磁時間為 I 組，故 R1 繼電器之激磁、消磁條件及各氣壓缸驅動條件分別為：

$$A^+ \overset{B^+ \quad T \quad B^-}{\underset{(C^+C^-)_2}{\rightleftharpoons}} \nearrow /A^-$$

$$
\begin{aligned}
R1^{(\pm)} &= (e_I + R1) \cdot \overline{e_{II}} \\
&= (a_0 \cdot st + R1 \quad \cdot \overline{(t \cdot b_0 \cdot k \cdot c_0)} \\
&= (a_0 \cdot st + R1) \cdot (\overline{t} + \overline{k} + \overline{b_0} + \overline{c_0})
\end{aligned}
$$

上列之 e_I、e_{II} 由 R1 繼電器取代，其邏輯方程式如下：

因分組用繼電器如上圖方式規劃，各組通電的條件則分別如下：

I = R1(第 I 組的信號)

II = $\overline{R1}$ · $\overline{a_0}$ (第II組的信號)

A$^+$ = I = R1　　　　　　　　　A$^+$：表 A 缸前進的條件；在第 I 組有電氣信號時，A 缸即前進。

A$^-$ = II = $\overline{R1}$ · $\overline{a_0}$　　　　　A$^-$：表 A 缸後退的條件；在第II組有電氣信號時，A 缸即後退。

B$^+$ = R1 · a_1 · b_0 · $\overline{t}$　　　　B$^+$：表 B 缸前進的條件；在第 I 組有電氣信號，a_1、b_0 極限開關被碰觸且計時時間未到時，B 缸即前進。

B$^-$ = R1 · t　　　　　　　　　B$^-$：表 B 缸後退的條件；在第 I 組有電氣信號且計時時間已到時，B 缸即後退。

C$^+$ = R1 · a_1 · c_0 · $\overline{k}$　　　　C$^+$：表 C 缸前進的條件；在第 I 組有電氣信號，a_1、c_0 極限開關被碰觸且計數次數未到時，C 缸即前進。

C$^-$ = c_1　　　　　　　　　　C$^-$：表 C 缸後退的條件；在第 I 組有電氣信號且 c_1 極限開關被碰觸時，C 缸即後退。

T = R1 · (b_1 +TR)　　　　　　T：表計時器的計時條件；在 b_1 極限開關每被碰觸，計時器就開始計時，且需自保住；待至第 2 組就復歸。

C_C = c_1　　　　　　　　　　C_C：表計數器的計數條件；在 c_1 極限開關每被碰觸，計數器就計數一次。

C_R = $\overline{R1}$ · $\overline{a_0}$　　　　　　C_R：表計數器的復歸條件；在第II組有信號時計數器就執行復歸動作。

在第II組原本信號只有 $\overline{R1}$ 而已，但因僅接 $\overline{R1}$ 信號會造成停機時，最後一組動作的線圈仍會激磁的問題，故須多串接 $\overline{a_0}$ 接點將停機仍會激磁的問題解決。

二、繪製電路圖及氣壓迴路圖

(一) 先繪製控制電路圖

逐一把經公式轉換為單穩態之邏輯方程式 (控制繼電器用) 及每個雙穩態邏輯方程式 (驅動氣壓缸用) 轉畫為電路圖，如圖 2-3。

$$R1^{(\pm)} = (a_0 \cdot st + R1) \cdot$$
$$(\bar{t} + \bar{k} + \bar{b_0} + \bar{c_0})$$

$$A^+ = I = R1$$

$$B^+ = R1 \cdot a_1 \cdot \overline{R-b_0} \cdot \overline{R-t}$$

$$C^+ = R1 \cdot a_1 \cdot \overline{R-c_0} \cdot \overline{R-k}$$

$$C^- = c_1$$

$$C_C = c_1$$

$$B^- = R\text{-}t$$

$$A^- = II = \overline{R1} \cdot \overline{a_0}$$

$$C_R = \overline{R1} \cdot \overline{a_0}$$

$$T = R1 \cdot (b_1 + TR)$$

$$R\text{-}t = T$$

$$R\text{-}k = k$$

$$R\text{-}b_0 = \overline{b_0}$$

$$R\text{-}c_0 = \overline{c_0}$$

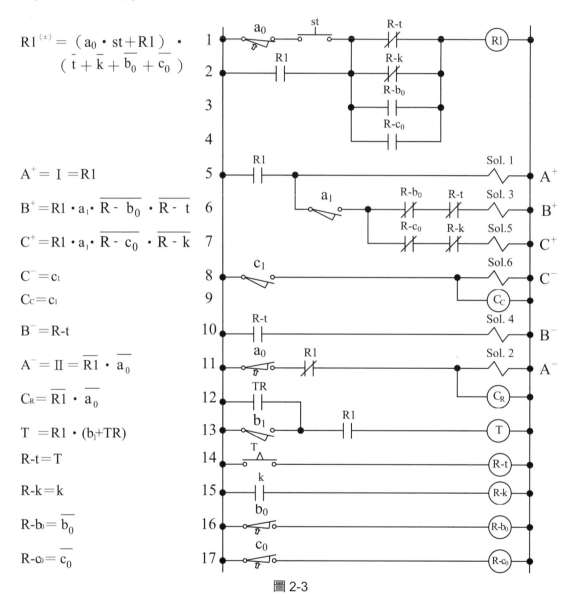

圖 2-3

在圖 2-3 中使用的計數器為電磁式，另針對 t、k、b_0、c_0 等因使用多次，故以繼電器擴大其點數，而 b_0、c_0 極限開關在停機時是被壓住，改以 "b" 接點驅動相關繼電器，原來第 3、4 線極限開關的 "b" 接點替換為相關繼電器的 "a" 接點。若把計數器改為電子式的則電路圖需修改為如圖 2-4。

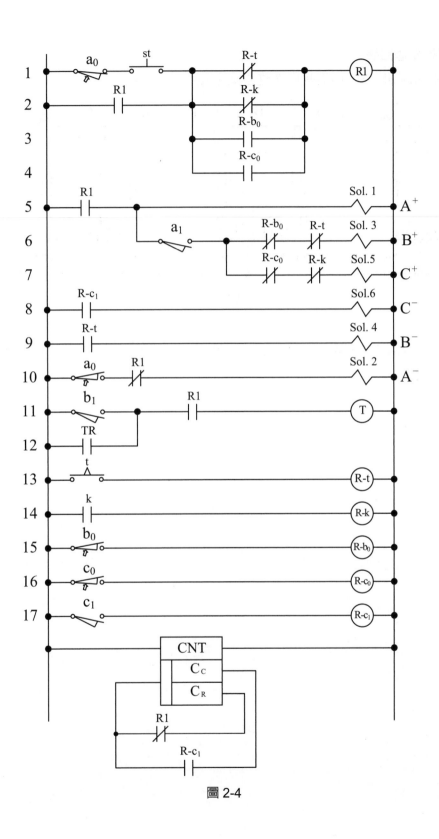

圖 2-4

(二) 繪製氣壓迴路圖

氣壓迴路圖如 7-5，均為雙穩態雙頭電磁閥。

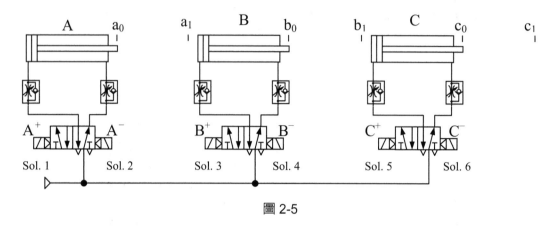

圖 2-5

把圖 2-3 或圖 2-4 和圖 2-5 結合起來，即可執行$A^+ \left\langle \begin{matrix} B^+ \ T \ B^- \\ (C^+ C^-)_2 \end{matrix} \right\rangle A^-$雙穩態迴路的動作。

參、電氣－氣壓單穩態迴路設計

一、判別需做自保迴路的氣壓缸

　　分組用繼電器及各組的控制條件和本題前面雙穩態電氣迴路皆相同，可參考前面。各氣壓缸前進、後退的邏輯方程式亦需要轉換為單穩態電磁閥可使用之邏輯方程式。而在轉換的過程中有一些要領可判別出某幾支氣壓缸需做自保迴路，有些就不用做。

　　不需做自保迴路的判斷原則如前面各節所述；本題原則上 A、B 缸改為單穩態電磁閥控制不需要做自保持迴路，但是 C 缸前進、後退的動作均列在同一組中，就需增加一個繼電器 (RC) 來處理，則 A、B、C 三支缸的控制式分別為：

$A^{(\pm)} = R1$

　　$A^{(\pm)}$：表 A 缸電磁閥的控制條件；在第 I 組有信號，A 缸即前進；進入第 II 組，A 缸就後退。

$B^{(\pm)} = R1 \cdot a_1 \cdot \bar{t}$

　　$B^{(\pm)}$：表 B 缸電磁閥的控制條件；在第 I 組有信號 A 缸前進至前限碰觸 a_1 極限開關且計時器計時未到時，B 缸就前進；當計時已到，B 缸即後退。

$RC^{(\pm)} = (R1 \cdot c_0 \cdot \bar{k} + RB) \cdot \bar{c_1} \cdot a_1$

　　$RC^{(\pm)}$：表 C 缸自保用繼電器的控制條件；啟動條件在 A 缸前進至前限碰觸 a_1 極限開關、C 缸往復次數未到且碰觸後限 c_0 極限開關，RC 繼電器就激磁；當 C 缸前進至前限碰觸 c_1 極限開關，就切斷 RC 繼電器的激磁狀態。

$C^{(\pm)} = RC$

　　$C^{(\pm)}$：表 C 缸電磁閥的控制條件；RC 繼電器激磁，C 缸就前進；當計時已到，B 缸即後退。

二、繪製電路圖及氣壓迴路圖

(一) 先繪製控制電路圖

　　逐一把經公式轉換為單穩態之邏輯方程式 (控制繼電器用) 及每個單穩態邏輯方程式 (驅動氣壓缸用) 轉畫為電路圖，如圖 2-6(電磁式計數器)。

$A^{(\pm)} = R1$

$B^{(\pm)} = R1 \cdot a_1 \cdot \bar{t}$

$RC^{(\pm)} = (a_1 \cdot c_0 \cdot \bar{k} + RC)$

$\cdot \bar{c_1} \cdot R1$

$C^{(\pm)} = RC$

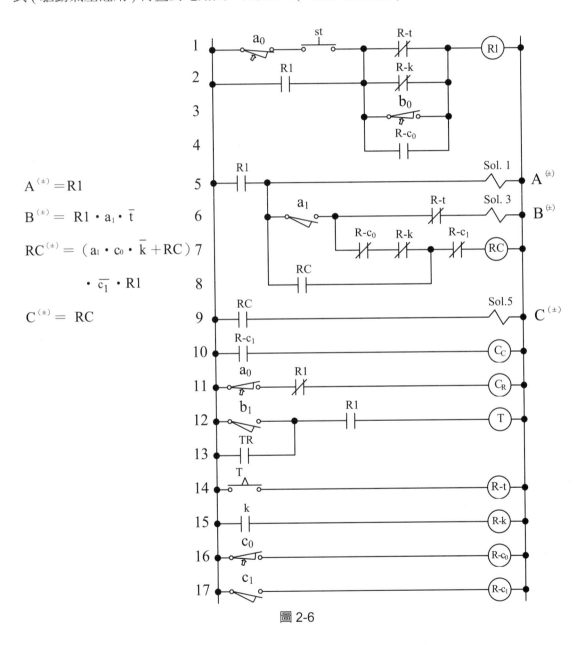

圖 2-6

或如圖 2-7(電子式計數器)。

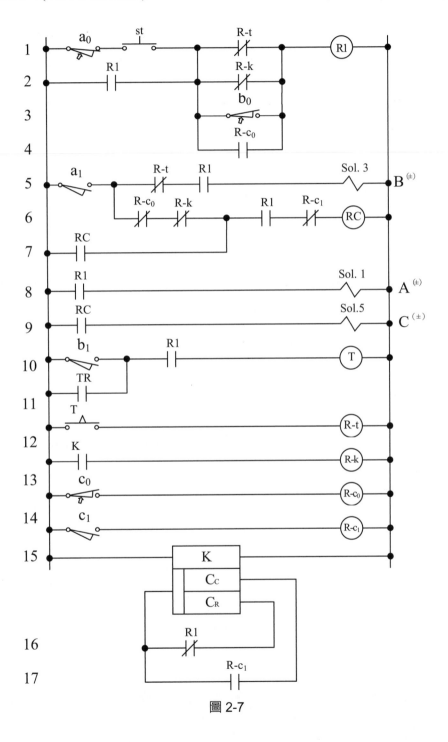

圖 2-7

(二) 繪製氣壓迴路圖

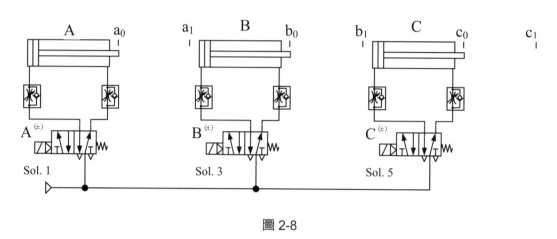

圖 2-8

　　把圖 2-6 或圖 2-7 和圖 2-8 結合起來，即可執行 $A^+ \begin{subarray}{c} B^+ \quad T \quad B^- \\ (C^+C^-)_2 \end{subarray} A^-$ 電氣－氣壓單穩態迴路 A、B、C 三支氣壓缸的並進迴路的動作。

例題 2-2

$$A^+ \left\langle \begin{matrix} \overset{T_1}{\overbrace{(B^+ B^-)}} \cdots \\ C^+ \quad T_2 \quad C^- \end{matrix} \right\rangle A^-$$

壹、機械－氣壓迴路設計

一、分析研判動作類型：為 A、B、C 三支缸且 B、C 兩支缸具反覆執行之複雜動作的計數迴路。

二、分組

三、列出邏輯方程式 (僅適用於雙穩態迴路)

$e_I = a_0 \cdot st$ 　　　e_I：表要切換至第 I 組的條件；當在 II 組 A 缸退回後限碰觸 a_0 極限開關且壓下 st 啟動開關時，系統信號就切換至第 I 組。

$e_{II} = t_1 \cdot b_0 \cdot t_2 \cdot c_0$ 　　e_{II}：表要切換至第 II 組的條件；當在 I 組有氣壓信號，計時器 T_1、T_2 計時皆已到且 B、C 缸退回後限分別碰觸 b_0、c_0 極限開關時，系統信號就切換至第 II 組。

$A^+ = I$ 　　　　　　A^+：表 A 缸前進的條件；在第 I 組有氣壓信號時，A 缸即前進。

$A^- = II$ 　　　　　　A^-：表 A 缸後退的條件；在第 II 組有氣壓信號時，A 缸即後退。

$B^+ = I \cdot a_1 \cdot \overline{t_1} \cdot b_0$ 　B^+：表 B 缸前進的條件；在第 I 組有氣壓信號、A 缸碰觸 a_1 極限開關、計時器 T_1 計時未到且 B 缸碰觸 b_0 極限開關，B 缸就會前進。

$B^- = b_1$ 　　　　　　B^-：表 B 缸後退的條件；在第 I 組有氣壓信號，B 缸前進碰觸前限 b_1 極限開關時，B 缸即後退。

$C^+ = I \cdot a_1 \cdot \overline{t_2}$ 　　C^+：表 C 缸前進的條件；在第 I 組有氣壓信號、a_1 極限開關被碰觸、計時器 T_2 計時未到，C 缸即前進。

$C^- = t_2$ 　　　　　　C^-：表 C 缸後退的條件；在第 I 組有氣壓信號，計時器 T2 計時已到時，C 缸即後退。

$T_1 = I \cdot a_1$ 　　　　T_1：表 T_1 計時器開始的計時條件；當 A 缸前進碰觸前限 a_1 極限開關時，T_1 計時器即開始計時動作並保持至第 I 組結束後才復歸。

$T_2 = (c_1 + TR_2) \cdot I$ 　T_2：表 T_2 計時器開始的計時條件；當 C 缸前進碰觸前限 c_1 極限開關時，T_2 計時器即開始計時動作並保持至第 I 組結束後才復歸。

四、繪製機械－氣壓迴路。

(一) 先繪製氣壓缸、主氣閥、組線及換組用回動閥、氣源供應部份，如圖 2-9。

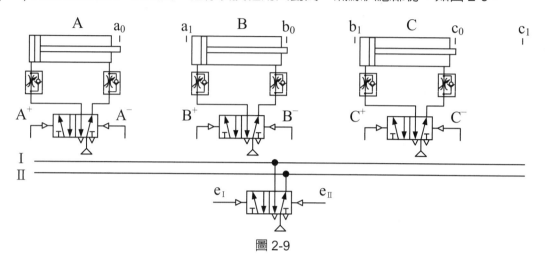

圖 2-9

(二) 再把邏輯方程式的信號元件繪入並連接線路，如圖 2-10。

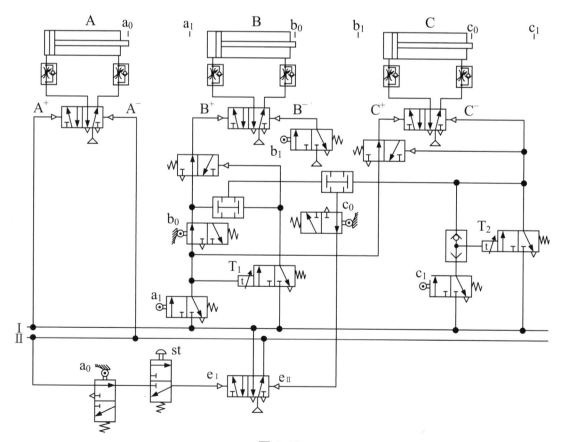

圖 2-10

以上圖 2-10 是 $A^+ \Big\langle \begin{matrix} \overset{T_1}{(B^+ B^-)} \\ C^+ \quad T_2 \end{matrix} \cdots \begin{matrix} \\ C^- \end{matrix} \Big\rangle A^-$ 計數迴路的機械－氣壓迴路圖。

貳、電氣－氣壓迴路設計

一、列出邏輯方程式 (可參考前面機械－氣壓迴路，適用於雙穩態迴路)

$$e_I = a_0 \cdot st \qquad\qquad e_{II} = t_1 \cdot b_0 \cdot t_2 \cdot c_0$$
$$A^+ = I \qquad\qquad A^- = II$$
$$B^+ = I \cdot a_1 \cdot \overline{t_1} \cdot b_0 \qquad B^- = b_1$$
$$C^+ = I \cdot a_1 \cdot \overline{t_2} \cdot c_0 \qquad C^- = t_2$$
$$T1 = I \cdot a_1 \qquad\qquad T2 = I \cdot (c_1 + TR_2)$$

本題共分為二組，故分組用繼電器使用一個，而各繼電器的啓動、切斷時間如下說明：上列之 e_I、e_{II} 由 R1 繼電器取代，規劃 R1 激磁的時間為 I 組，其邏輯方程式如下：

$$A^+ \Big\langle \begin{matrix} \overset{T_1}{(B^+ B^-)} \\ C^+ \quad T_2 \end{matrix} \cdots \begin{matrix} \\ C^- \end{matrix} \Big\rangle \Big/ A^-$$
$$R1^+ \Longrightarrow R1^{(\pm)} = (a_0 \cdot st + R1) \cdot (\overline{t_1 \cdot b_0 \cdot t_2 \cdot c_0})$$
$$= (a_0 \cdot st + R1) \cdot (\overline{t_1} + \overline{b_0} + \overline{t_2} + \overline{c_0})$$

因分組用繼電器如上圖方式規劃，各組通電的條件、各氣壓缸前進、後退的控制條件及計時器的計時條件分別如下說明：

I = R1(第 I 組的信號)

II = $\overline{R1} \cdot \overline{a_0}$ (第 II 組的信號)

$A^+ = R_1$ 　　　　　　　　A^+：表 A 缸前進的條件；在第 I 組有電氣信號時，A 缸即前進。

$A^- = \overline{R1} \cdot \overline{a_0}$ 　　　　　A^-：表 A 缸後退的條件；在第 II 組有電氣信號時，A 缸即後退。

$B^+ = I \cdot a_1 \cdot \overline{t_1} \cdot b_0$ 　　　B^+：表 B 缸前進的條件；在第 I 組有電氣信號，A 缸前進至前限碰觸 a_1 極限開關且 T_1 計時器計時未到時，B 缸即前進。

$B^- = b_1$ 　　　　　　　　B^-：表 B 缸後退的條件；在 B 缸前進至前限碰觸 b_1 極限開關時，B 缸即後退。

$C^+ = I \cdot a_1 \cdot \overline{t_2} \cdot c_0$ 　　　C^+：表 C 缸前進的條件；在第 I 組有電氣信號，A 缸前進至前限碰觸 a_1 極限開關且 T_2 計時器計時未到時，C 缸即前進。

$C^- = t_2$ 　　　　　　　　C^-：表 C 缸後退的條件；在 T_2 計時器計時已到時，C 缸即後退。

$T_1 = I \cdot a_1$ 　　　　　　T_1：表 T_1 的計時條件；在第 I 組有電氣信號，A 缸前進至前限碰觸 a_1 極限開關時，T_1 計時器即開始計時。且須保持至第 I 組結束

$T_2 = (c_1 + TR_2) \cdot R1$ 　　T_2：表 T_2 的計時條件；在第 I 組有電氣信號，C 缸前進至前限碰觸 c_1 極限開關時，T_2 計時器即開始計時。計時已到狀態須保持至第 I 組結束。

二、繪製電路圖和氣壓迴路圖

(一) 先繪製控制電路圖

逐一把經公式轉換爲單穩態之邏輯方程式 (控制繼電器用) 及每個雙穩態邏輯方程式 (驅動氣壓缸用) 轉畫爲電路圖，如圖 2-11。

$$R1^{(\pm)} = (a_0 \cdot st + R1)$$
$$\cdot \ (\overline{t_1} + \overline{b_0} + \overline{t_2} + \overline{c_0})$$

$$A^+ = R1$$

$$B^+ = R1 \cdot a_1 \cdot \overline{t_1} \cdot b_0$$

$$C^+ = R1 \cdot a_1 \cdot \overline{t_2}$$

$$T_1 = R1 \cdot a_1$$

$$T_2 = (c_1 + TR2) \cdot R1$$

$$A^- = \overline{R1} \cdot \overline{a_0}$$

$$B^- = b_1$$

$$C^- = t_2$$

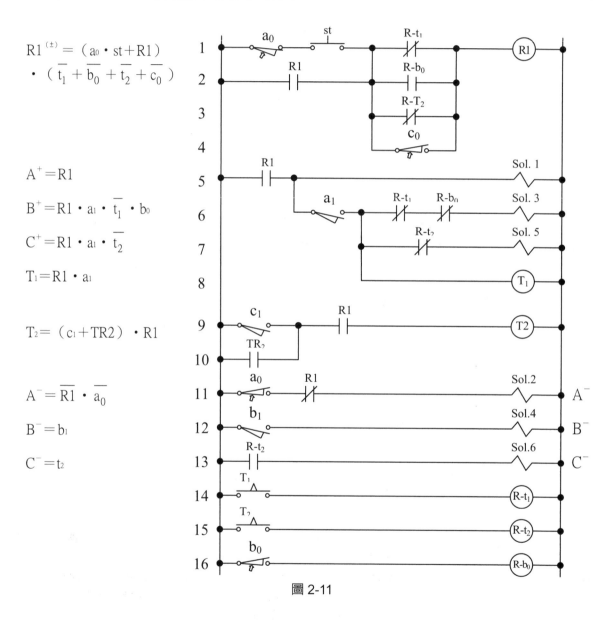

圖 2-11

(二) 繪製氣壓迴路圖

　　氣壓迴路圖如圖 2-12，A、B、C 三支氣壓缸皆爲雙穩態雙頭電磁閥。

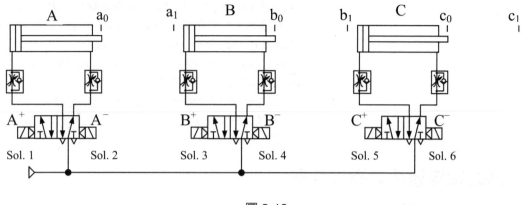

圖 2-12

　　把圖 2-11 和圖 2-12 結合起來，即可執行 $A^+ \begin{matrix} \overset{\overset{\displaystyle T_1}{\longrightarrow}}{(B^+B^-)} \\ C^+ \quad T_2 \quad C^- \end{matrix} \cdots A^-$ 並進型迴路動作。

參、電氣－氣壓單穩態迴路設計

一、判別需做自保迴路的氣壓缸

　　分組用繼電器及各組的控制條件和本題前面雙穩態電氣迴路皆相同，可參考前面。各氣壓缸前進、後退的邏輯方程式亦需要轉換爲單穩態電磁閥可使用之邏輯方程式。而在轉換的過程中有一些要領可判別出某幾支氣壓缸需做自保迴路，有些就不用做。

　　不需做自保迴路的判斷原則如前面各節所述；本題原則上 A 缸改爲單穩態電磁閥控制不需要做自保持迴路；B、C 兩缸前進、後退的動作均列在同一組中，原本需要各增加一個自保用繼電器來處理，但在仔細了解後 C 缸可不需加自保繼電器，僅剩 B 缸，其控制式分別爲：

$$A^{(\pm)} = R1$$

$A^{(\pm)}$：表 A 缸電磁閥的控制條件；在第 I 組有電氣信號 A 缸即前進，進入第 II 組 A 缸就後退。

$$RB^{(\pm)} = (a_1 \cdot b_0 \cdot \overline{t_1} + RB) \cdot \overline{b_1} \cdot R1$$

$RB^{(\pm)}$：表 B 缸自保用繼電器的控制條件；啟動條件在第 I 組有電氣信號 A 缸前進至前限碰觸 a_1 極限開關、T_1 計時未到且 B 缸碰觸後限 b_0 極限開關，RB 繼電器就激磁。B 缸前限碰觸前限 b_1 極限開關，RB 繼電器就消磁。

$$B^{(\pm)} = RB$$

$B^{(\pm)}$：表 B 缸電磁閥的控制條件；在 RB 繼電器激磁時，B 缸前進；RB 繼電器消磁，B 缸即後退。

$$C^{(\pm)} = a_1 \cdot \overline{t_2} \cdot R1$$

$C^{(\pm)}$：表 C 缸電磁閥的控制條件；在第 I 組有電氣信號 A 缸前進至前限碰觸 a_1 極限開關、T_2 計時未到，C 缸就前進。當 T_2 計時已到，C 缸就後退。

二、繪製電路圖及氣壓迴路圖

(一) 先繪製控制電路圖

逐一把經公式轉換為單穩態之邏輯方程式 (控制繼電器用) 及每個單穩態邏輯方程式 (驅動氣壓缸用) 轉畫為電路圖，如圖 2-13。

$$R1^{(\pm)} = (a_0 \cdot st + R1) \cdot (\overline{t_1} + \overline{b_0} + \overline{t_2} + \overline{c_0})$$

$$A^{(\pm)} = R1$$

$$T_1 = R1 \cdot a_1$$

$$C^{(\pm)} = R1 \cdot a_1 \cdot \overline{t_2}$$

$$RB^{(\pm)} = (a_1 \cdot b_0 \cdot \overline{t_1} + RB) \cdot \overline{b_1} \cdot R1$$

$$B^{(\pm)} = RB$$

$$T_2 = (c_1 + TR2) \cdot R1$$

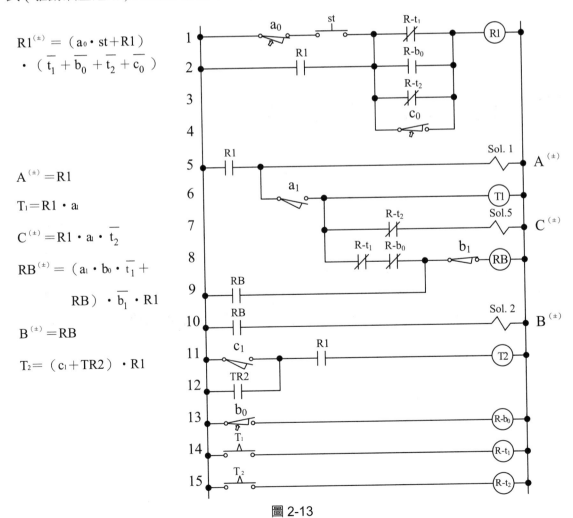

圖 2-13

(二) 繪製氣壓迴路圖

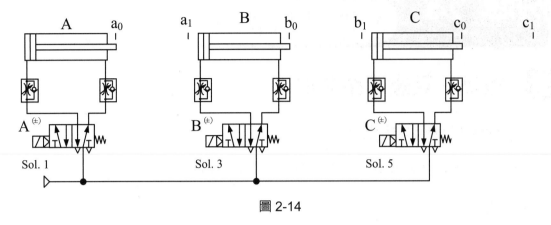

圖 2-14

　　把圖 2-13 和圖 2-14 結合起來，即可執行 $A^+ \left\{ \begin{array}{c} (B^+ B^-) \\ C^+ \quad T_2 \end{array} \right.$ $\begin{array}{c} T_1 \\ \cdots \end{array}$ $\left. \begin{array}{c} \\ C^- \end{array} \right\} A$ 電氣－氣壓單穩態迴路 A、B、C 三支氣壓缸並進型迴路的動作。

例題 2-3

$$A^+ <^{B^+_{1/2}B^-}_{C^+} \; {B^{++} \atop T} \; {B^- \atop C^-} > A^-$$

壹、機械－氣壓迴路設計

一、分析研判動作類型：

為 A、B、C 三支缸且 B 缸具半行程、全行程反覆動作之並進迴路。

二、分組

$$A^+ <^{B^+_{1/2}B^-}_{C^+} \; {B^{++} \atop T} \; {B^- \atop C^-} > A^-$$

分為四組

三、列出邏輯方程式 (僅適用於雙穩態迴路)

$e_I = a_0 \cdot st$	e_I：表要切換至第 I 組的條件；在 A 缸退回後限碰觸 a_0 極限開關且壓下 st 啟動開關時，系統信號就切換至第 I 組。
$e_{II} = I \cdot b_1$	e_{II}：表要切換至第 II 組的條件；在第 I 組有氣壓信號 B 缸前進至中間碰觸 b_1 極限開關時，系統信號就切換至第 II 組。
$e_{III} = II \cdot b_0$	e_{III}：表要切換至第 III 組的條件；在 II 組有氣壓信號 B 缸退回後限碰觸 b_0 極限開關時，系統信號就切換至第 III 組。
$e_{IV} = III \cdot b_2$	e_{IV}：表要切換至第 IV 組的條件；當 B 缸前進至前限碰觸 b2 極限開關時，系統信號就切換至第 IV 組。
$A^+ = I$	A^+：表 A 缸前進的條件；在第 I 有氣壓信號時 A 缸即前進。
$A^- = IV \cdot b_0 \cdot c_0$	A^-：表 A 缸後退的條件；在第 IV 組有氣壓信號且 B、C 缸退回後限碰觸 b_0、c_0 極限開關時，A 缸即後退。
$B^+ = I \cdot a_1 + III$	B^+：表 B 缸前進的條件；在第 I 組有氣壓信號且 a_0 極限開關被碰觸或第 III 組有氣壓信號時，B 缸都會前進。
$B^- = II + IV$	B^-：表 B 缸後退的條件；在第 II 或 IV 組有氣壓信號時，A 缸即後退。
$C^+ = I \cdot a_1$	C^+：表 C 缸前進的條件；在第 I 組有氣壓信號且 a_0 極限開關被碰觸時 C 缸就前進。
$C^- = t$	C^-：表 C 缸後退的條件；在計時器計時已到時，C 缸就後退。
$T = c_1$	T：表計時器開始計時的條件；當 C 缸前進至前限碰觸 c_1 極限開關時，計時器開始計時。

四、繪製機械－氣壓迴路。

(一) 先繪製氣壓缸、主氣閥、組線及換組用回動閥、氣源供應部份，如圖 2-15。

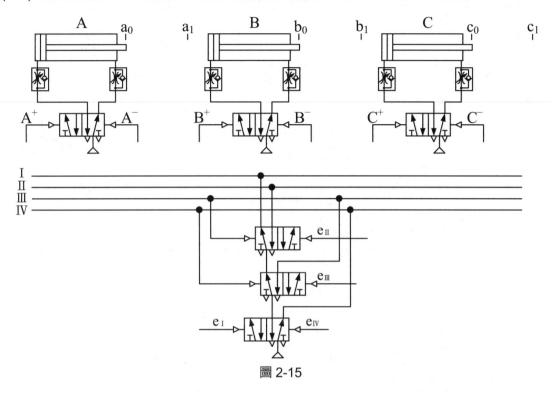

圖 2-15

(二) 再把邏輯方程式的信號元件繪入並連接線路，如圖 2-16。

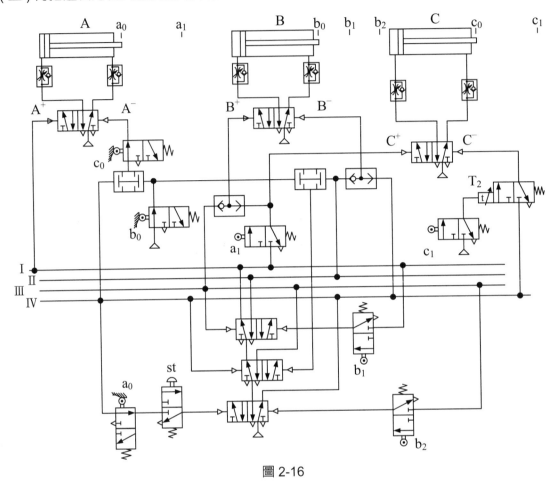

圖 2-16

以上圖 2-16 是 $A^+ \begin{matrix} B^+ \\ C^+ \end{matrix} {}_{1/2}B^- \begin{matrix} B^{++} \\ T \end{matrix} \begin{matrix} B^- \\ C^- \end{matrix} A^-$ 並進型的機械－氣壓迴路圖。

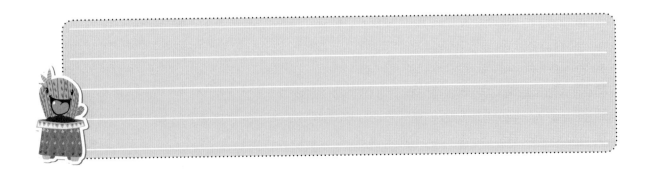

貳、電氣－氣壓迴路設計

一、列出邏輯方程式 (可參考前面機械－氣壓迴路，適用於雙穩態迴路)

$$e_{I} = a_0 \cdot st \qquad\qquad e_{II} = b_1$$
$$e_{III} = II \cdot b_0 \qquad\qquad e_{IV} = b_2$$
$$A^+ = I \qquad\qquad A^- = IV \cdot b_0 \cdot c_0$$
$$B^+ = I \cdot a_1 + III \qquad\qquad B^- = II + IV$$
$$C^+ = I \cdot a_1 \qquad\qquad C^- = t$$
$$T_1 = c_1$$

　　本題共分為四組，故分組用繼電器需使用三個，而各繼電器的啟動、切斷時間分別為如下說明：上列之 e_{I}、e_{II}、e_{III} 和 e_{IV} 分別由 R1、R2、R3 繼電器取代，規劃 R1 激磁的時間為 I ＋ II ＋ III 組，R2 激磁的時間為 II ＋ III 組，R3 激磁的時間為 III 組，其邏輯方程式如下：

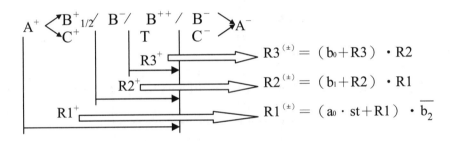

$$R3^{(\pm)} = (b_0 + R3) \cdot R2$$
$$R2^{(\pm)} = (b_1 + R2) \cdot R1$$
$$R1^{(\pm)} = (a_0 \cdot st + R1) \cdot \overline{b_2}$$

　　因分組用繼電器如上圖方式規劃，各組通電的條件則分別如下：

I ＝ R1 · $\overline{R2}$ (第 I 組的信號)

II ＝ R2 · $\overline{R3}$ (第 II 組的信號)

III ＝ R3(第 III 組的信號)

IV ＝ $\overline{R1}$ (第 IV 組的信號)

A^+ ＝ R1　　　　　　　　　　A^+：表 A 缸前進的條件；在第 I 組有電氣信號時，A 缸即前進。

A^- ＝ $\overline{R1}$ · b_0 · c_0　　　　　A^-：表 A 缸後退的條件；在第 IV 組有電氣信號且 B、C 兩缸退至後限分別碰觸 b_0、c_0 極限開關時，A 缸即後退。

B^+ ＝ R1 · $\overline{R2}$ · a_1 ＋ R3　　B^+：表 B 缸前進的條件；在第 I 組有電氣信號，A 缸前進至前限碰觸 a_1 極限開關或第 III 組有電氣信號時，B 缸會前進。

B^- ＝ R2 · $\overline{R3}$ ＋ $\overline{R1}$ · $\overline{b_0}$　B^-：表 B 缸後退的條件；在 B 缸前進至前限碰觸 b_1 極限開關時，B 缸即後退。

C^+ ＝ R1 · $\overline{R2}$ · a_1　　　C^+：表 C 缸前進的條件；在第 I 組有電氣信號，A 缸前進至前限碰觸 a_1 極限開關時，C 缸即前進。

C^- ＝ t_2　　　　　　　　　C^-：表 C 缸後退的條件；在 T2 計時器計時已到時，C 缸即後退。

T_1 ＝ (c_1 ＋ TR1) · R1　　　T_1：表 T_1 的計時條件；在 R1 繼電器激磁，C 缸前進至前限碰觸 c_1 極限開關時，T_1 計時器即開始計時。並保持至 R1 繼電器消磁才復歸。

二、繪製電路圖和氣壓迴路圖

(一) 先繪製控制電路圖

　　逐一把經公式轉換為單穩態之邏輯方程式 (控制繼電器用) 及每個雙穩態邏輯方程式 (驅動氣壓缸用) 轉畫為電路圖，如圖 2-17。

$$R1^{(\pm)} = (a_0 \cdot st + R1) \cdot \overline{b_2}$$

$$R2^{(\pm)} = (b_1 + R2) \cdot R1$$

$$R3^{(\pm)} = (b_0 + R3) \cdot R2$$

$$A^+ = R1$$

$$B^+ = R1 \cdot \overline{R2} \cdot a_1 + R3$$

$$C^+ = R1 \cdot \overline{R2} \cdot a_1$$

$$B^- = R2 \cdot \overline{R3} + \overline{R1} \cdot \overline{b_0}$$

$$A^- = \overline{R1} \cdot b_0 \cdot c_0$$

$$T_1 = (c_1 + TR1) \cdot R1$$

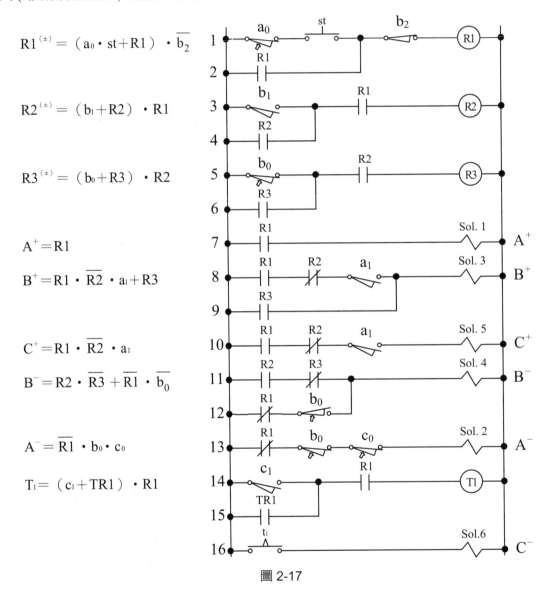

圖 2-17

　　在圖 2-17 中 R1、R2 繼電器點數皆以超出接點容量 (4 組 "c" 接點)，電路圖加以調整，如圖 2-18。

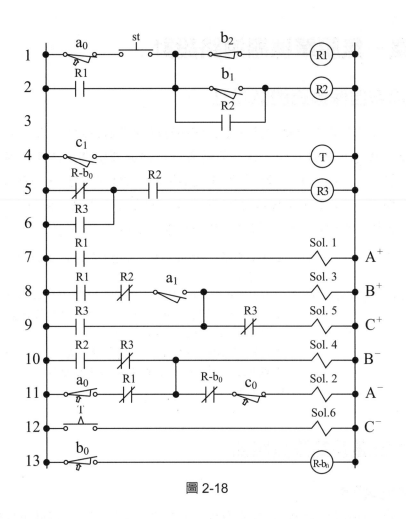

圖 2-18

(二) 繪製氣壓迴路圖

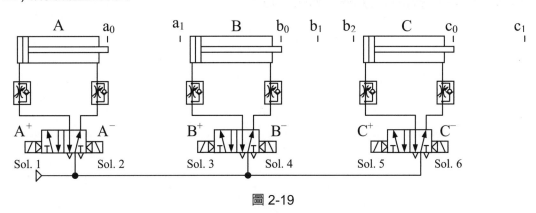

圖 2-19

把圖 2-18 和圖 2-19 結合起來，即可執行 $A^+ \begin{smallmatrix} B^+ \\ C^+ \end{smallmatrix} {}_{1/2}B^- \begin{smallmatrix} B^{++} \\ T \end{smallmatrix} \begin{smallmatrix} B^- \\ C^- \end{smallmatrix} A^-$ 並進型迴路動作。

參、電氣－氣壓單穩態迴路設計

一、判別需做自保迴路的氣壓缸

分組用繼電器及各組的控制條件和本題前面雙穩態電氣迴路皆相同，可參考前面。各氣壓缸前進、後退的邏輯方程式亦需要轉換爲單穩態電磁閥可使用之邏輯方程式。而在轉換的過程中有一些要領可判別出某幾支氣壓缸需做自保迴路，有些就不用做。

不需做自保迴路的判斷原則如前面各節所述；本題原則上 A、B、C 三支缸改爲單穩態電磁閥控制皆不需要做自保持迴路，其控制式分別爲：

$A^{(\pm)} = R1$　　　　　　　$A^{(\pm)}$：表 A 缸電磁閥的控制條件；在第 I 組有電氣信號 A 缸即前進，進入第II組 A 缸就後退。

$B^{(\pm)} = R1 \cdot \overline{R2} \cdot a_1 + R3$　　$B^{(\pm)}$：表 B 缸電磁閥的控制條件；在第 I 組有電氣信號 A 缸前進至前限碰觸 a_1 極限開關或第III組有電氣信號，B 缸就前進，切換至第II組或第IV組，B 缸即後退。

$C^{(\pm)} = R1 \cdot a_1 \cdot \overline{t_1}$　　　　$C^{(\pm)}$：表 C 缸電磁閥的控制條件；在第 I 組有電氣信號 A 缸前進至前限碰觸 a_1 極限開關、T_2 計時未到，C 缸就前進。當 T_2 計時已到，C 缸就後退。

二、繪製電路圖及氣壓迴路圖

(一) 先繪製控制電路圖

逐一把經公式轉換爲單穩態之邏輯方程式 (控制繼電器用) 及每個單穩態邏輯方程式 (驅動氣壓缸用) 轉畫爲電路圖，如圖 2-13。

$$R1^{(\pm)} = (a_0 \cdot st + R1) \cdot \overline{b_2}$$

$$T_1 = (c_1 + TR1) \cdot R1$$

$$R2^{(\pm)} = (b_1 + R2) \cdot R1$$

$$R3^{(\pm)} = (b_0 + R3) \cdot R2$$

$$A^{(\pm)} = R1 + (\overline{b_0} + \overline{c_0}) \cdot \overline{R1}$$

$$B^{(\pm)} = R1 \cdot \overline{R2} \cdot a_1 + R3$$

$$C^{(\pm)} = R1 \cdot a_1 \cdot \overline{t_1}$$

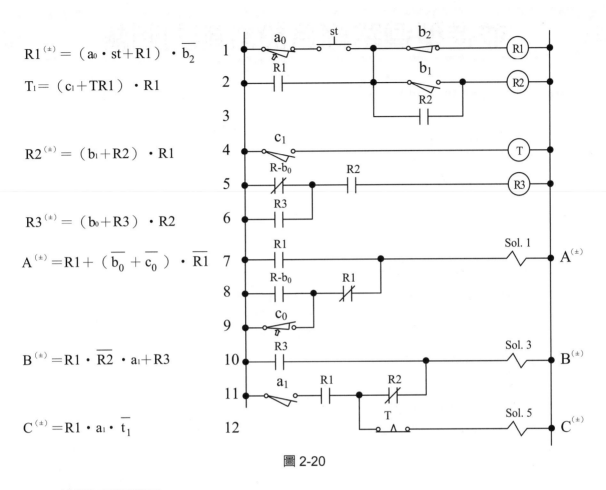

圖 2-20

(二) 繪製氣壓迴路圖

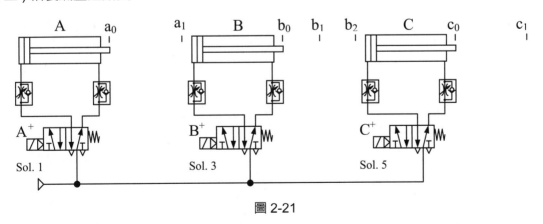

圖 2-21

把圖 2-20 和圖 2-21 結合起來，即可執行 $A^+ \begin{smallmatrix} B^+ \\ C^+ \end{smallmatrix}_{1/2} B^- B^{++} \begin{smallmatrix} B^- \\ T \end{smallmatrix} \begin{smallmatrix} \\ C^- \end{smallmatrix} A^-$ 電氣－氣壓單穩態迴路 A、B、C 三支氣壓缸並進型迴路的動作。

並進型迴路綜合設計能力測驗

練習 1 以前面各例題所介紹之方法，

設計 $A^+ \begin{array}{c} A^+ \quad T \quad A^- \\ B^+ B^- \, B^+ B^- \end{array} A^-$ 兩支氣壓缸並進型迴路之

(1) 機械－氣壓迴路。

(2) 電氣－氣壓雙穩態迴路。

(3) 電氣－氣壓單穩態迴路。

練習 2 以前面各例題所介紹之方法，

設計 $B^+{}_{1/2}$ $\begin{array}{c} A^+{}_{1/2} \,\, C^+ \quad T1 \quad C^- \\ D^+ D^- D^+ D^- \end{array} A^{++} \, B^{++} \begin{array}{c} C^+ \quad T1 \quad C^- \\ D^+ D^- D^+ D^- \end{array} B^- \,\, A^-$ 四支氣壓缸並

進型迴路之行程中間位置停止之

(1) 機械－氣壓迴路。

(2) 電氣－氣壓雙穩態迴路。

(3) 電氣－氣壓單穩態迴路。

3 選擇型迴路

本章節所介紹"選擇型迴路"是指自動化機械生產過程中有判斷到不同的產品，需要不同的生產方式，相對的氣壓缸動作就會有所不同，看判斷出何種條件成立，就會分別選擇其所指定的動作來執行，此種運轉模式在智能化自動機械是常有的情況，可經過感測器判別出來後，以適當的過程處理之。

現在用三個例題來說明"選擇型迴路"的設計要領：

(1) $A^+B^+ \begin{cases} \overline{CS} \to A^-B^- \\ CS \to B^-A^- \end{cases}$

(2) $A^+ \begin{cases} \overline{CS} \to A^-\ T\ A^+ \\ CS \to B^+B^-B^+B^- \end{cases} \to A^-$
   $\underset{T}{\underline{\qquad\qquad}}$

(3) $A^+ \begin{cases} \overline{CS} \to B^+{}_{1/2}\ B^-\ B^+{}^+B^{--} \\ CS \to B^{++}\ B^{--}\ B^+{}_{1/2}B^- \end{cases} \to A^- \circ$

例題 3-1

$$A^+ B^+ \overset{\overline{CS}}{\underset{CS}{\Rightarrow}} \begin{matrix} A^- B^- \\ B^- A^- \end{matrix}$$

壹、機械－氣壓迴路設計

一、分析研判動作類型

　　該串動作當 B 缸前進至前限碰觸 a_1 極限開關後，判斷應該執行哪一項動作順序，若 CS 開關為 $\overline{CS}$ 即執行 $A^- B^-$ 動作，如為 CS 則執行 $B^- A^-$ 動作，是屬"選擇型迴路"。

二、分組

三、列出邏輯方程式 (僅適用於雙穩態迴路)

$e_I = a_0 \cdot b_0 \cdot st$ 　　e_I：表要切換至第 I 組的條件；在第 II 組有氣壓信號，A 及 B 缸退回後限碰觸 a_0、b_0 極限開關且壓下 st 啟動開關時，系統信號就切換至第 I 組。

$e_{II} = b_1$ 　　e_{II}：表要切換至第 II 組的條件；在第 I 組有氣壓信號，B 缸前進至前限碰觸 b_1 極限開關時，系統信號就切換至第 II 組。

$e_{IIA} = I \cdot b_1 \cdot \overline{CS}$ 　　e_{IIA}：表切換至第 II 組要執行 $A^- B^-$ 的條件；在第 I 組有氣壓信號，B 缸前進至前限碰觸 b_1 極限開關且 CS 開關在 $\overline{CS}$ 狀態時，系統信號就切換至第 II 組會執行 $A^- B^-$ 的動作，動作中切換 CS 開關無效。

$e_{IIB} = I \cdot b_1 \cdot CS$ 　　e_{IIB}：表切換至第 II 組要執行 $B^- A^-$ 的條件；在第 I 組有氣壓信號，B 缸前進至前限碰觸 b_1 極限開關且 CS 開關在 CS 狀態時，系統信號就切換至第 II 組會執行 $B^- A^-$ 的動作，動作中切換 CS 開關無效。

$A^+ = I$ 　　A^+：表 A 缸前進的條件；在第 I 有氣壓信號時，A 缸即前進。

$A^- = II_A + II \cdot b_0$ 　　A^-：表 A 缸後退的條件；當 II_A 組有氣壓信號時，A 缸即後退；或第 II 組有氣壓信號且 B 缸後退至後限碰觸 b_0 極限開關，A 缸就後退。

$B^+ = I \cdot a_1$ 　　B^+：表 B 缸前進的條件；在第 I 組有氣壓信號且 A 缸前進至前限碰觸 a_1 極限開關時，B 缸就會前進。

$B^- = II_B + II \cdot a_0$ 　　B^-：表 B 缸後退的條件；當 II_B 組有氣壓信號時，B 缸即後退；或第 II 組有氣壓信號且 A 缸後退至後限碰觸 a_0 極限開關，B 缸就後退。

四、繪製機械－氣壓迴路

(一) 先繪製氣壓缸、主氣閥、組線及換組用回動閥、氣源供應部份，如圖 3-1。

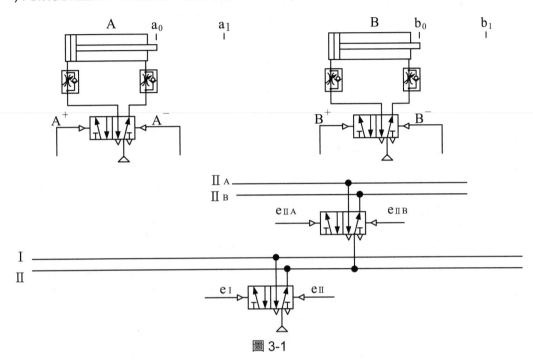

圖 3-1

（二）再把邏輯方程式的信號元件繪入並連接線路，如圖 3-2。

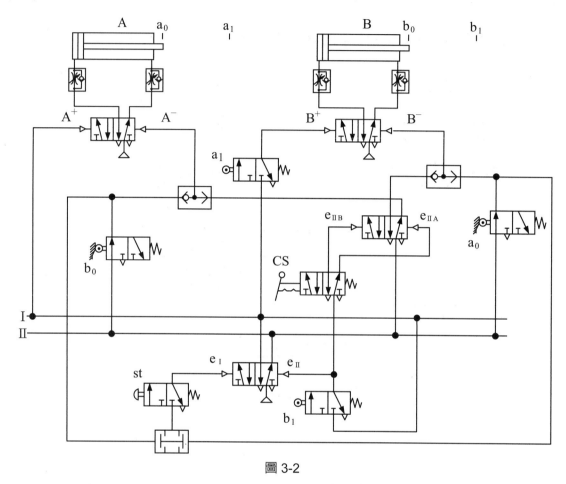

圖 3-2

以上圖 3-2 是 $A^+ B^+ \overset{\overline{CS} \searrow A^- B^-}{\underset{CS \searrow B^- A^-}{\lessgtr}}$　A、B 兩支氣壓缸選擇型迴路的機械－氣壓迴路圖。

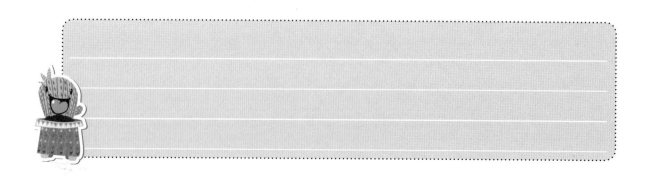

貳、電氣－氣壓迴路設計

一、列出邏輯方程式 (可參考前面機械－氣壓迴路，適用於雙穩態迴路)

　　因只分爲兩組，分組用繼電器僅使用一個，規劃 R1 分組繼電器的激磁時間爲 I 組，另外爲了使進入第 II 組切換 CS 開關無效，特分別在 $\overline{CS}$ 狀態時啓動 R2 繼電器、CS 狀態時啓動 R3 繼電器，以確保在第 II 組時切換 CS 開關無效；故 R1、R2、R3 繼電器之激磁、消磁條件及各氣壓缸驅動條件分別爲：

上列之 e_I、e_{II} 由 R1 繼電器取代，其邏輯方程式如下：

$$R1^{(\pm)} = (e_I + R1) \cdot e_{II}$$
$$= (a_0 \cdot b_0 \cdot st + R1) \cdot \overline{b_1}$$
$$R2^{(\pm)} = (b_1 \cdot \overline{CS} + R2) \cdot \overline{R3} \cdot \overline{b_0}$$
$$R3^{(\pm)} = (b_1 \cdot CS + R3) \cdot \overline{R2} \cdot \overline{a_0}$$

（左側圖示）
$$A^+ B^+ \quad \begin{array}{c} R2^+ \\ \overline{CS} \, A^- B^- \\ CS \\ I \quad II \quad B^- A^- \\ R1^+ \quad R3^+ \end{array}$$

　　因分組用繼電器如上圖方式規劃，各組通電的條件則分別如下：

I ＝ R1(第 I 組的信號)

II ＝ $\overline{R1} \cdot \overline{a_0}$ (第 II 組的信號)

$A^+ = R1$　　　　　　　　　A^+：表 A 缸前進的條件；在第 I 組有電氣信號時，A 缸即前進。

$A^- = R2 + R3 \cdot b_0$　　　A^-：表 A 缸後退的條件；在第 II 組有電氣信號時，若 R2 激磁 A 缸即後退；如爲 R3 激磁則須待 B 缸後退至後限碰觸 b_0 極限開關，A 缸才後退。

$B^+ = R1 \cdot a_1$　　　　　　B^+：表 B 缸前進的條件；在第 I 組有電氣信號且 A 缸前進至前限碰觸 a_1 極限開關時，B 缸即前進。

$B^- = R2 \cdot a_0 + R3$　　　B^-：表 B 缸後退的條件；在第 II 組有電氣信號時，若 R3 激磁 B 缸即後退；如爲 R2 激磁則須待 A 缸後退至後限碰觸 a_0 極限開關，B 缸才後退。

二、繪製電路圖及氣壓迴路圖

(一) 先繪製控制電路圖

逐一把經公式轉換為單穩態之邏輯方程式 (控制繼電器用) 及每個雙穩態邏輯方程式 (驅動氣壓缸用) 轉畫為電路圖，如圖 3-3。

在圖 3-3 中 a_0、b_0 極限開關等因使用多次，故以繼電器擴大其點數，而 a_0、b_0 極限開關在停機時是被壓住，改以 "b" 接點驅動相關繼電器，原來第 1、10、11 線極限開關的 "a" 接點替換為相關繼電器的 "b" 接點，第 3、5 線極限開關的 "b" 接點替換為相關繼電器的 "a" 接點。

$$R1^{(\pm)} = (a_0 \cdot st + R1) \cdot \overline{b_1}$$

$$R2^{(\pm)} = (b_1 \cdot \overline{CS} + R2)$$
$$\cdot \overline{R3} \cdot \overline{b_0}$$

$$R3^{(\pm)} = (b_1 \cdot CS + R3)$$
$$\cdot \overline{R2} \cdot \overline{a_0}$$

$$A^+ = R1$$

$$B^+ = R1 \cdot a_1$$

$$A^- = R2 + R3 \cdot b_0$$

$$B^- = R3 + R2 \cdot a_0$$

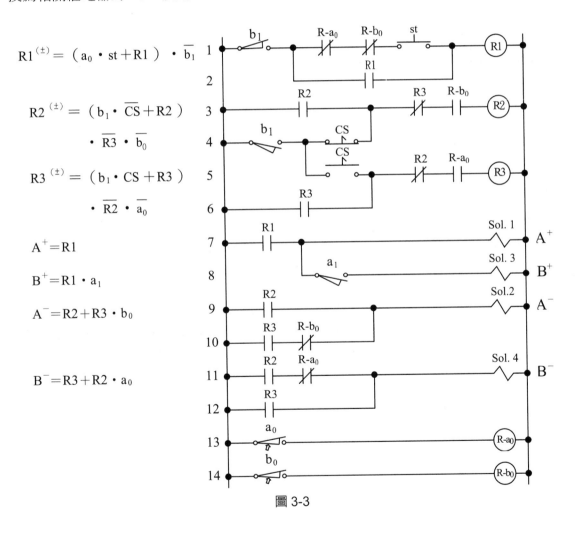

圖 3-3

(二) 繪製氣壓迴路圖

　　氣壓迴路圖如 3-4，均為雙穩態雙頭電磁閥。

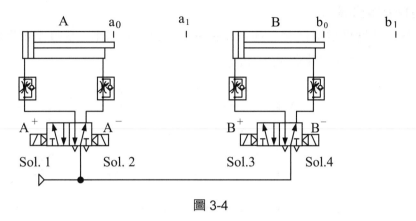

圖 3-4

　　把圖 3-3 圖 3-4 結合起來，即可執行 $A^+B^+\overset{\overline{CS}}{\underset{CS}{\lessgtr}}\begin{matrix}A^-B^-\\B^-A^-\end{matrix}$ 雙穩態迴路的動作。

參、氣壓－電氣單穩態迴路設計

一、判別需做自保迴路的氣壓缸

　　分組用繼電器及各組的控制條件和本題前面雙穩態電氣迴路皆相同，可參考前面。各氣壓缸前進、後退的邏輯方程式亦需要轉換為單穩態電磁閥可使用之邏輯方程式。而在轉換的過程中有一些要領可判別出某幾支氣壓缸需做自保迴路，有些就不用做。

　　不需做自保迴路的判斷原則如前面各節所述；本題原則上 A、B 缸改為單穩態電磁閥控制皆不需要做自保持迴路，則 A、B 兩支缸的控制式分別為：

$A^{(\pm)} = R1 + R3 \cdot \overline{b_0}$　　$A^{(\pm)}$：表 A 缸單穩態電磁閥的控制條件；在第 I 組有信號 A 缸即前進；當 $\overline{CS}$ 狀態時，進入第 II 組 A 缸就後退，或 CS 狀態時，須待 B 缸後退至後限碰觸 b_0 極限開關，A 缸才後退。

$B^{(\pm)} = R1 \cdot a_1 + R2 \cdot \overline{a_0}$　　$B^{(\pm)}$：表 B 缸單穩態電磁閥的控制條件；在第 I 組有信號 A 缸前進至前限碰觸 a_1 極限開關時，B 缸就前進；當 CS 狀態時，進入第 II 組 B 缸就後退，或 $\overline{CS}$ 狀態時，須待 A 缸後退至後限碰觸 a_0 極限開關，B 缸才後退。

二、繪製電路圖及氣壓迴路圖

(一) 先繪製控制電路圖

逐一把經公式轉換為單穩態之邏輯方程式 (控制繼電器用) 及每個單穩態邏輯方程式 (驅動氣壓缸用) 轉畫為電路圖，如圖 3-5。

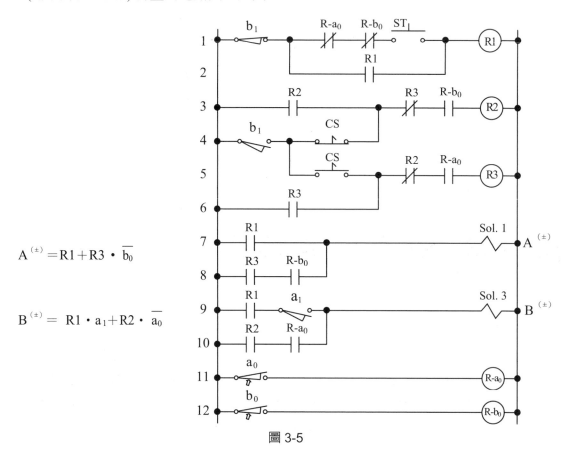

$$A^{(\pm)} = R1 + R3 \cdot \overline{b_0}$$

$$B^{(\pm)} = R1 \cdot a_1 + R2 \cdot \overline{a_0}$$

圖 3-5

(二) 繪製氣壓迴路圖

把 圖 3-5 和 圖 3-6 結 合 起 來，即 可 執 行 $A^+B^+\overline{CS}\diagdown {A^-B^- \atop CS\diagup B^-A^-}$ 氣壓－電氣單穩態迴路 A、B 兩支氣壓缸的選擇型迴路的動作。

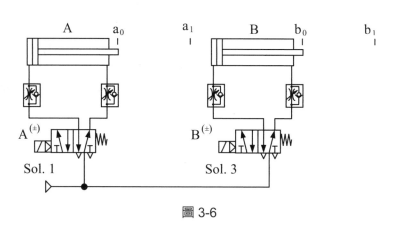

圖 3-6

例題 3-2

$$A^+ \xrightarrow{\overline{CS}} \begin{matrix} A^- & T & A^+ \\ CS & B^+ B^- B^+ B^- \\ & \underset{T}{\longrightarrow} \end{matrix} \longrightarrow A^-$$

壹、機械－氣壓迴路設計

一、分析研判動作類型

為 A、B 兩支缸且 B 缸具計時反覆執行之複雜動作的選擇型迴路。

二、分組

在分組時，為了動作中切換無效，特地將選擇型迴路之兩串動作分配在同一組內，只要進入第二組就無法切換了。

三、列出邏輯方程式 (僅適用於雙穩態迴路)

$e_{\text{I}} = a_0 \cdot st$ 　　　　e_{I}：表要切換至第 I 組的條件；當在第Ⅲ組有氣壓信號 A 缸退回後限碰觸 a_0 極限開關且壓下 st 啟動開關時，系統信號就切換至第 I 組。

$e_{\text{II}} = a_1$ 　　　　e_{II}：表要切換至第Ⅱ組的條件；當在第 I 組有氣壓信號，A 缸前進至前限碰觸 a_1 極限開關時，系統信號就切換至第Ⅱ組。

$e_{\text{III}} = t \cdot (a_1 \cdot \text{II}_A + b_0 \cdot \text{II}_B)$ 　　e_{III}：表要切換至第Ⅲ組的條件；當計時器 t 計時已到，若在Ⅱ $_A$ 組有氣壓信號，A 缸前進至前限碰觸 a_1 極限開關時，或 B 缸退回後限碰觸 b_0 極限開關時，系統信號就切換至第Ⅲ組。

$e_{\text{II A}} = \text{I} \cdot a_1 \cdot \overline{CS}$ 　　　$e_{\text{II A}}$：表要切換至第Ⅱ組 $\overline{CS}$ 狀態的條件；當在第 I 組有氣壓信號，A 缸前進至前限碰觸 a_1 極限開關且 CS 開關為 $\overline{CS}$ 狀態時，系統信號就切換至第Ⅱ $_A$ 組。

$e_{\text{II B}} = \text{I} \cdot a_1 \cdot CS$ 　　　$e_{\text{II B}}$：表要切換至第Ⅱ組 $\overline{CS}$ 狀態的條件；當在第 I 組有氣壓信號，A 缸前進至前限碰觸 a_1 極限開關且 CS 開關為 CS 狀態時，系統信號就切換至第Ⅱ $_B$ 組。

$A^+ = I + II_A \cdot t$ A^+：表 A 缸前進的條件；在第 I 組有氣壓信號或第 II_A 組有氣壓信號且計時器 t 計時已到時，A 缸即前進。

$A^- = II_A \cdot \bar{t} + III$ A^-：表 A 缸後退的條件；在第 II_A 組或第 III 組有氣壓信號時，A 缸即後退。在 II_A 後面串接 t 的 "b" 接點是因 A^-、A^+ 在同一組內，需以計時器 T 的接點分隔。

$B^+ = II_B \cdot \bar{t} \cdot b_0$ B^+：表 B 缸前進的條件；在第 II_B 組有氣壓信號、計時器 T_1 計時未到且 B 缸碰觸 b_0 極限開關，B 缸就會前進。

$B^- = b_1$ B^-：表 B 缸後退的條件；在第 II_B 組有氣壓信號，B 缸前進碰觸前限 b_1 時，B 缸即後退。

$T = (a_0 + TR) \cdot II_A + II_B$ T：表 T 計時器開始的計時條件；當 II_A 組有氣壓信號、A 缸碰觸 a_0 極限開關或 II_B 組有氣壓信號時，T 計時器即開始計時動作並保持至第 II 組結束後才復歸。

四、繪製機械－氣壓迴路。

（一）先繪製氣壓缸、主氣閥、組線及換組用回動閥、氣源供應部份，如圖 3-7。

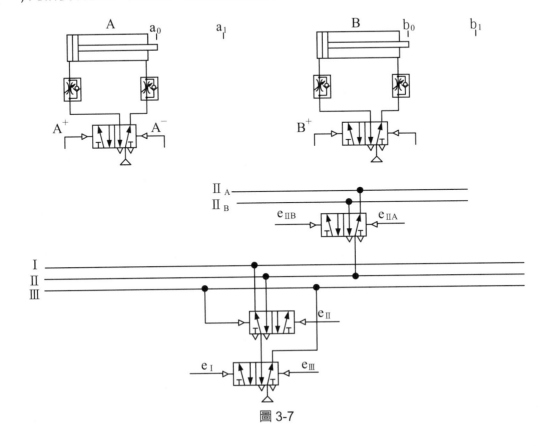

圖 3-7

(二) 再把邏輯方程式的信號元件繪入並連接線路,如圖 3-8。

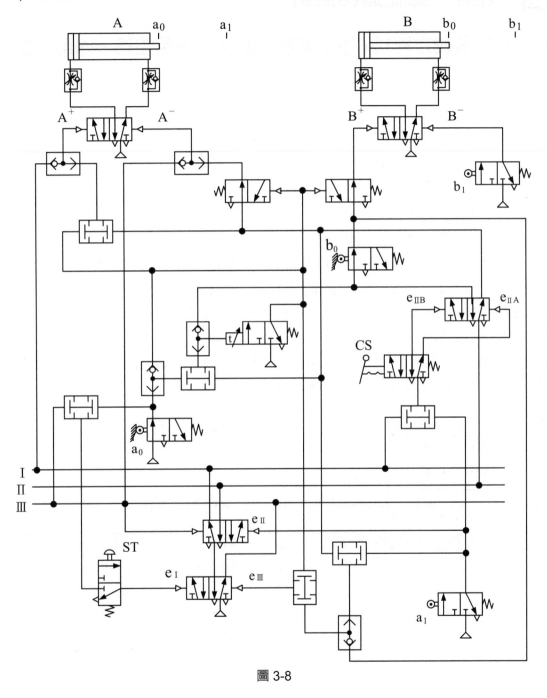

圖 3-8

以上圖 3-8 是 $A^+ \begin{matrix} \overline{CS} & A^- & T & A^+ \\ CS & B^+ & B^- & B^+ & B^- \end{matrix}$ A^- 選擇型迴路的機械-氣壓迴路圖。

貳、電氣－氣壓迴路設計

一、列出邏輯方程式 (可參考前面機械－氣壓迴路，適用於雙穩態迴路)

$$e_{I} = a_0 \cdot st$$
$$e_{II} = a_1$$
$$e_{III} = t_1 \cdot (a_1 \cdot II_A + b_0 \cdot II_B)$$
$$e_{IIA} = I \cdot a_1 \cdot \overline{CS}$$
$$e_{IIB} = I \cdot a_1 \cdot CS$$
$$A^+ = I + II_A \cdot t$$
$$A^- = II_A \cdot \bar{t} + III$$
$$B^+ = II_B \cdot \bar{t} \cdot b_0$$
$$B^- = b_1$$
$$T = (a_0 + TR) \cdot II_A + II_B$$

本題共分爲三組，原來分組用繼電器應使用兩個，另外爲了使進入第 II 組切換 CS 開關無效，特分別在 $\overline{CS}$ 狀態時啓動 R2 繼電器、CS 狀態時啓動 R3 繼電器，以確保在第 II 組時切換 CS 開關無效；綜合以上的繼電器共使用三個即可，故 R1、R2、R3 繼電器之激磁、消磁條件及各氣壓缸驅動條件分別如下說明：上列之 e_I、e_{II}、e_{III} 由 R1、R2 繼電器取代，規劃 R1 激磁的時間爲 I + II 組、R2 激磁的時間爲 II 組在 $\overline{CS}$ 狀態、R3 激磁的時間爲 II 組在 CS 狀態，其邏輯方程式如下：

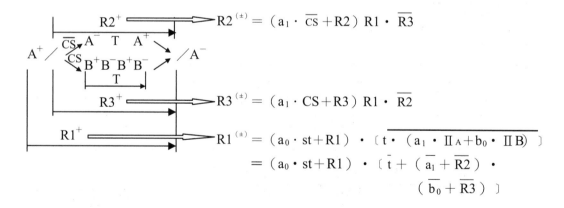

$$R2^{(\pm)} = (a_1 \cdot \overline{CS} + R2) \, R1 \cdot \overline{R3}$$

$$R3^{(\pm)} = (a_1 \cdot CS + R3) \, R1 \cdot \overline{R2}$$

$$R1^{(\pm)} = (a_0 \cdot st + R1) \cdot \overline{[t \cdot (a_1 \cdot II_A + b_0 \cdot II_B)]}$$
$$= (a_0 \cdot st + R1) \cdot [\bar{t} + (\overline{a_1} + \overline{R2}) \cdot (\overline{b_0} + \overline{R3})]$$

　　因分組用繼電器如上圖方式規劃，各組通電的條件、各氣壓缸前進、後退的控制條件及計時器的計時條件分別如下說明：

$I = R1 \cdot \overline{R3}$（第 I 組的信號）

$II = R2$ 或 $R3$（第 II 組的信號）

$III = \overline{R1} \cdot \overline{a_0}$（第 II 組的信號）

$A^+ = R1 \cdot \overline{R2} + R2 \cdot t$　　　　A^+：表 A 缸前進的條件；在第 I 組有電氣信號或第 II $_A$ 組 R2 激磁且計時已到時，A 缸即前進。

$A^- = R2 \cdot \bar{t} + \overline{R1} \cdot \overline{a_0}$　　　　A^-：表 A 缸後退的條件；在第 II $_A$ 組 R2 激磁且計時未到或第 III 組有電氣信號時，A 缸即後退。

$B^+ = R3 \cdot b_0 \cdot \bar{t}$　　　　B^+：表 B 缸前進的條件；在第 II $_B$ 組 R3 激磁組有電氣信號，B 缸在後限碰觸 b_0 極限開關且 T_1 計時器計時未到時，B 缸即前進。

$B^- = b_1$　　　　B^-：表 B 缸後退的條件；在 B 缸前進至前限碰觸 b_1 極限開關時，B 缸即後退。

$T = (a_0 + TR) \cdot R2 + R3$　　　　T：表 T 的計時條件；在第 II $_A$ 組 R2 激磁有電氣信號，A 缸後退至後限碰觸 a_0 極限開關時，T 計時器即開始計時並且計時已到狀態須保持至第 II $_A$ 組結束；或在第 II $_B$ 組 R3 激磁組有電氣信號時，T 計時器也開始計時。

二、繪製電路圖和氣壓迴路圖

(一) 先繪製控制電路圖

　　逐一把經公式轉換為單穩態之邏輯方程式 (控制繼電器用) 及每個雙穩態邏輯方程式 (驅動氣壓缸用) 轉畫為電路圖，如圖 3-9。

$R1^{(\pm)} = (a_0 \cdot st + R1)$
$\quad \cdot [\bar{t} + (\overline{a_1} + \overline{R2})$
$\quad \cdot \overline{b_0} + \overline{R3})]$

$R2^{(\pm)} = (a_1 \cdot \overline{cs} + R2)$
$\quad \cdot R1 \cdot \overline{R3}$

$R3^{(\pm)} = (a_1 \cdot CS + R3)$
$\quad \cdot R1 \cdot \overline{R2}$

$A^+ = R1 \cdot \overline{R2} + R2 \cdot t$

$A^- = R2 \cdot \bar{t} + \overline{R1} \cdot \overline{a_0}$

$B^+ = R3 \cdot b_0 \cdot \bar{t}$

$B^- = b_1$

$T = (a_0 + TR)$
$\quad \cdot R2 + R3$

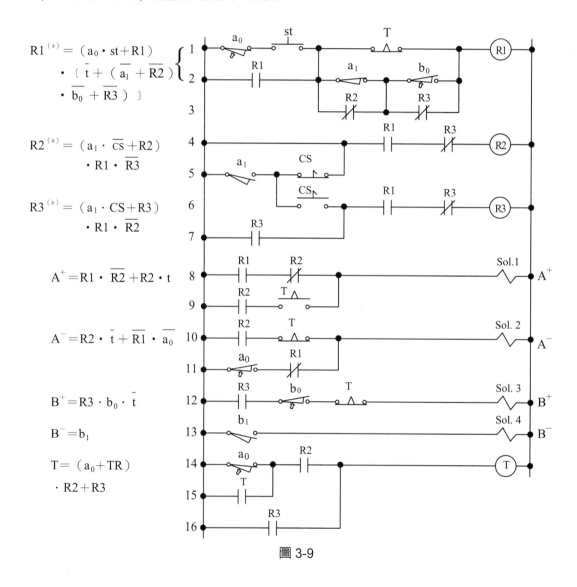

圖 3-9

在圖 3-10 中有 a_0、a_1、b_0、T 等接點皆超出各元件現有點數，需修正電路圖財能實際配線，修正後電路圖，如圖 3-11。

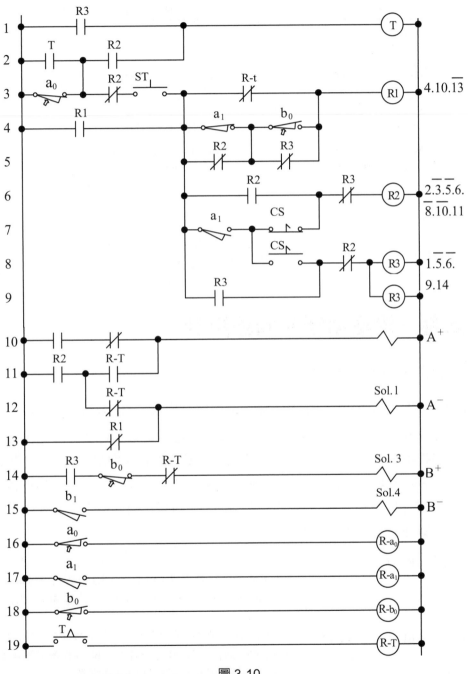

圖 3-10

(二) 繪製氣壓迴路圖

氣壓迴路圖如圖 3-11，A、B 兩支氣壓缸皆為雙穩態雙頭電磁閥。

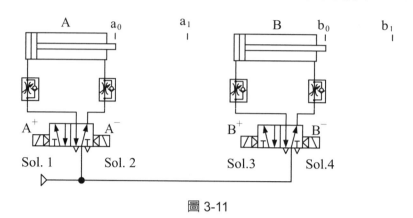

圖 3-11

把圖 3-10 和圖 3-11 結合起來，即可執行 $A^+ \begin{array}{c} \overline{CS} \\ CS \end{array} \begin{array}{c} A^- \quad T \quad A^+ \\ B^+ B^- B^+ B^- \\ \underline{\hspace{2cm}} T \end{array} \searrow A^-$ 選擇型迴路動作。

參、氣壓－電氣單穩態迴路設計

一、判別需做自保迴路的氣壓缸

分組用繼電器及各組的控制條件和本題前面雙穩態電氣迴路皆相同，可參考前面。各氣壓缸前進、後退的邏輯方程式亦需要轉換為單穩態電磁閥可使用之邏輯方程式。而在轉換的過程中有一些要領可判別出某幾支氣壓缸需做自保迴路，有些就不用做。

不需做自保迴路的判斷原則如前面各節所述；本題原則上 A 缸改為單穩態電磁閥控制不需要做自保持迴路；B 缸前進、後退的動作均列在同一組中，需要增加一個自保用繼電器來處理，其控制式分別為：

$A^{(\pm)} = R1 \cdot \overline{R2} + R2 \cdot t$ 　　　$A^{(\pm)}$：表 A 缸電磁閥的控制條件；在第 I 組有電氣信號 A 缸即前進，進入第 II$_A$ 組 R2 繼電器激磁 T 計時未到，A 缸就後退；當 T 計時已到時，A 缸又前進，A 缸前進至前限碰觸 a_1 極限開關，A 缸又後退。

$RB^{(\pm)} = (b_0 \cdot \overline{t_1} + RB) \cdot \overline{b_1} \cdot R3$ 　　$RB^{(\pm)}$：表 B 缸自保用繼電器的控制條件；啟動條件在第 II$_B$ 組有電氣信號、T 計時未到且 B 缸碰觸後限 b_0，RB 繼電器就激磁。B 缸前進碰觸前限 b_1 極限開關，RB 繼電器就消磁。

$B^{(\pm)} = RB$ 　　　　　　　　　$B^{(\pm)}$：表 B 缸電磁閥的控制條件；在 RB 繼電器激磁時，B 缸前進；RB 繼電器消磁，B 缸即後退。

二、繪製電路圖及氣壓迴路圖

(一) 先繪製控制電路圖

　　逐一把經公式轉換為單穩態之邏輯方程式 (控制繼電器用) 及每個單穩態邏輯方程式 (驅動氣壓缸用) 轉畫為電路圖，如圖 3-12。

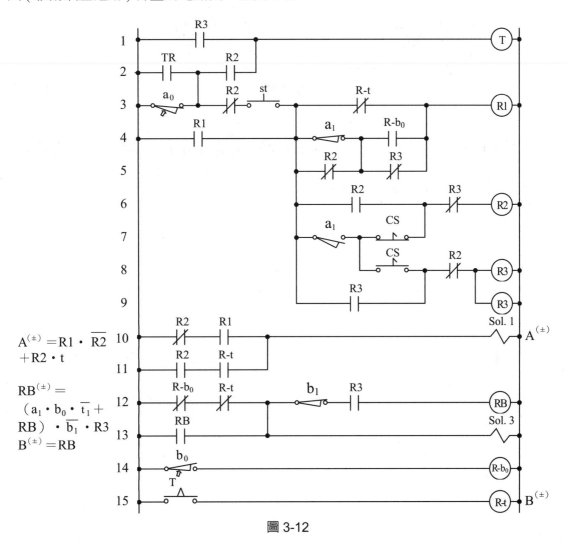

$A^{(\pm)} = R1 \cdot \overline{R2} + R2 \cdot t$

$RB^{(\pm)} = (a_1 \cdot b_0 \cdot \overline{t_1} + RB) \cdot \overline{b_1} \cdot R3$

$B^{(\pm)} = RB$

圖 3-12

(二) 繪製氣壓迴路圖

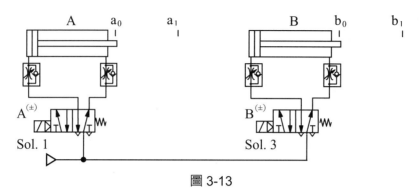

圖 3-13

　　把圖 3-12 和圖 3-13 結合起來，即可執行A^+ $\begin{matrix} \overline{CS} \\ CS \end{matrix}$ $\begin{matrix} A^- & T & A^+ \\ B^+ & B^- & B^+ & B^- \\ & T \end{matrix}$ A^- 氣壓－電氣單穩

態迴路 A、B 兩支氣壓缸選擇型迴路的動作。

例題 3-3

$$A^+ \begin{array}{c} \overline{CS} \to B^+_{1/2}\ B^-\ B^{++} B^{--} \\ CS \to B^{++} B^{--}\ B^+_{1/2} B^- \end{array} \to A^-$$

壹、機械－氣壓迴路設計

一、分析研判動作類型

為 A、B 兩支缸且 B 缸具半行程、全行程反覆動作之選擇型迴路。

二、分組

$$A^+ \begin{array}{c} \overline{cs} \to B^+_{1/2}\ B^-\ B^{++} B^{--} \\ CS \to B^{++} B^{--}\ B^+_{1/2} B^- \end{array} \to A^-$$

分為四組 →

為使在執行 B 缸動作時，切換 CS 開關無效，特再加入 M 輔助器作為控制之用，其切換條件 $M^+ = I \cdot a_1 \cdot b_0 \cdot CS$　　$M^- = I \cdot a_1 \cdot b_0 \cdot \overline{CS}$

三、列出邏輯方程式 (僅適用於雙穩態迴路)

$e_I = a_0 \cdot st$　　　　　e_I：表要切換至第 I 組的條件；在 A 缸退回後限碰觸 a_0 極限開關且壓下 st 啟動開關時，系統信號就切換至第 I 組。

$e_{II} = I \cdot (b_1 \cdot \overline{m} + b_2)$　　e_{II}：表要切換至第 II 組的條件；在第 I 組有氣壓信號、當 CS 開關處於 $\overline{CS}$ 狀態下，B 缸前進至中間碰觸 b_1 極限開關或 B 缸前進至前限碰觸 b_2 極限開關時，系統信號就切換至第 II 組。

$e_{III} = II \cdot b_0$　　　　e_{III}：表要切換至第 III 組的條件；在 II 組有氣壓信號 B 缸退回後限碰觸 b_0 極限開關時，系統信號就切換至第 III 組。

$e_{IV} = III \cdot (b_1 \cdot m + b_2)$　e_{IV}：表要切換至第 IV 組的條件；在第 III 組有氣壓信號、當 CS 開關處於 CS 狀態下，B 缸前進至中間碰觸 b_1 極限開關或 B 缸前進至前限碰觸 b_2 極限開關時，系統信號就切換至第 IV 組。

$M^+ = I \cdot a_1 \cdot b_0 \cdot CS$　　M^+：表輔助器啟動的條件；在第 I 有氣壓信號、A 缸前進至前限碰觸 a_1 極限開關、B 缸在後限碰觸 b_0 極限開關且 CS 開關被切換至 CS 狀態時，M 輔助器即啟動換閥位。

$M^- = I \cdot a_1 \cdot b_0 \cdot \overline{CS}$　　M^-：表輔助器復歸的條件；在第 I 有氣壓信號、A 缸前進至前限碰觸 a_1 極限開關、B 缸在後限碰觸 b_0 極限開關且 CS 開關沒切換在 $\overline{CS}$ 狀態時，M 輔助器即復歸換閥位。

$A^+ = I$　　A^+：表 A 缸前進的條件；在第 I 有氣壓信號時 A 缸即前進。

$A^- = IV \cdot b_0$　　A^-：表 A 缸後退的條件；在第 IV 組有氣壓信號且 B 缸退回後限碰觸 b_0 極限開關時，A 缸即後退。

$B^+ = I \cdot a_1 + III$　　B^+：表 B 缸前進的條件；在第 I 組有氣壓信號且 a_1 極限開關被碰觸或第 III 組有氣壓信號時 B 缸都會前進。

$B^- = II + IV$　　B^-：表 B 缸後退的條件；在第 II 或 IV 組有氣壓信號時，A 缸即後退。

四、繪製機械－氣壓迴路

(一) 先繪製氣壓缸、主氣閥、組線及換組用回動閥、氣源供應部份，如圖 3-14。

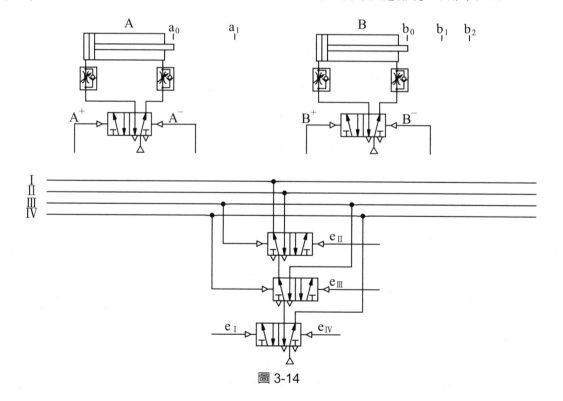

圖 3-14

(二) 再把邏輯方程式的信號元件繪入並連接線路，如圖 **3-15**。

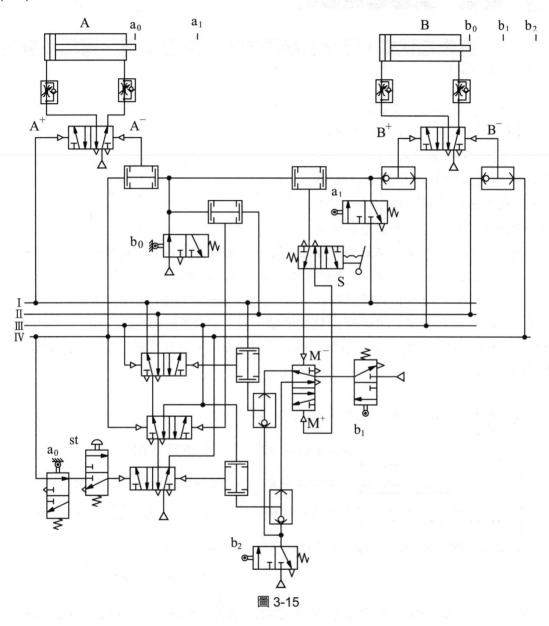

圖 3-15

以上圖 3-15 是 A^+ $\overline{CS}\searrow B^+_{1/2}$ B^- $B^{++}B^{--}\searrow$
$\qquad\qquad\qquad CS\nearrow B^{++}B^{--}$ $B^+_{1/2}B^-\nearrow$ A^- 選擇型的機械－氣壓迴路圖。

貳、電氣－氣壓迴路設計

一、列出邏輯方程式 (可參考前面機械－氣壓迴路，適用於雙穩態迴路)

本題共分為四組，故分組用繼電器需使用三個，另外為了使 B 缸執行動作時切換 CS 開關無效，特別在 CS 開關被切換的狀態下啟動 RM 繼電器，以確保 B 缸在執行動作時，切換 CS 開關無效；綜合以上的繼電器共使

$$e_{I} = a_0 \cdot st$$
$$e_{II} = I \cdot (b_1 \cdot \overline{m} + b_2)$$
$$e_{III} = II \cdot b_0$$
$$e_{IV} = III \cdot (b_1 \cdot m + b_2)$$
$$M^+ = I \cdot a_1 \cdot b_0 \cdot \overline{CS}$$
$$M^- = I \cdot a_1 \cdot b_0 \cdot CS$$
$$A^+ = I$$
$$A^- = IV \cdot b_0$$
$$B^+ = I \cdot a_1 + III$$
$$B^- = II + IV$$

用四個，故 R1、R2、R3、RM 繼電器之激磁、消磁條件及各氣壓缸驅動條件分別如下說明：上列之 e_{I}、e_{II}、e_{III} 和 e_{IV} 分別由 R1、R2、R3 繼電器取代，規劃 R1 激磁的時間為 I＋II＋III組，R2 激磁的時間為 II＋III組，R3 激磁的時間為III組，RM 激磁的時間為在第 I 組 A 缸前進至前限碰觸 a_1 極限開關，且 CS 開關被切換的狀態下啟動 RM 繼電器，若 CS 開關沒切換，就不啟動；待第III組結束時，將其復歸，以上各繼電器的邏輯方程式如下：

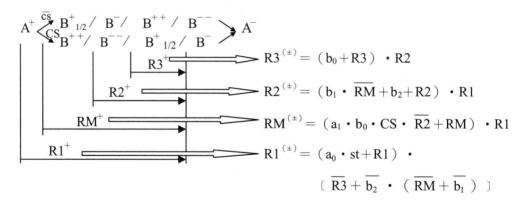

$$R3^{(\pm)} = (b_0 + R3) \cdot R2$$
$$R2^{(\pm)} = (b_1 \cdot \overline{RM} + b_2 + R2) \cdot R1$$
$$RM^{(\pm)} = (a_1 \cdot b_0 \cdot CS \cdot \overline{R2} + RM) \cdot R1$$
$$R1^{(\pm)} = (a_0 \cdot st + R1) \cdot$$
$$[\overline{R3} + \overline{b_2} \cdot (\overline{RM} + \overline{b_1})]$$

B 缸的動作是先前進半行程或全行程由換組繼電器來控制，上列式子 R2、RM 的啟動條件較為複雜，就是要控制 B 缸的動作；R1 的斷電條件較為繁瑣，也是因兩種情況皆要能正確執行的關係。

因分組用繼電器如上圖方式規劃，各組通電的條件則分別如下：

I = R1 · $\overline{R2}$ (第 I 組的信號)

II = R2 · $\overline{R3}$ (第II組的信號)

III ＝ R3 (第III組的信號)

IV ＝ $\overline{R1}$ (第IV組的信號)

A $^+$ ＝ R1　　　　　　　　A $^+$：表 A 缸前進的條件；在第 I 組有電氣信號時，A 缸即前進。

A $^-$ ＝ $\overline{R1}$ · b$_0$ · $\overline{a_0}$　　　A $^-$：表 A 缸後退的條件；在第IV組有電氣信號且 B、C 兩缸退至後限分別碰觸 b$_0$、c$_0$ 極限開關時，A 缸即後退。

B $^+$ ＝ R1 · $\overline{R2}$ · a$_1$ ＋ R3　B $^+$：表 B 缸前進的條件；在第 I 組有電氣信號，A 缸前進至前限碰觸 a$_1$ 極限開關或第III組有電氣信號時，B 缸會前進。

B $^-$ ＝ R2 · $\overline{R3}$ ＋ $\overline{R1}$ · $\overline{a_0}$　B $^-$：表 B 缸後退的條件；在 B 缸前進至前限碰觸 b$_1$ 極限開關時，B 缸即後退。

二、繪製電路圖和氣壓迴路圖

(一) 先繪製控制電路圖

　　逐一把經公式轉換爲單穩態之邏輯方程式 (控制繼電器用) 及每個雙穩態邏輯方程式 (驅動氣壓缸用) 轉畫爲電路圖，如圖 3-16。

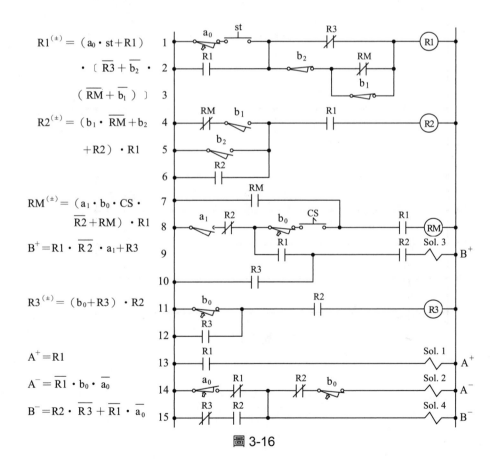

圖 3-16

　　在圖 3-16 中 R1 繼電器及 b_0、b_1、b_2 等極限開關的使用點數皆以超出接點容量，電路圖加以調整，如圖 3-17。

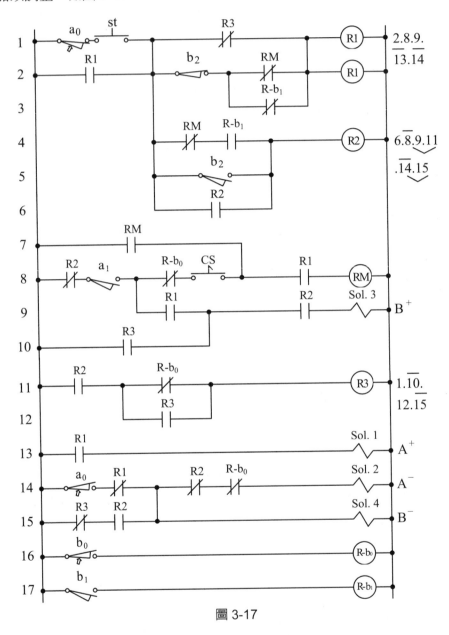

圖 3-17

(二) 繪製氣壓迴路圖

氣壓迴路圖如圖 3-18，A、B 兩支氣壓缸皆為雙穩態雙頭電磁閥。

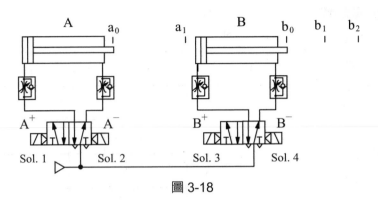

圖 3-18

把圖 3-17 和圖 3-18 結合起來，即可執行 A^+ $\begin{matrix} \overline{CS} \\ cs \end{matrix}$ $\begin{matrix} B^+_{1/2} \ B^- \ B^+ + B^- - \\ B^+ + \ B^- - \ B^+_{1/2}B^- \end{matrix}$ A^- 選擇型迴路動作。

參、氣壓－電氣單穩態迴路設計

一、判別需做自保迴路的氣壓缸

分組用繼電器及各組的控制條件和本題前面雙穩態電氣迴路皆相同，可參考前面。各氣壓缸前進、後退的邏輯方程式亦需要轉換為單穩態電磁閥可使用之邏輯方程式。而在轉換的過程中有一些要領可判別出某幾支氣壓缸需做自保迴路，有些就不用做。

不需做自保迴路的判斷原則如前面各節所述；本題原則上 A、B 兩支缸改為單穩態電磁閥控制皆不需要做自保持迴路，其控制式分別為：

$A^{(\pm)} = R1 + \overline{b_0}$ $A^{(\pm)}$：表 A 缸電磁閥的控制條件；在第 I 組有電氣信號 R1 激磁，A 缸即前進，並保持至第III組結束，進入第IV組 B 缸後退至後限碰觸 b_0 極限開關，A 缸才後退。

$B^{(\pm)} = R1 \cdot \overline{R2} \cdot a_1 + R3$ $B^{(\pm)}$：表 B 缸電磁閥的控制條件；在第 I 組有電氣信號 A 缸前進至前限碰觸 a_1 極限開關或第III組有電氣信號，B 缸就前進，切換至第 II 組或第IV組，B 缸即後退。

二、繪製電路圖及氣壓迴路圖

(一) 先繪製控制電路圖

　　逐一把經公式轉換爲單穩態之邏輯方程式 (控制繼電器用) 及每個單穩態邏輯方程式 (驅動氣壓缸用) 轉畫爲電路圖，如圖 3-19。

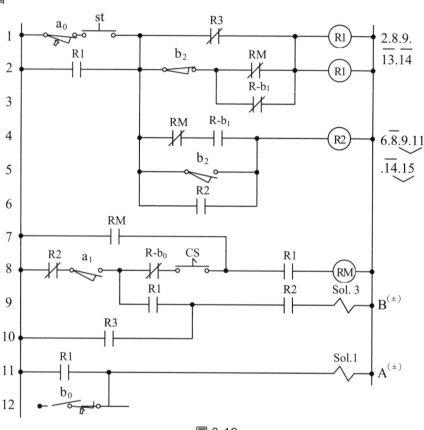

圖 3-19

(二) 繪製氣壓迴路圖

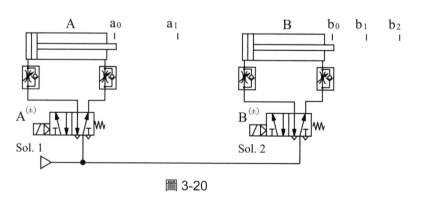

圖 3-20

　　把圖 3-19 和圖 3-20 結合起來，即可執行 $A^+ \begin{smallmatrix} \overline{CS} \\ cs \end{smallmatrix} B^+_{1/2} \ B^- \ B^{++} B^{--} \searrow A^-$ 氣壓－電氣單穩態迴路 A、B 兩支氣壓缸選擇型迴路的動作。

選擇型迴路綜合設計能力測驗

練習 1 以前面各例題所介紹之方法，設計三支氣壓缸選擇型迴路之

(1) 機械－氣壓迴路。

(2) 氣壓－電氣　穩態迴路。

(3) 氣壓－電氣單穩態迴路。

練習 2 以前面各例題所介紹之方法，設計圖 3-22 一支氣壓缸選擇型迴路之

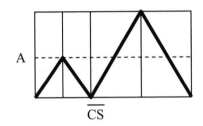

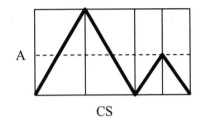

(1) 機械－氣壓迴路。

(2) 氣壓－電氣雙穩態迴路。

(3) 氣壓－電氣單穩態迴路。

4 跳躍型迴路

　　所謂"跳躍型迴路"係指自動化機械在整個循環過程中，機械動作到某一個特定點，因加工過程不同的需求，在某些特定的條件下會跳過某幾個動作不執行，只進行後面幾個動作。

　　此種迴路設計的重點：

1. 當跳躍條件不成立時，按正常動作進行；若跳躍條件成立時，則至跳躍點執行跳躍的動作；但若超過跳躍點時跳躍條件再成立，仍須等待下一個循環才執行跳躍的動作。

2. 在跳躍過後的目的點，需能接受正常動作或跳躍動作的信號。現列舉三個例題來詳細說明"跳躍型迴路"的設計要領。

(1) $A^+_{1/2} [B^+ B^-]_n A^{++} A^-$
　　└─── if s=1 ────┘

(2) $A^+ B^+$
　　$A^- C^+ [A^+ A^-]_n C^- B^-$
　　└─── if s=1 ────┘

(3)
　　┌── if s=1 ──┐　　T
　　│　　　　　　↓┌──────┐
$A^+ C^+$　　$B^+ B^- B^+ B^-$　$C^- A^-$
　　↘ C^- T C^+ ↗

例題 4-1

$$A^+_{1/2} \underset{\text{if } s=1}{\left[B^+ B^- \right]_n} A^{++} A^-$$

壹、機械－氣壓迴路設計

一、分析研判動作類型：

$A^+_{1/2} \underset{\text{if } s=1}{\left[B^+ B^- \right]_n} A^{++} A^-$ 為兩支氣壓缸的反覆動作兼具 "跳躍型" 之迴路。

二、分組

$A^+_{1/2} \underset{\text{if } s=1}{\left[B^+ B^- \right]_n} A^{++} A^-$ $\xrightarrow{\text{分為四組}}$ $A^+_{1/2} / \left[B^+ \xrightarrow{b_1} B^- \right]_n / A^{++} / A^-$

I ↘a₁ $\overline{k} \cdot b_0$ II $k \cdot b_0$ III a₂ IV a₀

$a_0 \cdot st$

三、列出邏輯方程式 (僅適用於雙穩態迴路)

$e_I = a_0 \cdot st$ 　　e_I：表要切換至第 I 組的條件；在 A 缸退回後限碰觸 a_0 極限開關且壓下 st 啟動開關時，系統信號就切換至第 I 組。

$e_{II} = I \cdot a_1 \cdot \overline{S}$ 　　e_{II}：表要切換至第 II 組的條件；在第 I 組有氣壓信號，A 缸前進至中途碰觸 a_1 極限開關且跳躍條件不成立時，系統信號就切換至第 II 組。

$e_{III} = I \cdot a_1 \cdot S + II \cdot k \cdot b_0$ 　　e_{III}：表要切換至第 III 組的條件；在第 I 組有氣壓信號，A 缸前進至中途碰觸 a_1 極限開關且跳躍條件成立時或第 II 組有氣壓信號、計數器計數次數已到且 C 缸退回後限碰觸 c_0 極限開關，系統信號就切換至第 III 組。

$e_{IV} = a_2$ 　　e_{IV}：表要切換至第 IV 組的條件；在第 III 組有氣壓信號，A 缸前進至前限碰觸 a_2 極限開關時，系統信號就切換至第 IV 組。

$A^+ = I \cdot \overline{a_1} + III$ 　　A^+：表 A 缸前進的條件；在第 I 有氣壓信號時，A 缸即前進，前進至中途碰觸 a_1 極限開關 "b" 接點，使 A 缸停止；或第 III 組有氣壓信號，也可使 A 缸前進。

$A^- = IV \cdot \overline{a_0}$ 　　A^-：表 A 缸後退的條件；在第 IV 組有氣壓信號時，A 缸即後退。

$B^+ = II \cdot b_0 \cdot \overline{k}$ 　　B^+：表 B 缸前進的條件；在第 II 組有氣壓信號且 b_0 極限開關被碰觸，計數器計數次數未到時，B 缸就會前進。

$B^- = b_1$ 　　B^-：表 B 缸後退的條件；在 B 缸前進至前限碰觸 b_1 極限開關時，B 缸即後退。

$C_Z = b_1$ 　　C_Z：表計數器計數的條件；在 B 缸前進至前限碰觸 b_1 極限開關時，計數一次。

$C_Y = III$ 　　C_Y：表計數器復歸的條件；在第 III 組有氣壓信號時，計數器就復歸。

四、繪製機械－氣壓迴路。

(一) 先繪製氣壓缸、主氣閥、組線及換組用回動閥、氣源供應部份，如圖 4-1。

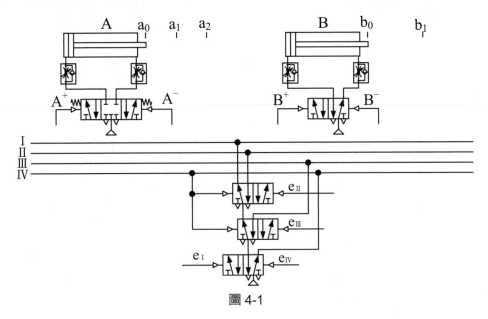

圖 4-1

(二) 再把邏輯方程式的信號元件繪入並連接線路，如圖 4-2。

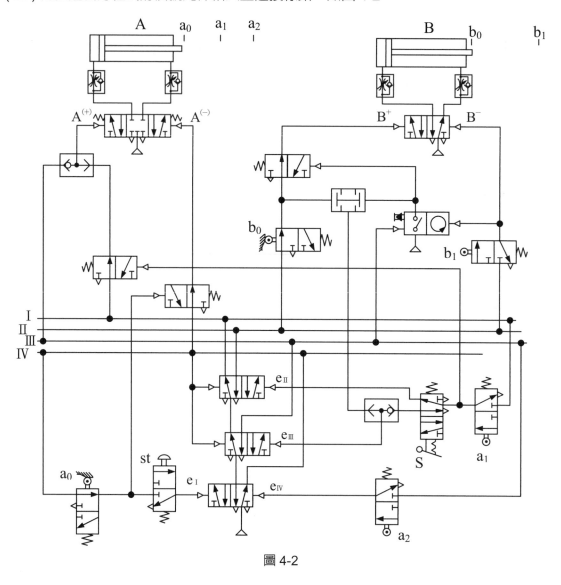

圖 4-2

以上圖 4-2 是 $A^+_{1/2}\underbrace{[B^+B^-]_nA^{++}}_{\text{if } s=1}A^-$ 兩支氣壓缸跳躍型迴路的機械－氣壓迴路。

貳、電氣－氣壓迴路設計

一、列出邏輯方程式 (可參考前面機械－氣壓迴路，適用於雙穩態迴路)

　　本題共分為四組，故分組用繼電器需使用三個，而各繼電器的啟動、切斷時間分別為如下說明：上列之 e_I、e_{II}、e_{III} 和 e_{IV} 分別由 R1、R2、R3 繼電器取代，規劃 R1 激磁的時間為 I ＋ II ＋ III 組，R2 激磁的時間為 II ＋ III 組，R3 激磁的時間為 III 組，其邏輯方程式如下：

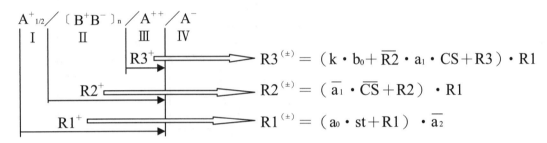

$$R3^{(\pm)} = (k \cdot b_0 + \overline{R2} \cdot a_1 \cdot CS + R3) \cdot R1$$

$$R2^{(\pm)} = (\overline{a_1} \cdot \overline{CS} + R2) \cdot R1$$

$$R1^{(\pm)} = (a_0 \cdot st + R1) \cdot \overline{a_2}$$

　　上列方程式中 R2 繼電器的啟動條件改為 $\overline{a_1}$ ・ $\overline{CS}$，在避免進入第 II 組執行 B 缸反覆動作時切換 CS 開關會跳離；R3 繼電器的斷電條件由 R2 改為 R1，是因要執行跳躍條件的時機在第 I 組 (R2 繼電器還沒激磁)，故需將 R2 改為 R1。

　　因分組用繼電器如上圖方式規劃，各組通電的條件則分別如下：

I＝R1(第 I 組的信號)

II＝R2・ $\overline{R3}$ (第 II 組的信號)

III＝R3(第 III 組的信號)

IV＝ $\overline{R1}$ ・ $\overline{a_0}$ (第 IV 組的信號)

$A^{(+)} = R1 \cdot \overline{R2} \cdot \overline{a_1} + R3$　　　$A^{(+)}$：表 A 缸前進的條件；在第 I 或 III 組有電氣信號時 A 缸即前進，但因在第 I 組 A 缸須停在中途，故需串接 $\overline{a_1}$ 切斷其控制信號。

$A^{(-)} = \overline{R1} \cdot \overline{a_0}$　　　$A^{(-)}$：表 A 缸後退的條件；在第 IV 組有電氣信號時，A 缸即後退。

$B^+ = R2 \cdot \overline{R3} \cdot b_0 \cdot \overline{k}$　　　B^+：表 B 缸前進的條件；在第 II 組有電氣信號且 b_0 極限開關被碰觸且計數器計數次數未到時，B 缸即前進。

$B^- = b_1$　　　B^-：表 B 缸後退的條件；在第 II 組有電氣信號且 B 缸前進至前線碰觸 b_1 極限開關時，B 缸即後退。

$C_C = b_1$　　　C_C：表計數器的計數條件；在 b_1 極限開關每次被碰觸時，計數器就計數一次。

$C_R = R3$　　　C_R：表計數器的復歸條件；在第 III 組有信號時，計數器就執行復歸動作。

二、繪製電路圖及氣壓迴路圖

(一) 先繪製控制電路圖

逐一把經公式轉換為單穩態之邏輯方程式 (控制繼電器用) 及每個雙穩態邏輯方程式 (驅動氣壓缸用) 轉畫為電路圖，如圖 4-3。

$$R1^{(\pm)} = (a_0 \cdot st + R1) \cdot \overline{a_2}$$

$$R2^{(\pm)} = (\overline{a_1} \cdot \overline{CS} + R2) \cdot R1$$

$$R3^{(\pm)} = (\overline{R2} \cdot a_1 \cdot CS +$$
$$k \cdot b_0 + R3) \cdot R1$$

$$A^{(+)} = R1 \cdot \overline{R2} \cdot \overline{a_1} + R3$$

$$A^{(-)} = \overline{R1} \cdot \overline{a_0}$$

$$B^+ = R2 \cdot \overline{R3} \cdot b_0 \cdot \overline{k}$$

$$B^- = b_1$$

$$C_C = b_1$$

$$C_R = R3$$

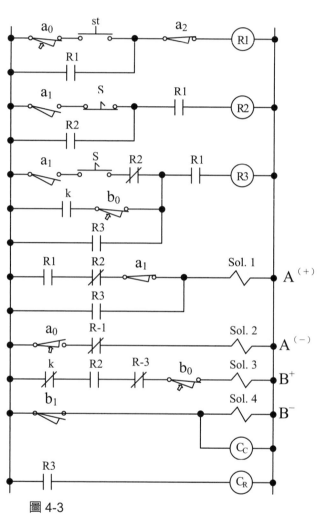

圖 4-3

　　在圖 4-3 中使用的計數器為機械式，而針對、a_1、b_0 等因使用多次，故以繼電器擴大其點數，而 b_0 極限開關在停機時是被壓住，改以"b"接點驅動 R-b_0 繼電器，原來第 6、11 線極限開關的"a"接點替換為 R-b_0 繼電器的"b"接點，另外 R1 繼電器的使用點數已超過，需調整電路才能實際配線，如圖 4-4。

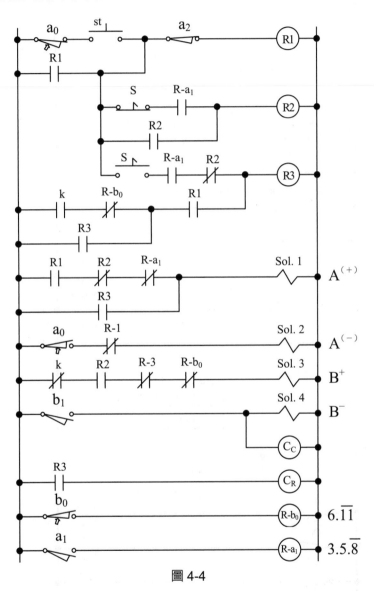

圖 4-4

若把計數器改爲電子式的則電路圖需修改爲如圖 4-5。

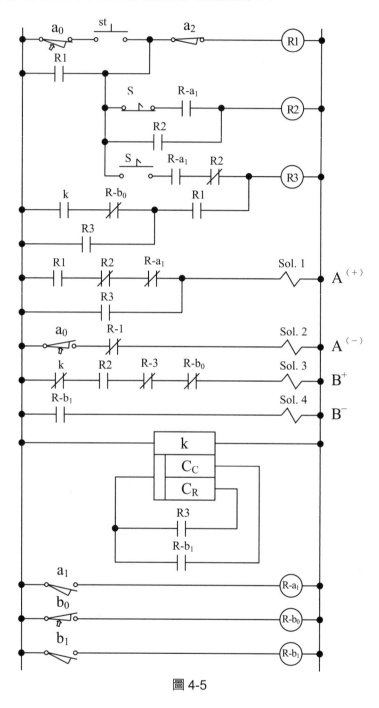

圖 4-5

(二) 繪製氣壓迴路圖

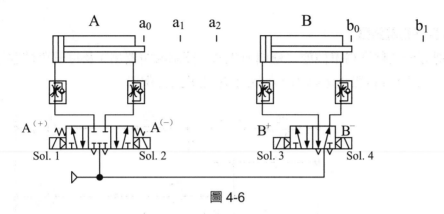

圖 4-6

　　把圖 4-4 或圖 4-5 和圖 4-6 結合起來，即可執行 $A^+_{1/2}\underset{\text{if s=1}}{\left[B^+B^-\right]_n}A^{++}A^-$ 雙穩態迴路的動作。

參、電氣－氣壓單穩態迴路設計

一、判別需做自保迴路的氣壓缸

　　分組用繼電器及各組的控制條件和本題前面雙穩態電氣迴路皆相同，可參考前面。各氣壓缸前進、後退的邏輯方程式亦需要轉換為單穩態電磁閥可使用之邏輯方程式。而在轉換的過程中有一些要領可判別出某幾支氣壓缸需做自保迴路，有些就不用做。

　　不需做自保迴路的判斷原則如前面各節所述；原則上本題的 A 缸就已經是單穩態元件，而 B 缸因前進、後退的動作均列在同一組中，就需增加一個繼電器 (RB) 來處理改為單穩態電磁閥控制，則 A、B 兩支缸的控制式分別為：

$A^{(+)} = R1 \cdot \overline{R2} \cdot \overline{a_1} + R3$

$\quad$ $A^{(+)}$：在第 I 或第 III 組有電氣信號時 A 缸即前進，但因在第 I 組 A 缸須停在中途，故需串接 $\overline{a_1}$ 切斷其控制信號。

$A^{(-)} = \overline{R1} \cdot \overline{a_0}$

$\quad$ $A^{(-)}$：表 A 缸後退的條件；在第 IV 組有電氣信號時，A 缸即後退。

$C_C = b_1$

$\quad$ C_C：表計數器的計數條件；在 b_1 極限開關每次被碰觸時，計數器就計數一次。

$C_R = R3$

$\quad$ C_R：表計數器的復歸條件；在第 III 組有信號時，計數器就執行復歸動作。

$RB^{(\pm)} = (b_0 \cdot \overline{k} + RB) \cdot \overline{b_1} \cdot R2 \cdot \overline{R3}$

$\quad$ $RB^{(\pm)}$：表 B 缸自保用繼電器的控制條件；啟動條件在進入第 II 組有電氣信號、B 缸往復次數未到且碰觸後限 b_0 極限開關，RB 繼電器就激磁；當 B 缸前進至前限碰觸 b_1 極限開關，就切斷 RB 繼電器的激磁狀態。

$B^{(\pm)} = RB$

$\quad$ $B^{(\pm)}$：表 B 缸電磁閥的控制條件；RB 繼電器激磁，B 缸就前進；RB 繼電器消磁，B 缸即後退。

二、繪製電路圖及氣壓迴路圖

(一) 先繪製控制電路圖

　　逐一把經公式轉換為單穩態之邏輯方程式 (控制繼電器用) 及每個單穩態邏輯方程式 (驅動氣壓缸用) 轉畫為電路圖，如圖 4-7(機械式計數器)。

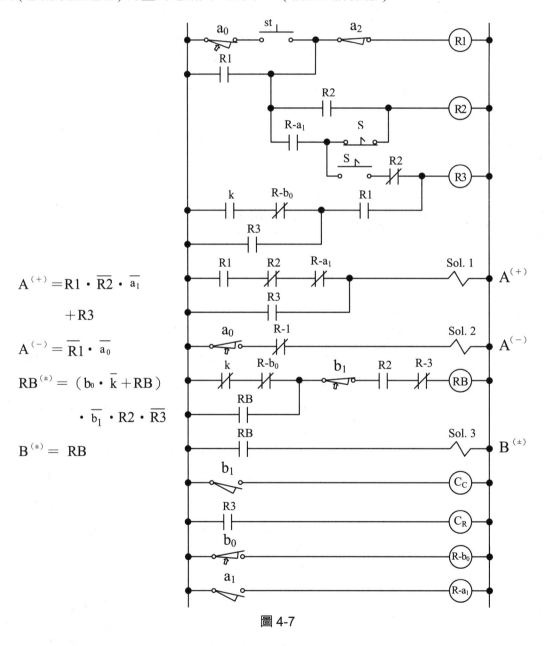

$$A^{(+)} = R1 \cdot \overline{R2} \cdot \overline{a_1}$$

$$+ R3$$

$$A^{(-)} = \overline{R1} \cdot \overline{a_0}$$

$$RB^{(\pm)} = (b_0 \cdot \overline{k} + RB)$$

$$\cdot \overline{b_1} \cdot R2 \cdot \overline{R3}$$

$$B^{(\pm)} = RB$$

圖 4-7

或如圖 4-8(電子式計數器)。

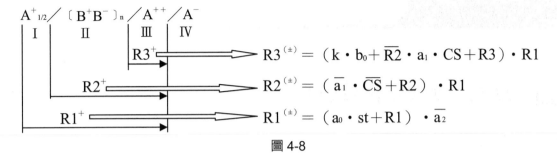

$$R3^{(\pm)} = (k \cdot b_0 + \overline{R2} \cdot a_1 \cdot CS + R3) \cdot R1$$

$$R2^{(\pm)} = (\overline{a_1} \cdot \overline{CS} + R2) \cdot R1$$

$$R1^{(\pm)} = (a_0 \cdot st + R1) \cdot \overline{a_2}$$

圖 4-8

(二) 繪製氣壓迴路圖

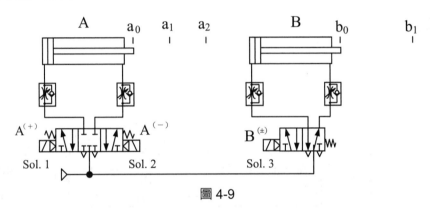

圖 4-9

把圖 4-7 或圖 4-8 和圖 4-9 結合起來，即可執行 $\begin{smallmatrix} A^+_{1/2} [\, B^+ B^- \,]_n A^{++} A^- \\ \text{if } s=1 \end{smallmatrix}$ 電氣－氣壓單穩態迴路 A、B 兩支氣壓缸的跳躍型迴路的動作。

例題　4-2

$$A^{+}B^{+}_{A^{-}}C^{+}\left[A^{+}A^{-}\right]_{n}\cdot C^{-}B^{-}$$
$$\underset{\text{if s=1}}{\longleftarrow\qquad\longrightarrow}$$

壹、機械－氣壓迴路設計

一、分析研判動作類型：

為 A、B、C 三支缸且 A 缸具反覆執行之選擇型迴路。

二、分組

$$A^{+}B^{+}_{A^{-}}C^{+}\left[A^{+}A^{-}\right]_{n}\cdot C^{-}B^{-}$$
$$\underset{\text{if s=1}}{\longleftarrow\qquad\longrightarrow}$$

三、列出邏輯方程式 (僅適用於雙穩態迴路)

$e_{I} = b_{0} \cdot st$ 　　e_{I}：表要切換至第 I 組的條件；當在 IV 組 B 缸退回後限碰觸 b_{0} 極限開關且壓下 st 啟動開關時，系統信號就切換至第 I 組。

$e_{II} = I \cdot a_{1}$ 　　e_{II}：表要切換至第 II 組的條件；當在 I 組有氣壓信號，A 缸前進至前限碰觸 a_{1} 極限開關時，系統信號就切換至第 II 組。

$e_{III} = II \cdot a_{0} \cdot b_{1} \cdot \bar{S}$ 　　e_{III}：表要切換至第 III 組的條件；當在 II 組有氣壓信號，A、B 兩缸分別碰觸極限開關 a_{0}、b_{1} 極限開關且 S 選擇開關在 $\bar{S}$ 狀態時，系統信號就切換至第 II 組。

$e_{IV} = a_{0} \cdot k + II \cdot a_{0} \cdot b_{1} \cdot S$ 　　e_{IV}：表要切換至第 IV 組的條件；當在 III 組有氣壓信號，計數器計數次數已到且 A 缸退回後限碰觸 a_{0} 極限開關、或在 II 組有氣壓信號，A、B 兩缸分別碰觸極限開關 a_{0}、b_{1} 極限開關且 S 選擇開關在 S 狀態時，系統信號就切換至第 IV 組。

$A^+ = I + III \cdot a_0 \cdot c_1 \cdot \bar{k}$ A^+：表 A 缸前進的條件；在第 I 組有氣壓信號時，A 缸即前進；或在第 III 組 C 缸前進至前限碰觸 c_1 極限開關、計數器計數次數未到且 A 缸退回後限碰觸 a_0 極限開關，A 缸也會前進。

$A^- = II + a_1$ A^-：表 A 缸後退的條件；在第 II 組有氣壓信號或 A 缸前進碰觸前限 a_1 極限開關時，A 缸即後退。

$B^+ = II$ B^+：表 B 缸前進的條件；在第 II 組有氣壓信號，B 缸就會前進。

$B^- = IV \cdot c_0$ B^-：表 B 缸後退的條件；在第 IV 組有氣壓信號，C 缸後退碰觸後限 c_0 極限開關時，B 缸即後退。

$C^+ = III$ C^+：表 C 缸前進的條件；在第 III 組有氣壓信號時，C 缸即前進。

$C^- = IV$ C^-：表 C 缸後退的條件；在第 IV 組有氣壓信號時，C 缸即後退。

$C_C = II \cdot a_1$ C_C：計數器計數的條件；在第 II 組有氣壓信號每當 A 缸前進碰觸前限 a_1 極限開關 1 次時，計數器就計數 1 次。

$C_R = III$ C_R：計數器復歸的條件；在第 III 組有氣壓信號時，

四、繪製機械－氣壓迴路。

(一) 先繪製氣壓缸、主氣閥、組線及換組用回動閥、氣源供應部份，如圖 4-10。

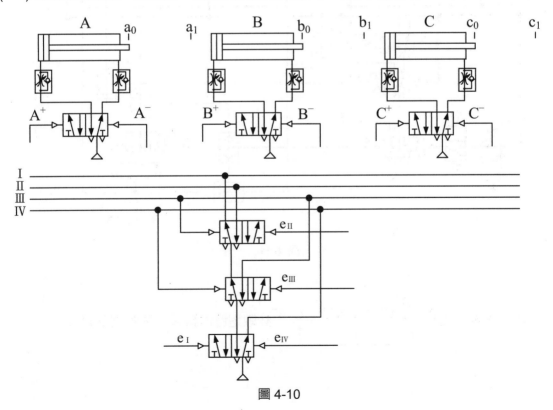

圖 4-10

(二) 再把邏輯方程式的信號元件繪入並連接線路，如圖 4-11。

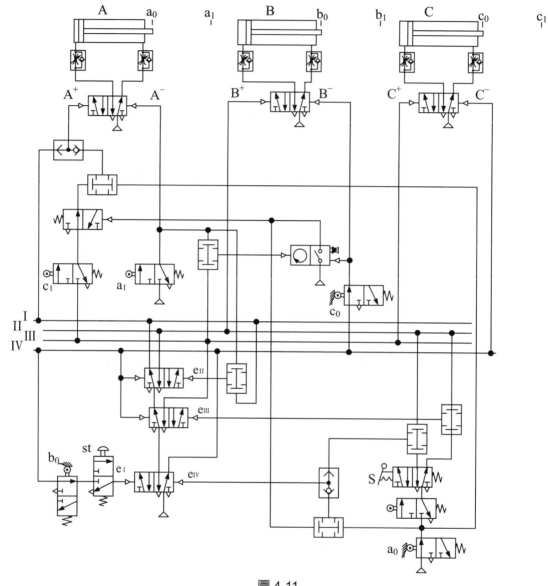

圖 4-11

以上圖 4-11 是 $A^+ \genfrac{}{}{0pt}{}{B^+}{A^-} C^+ \left[A^+A^-\right]_n C^-B^-$ 計數迴路的機械－氣壓迴路圖。

if s=1

貳、電氣－氣壓迴路設計

一、列出邏輯方程式 (可參考前面機械－氣壓迴路，適用於雙穩態迴路)

　　本題共分為四組，故分組用繼電器需使用三個，而各繼電器的啟動、切斷時間分別為如下說明：上列之 e_{I}、e_{II}、e_{III} 和 e_{IV} 分別由 R1、R2、R3 繼電器取代，規劃 R1 激磁的時間為 I ＋ II ＋ III 組，R2 激磁的時間為 II ＋ III 組，R3 激磁的時間為 III 組，其邏輯方程式如下：

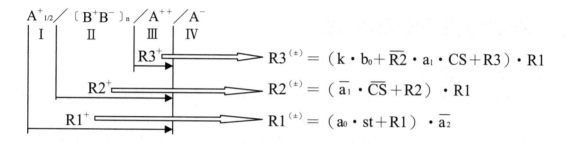

$$R3^{(\pm)} = (k \cdot b_0 + \overline{R2} \cdot a_1 \cdot CS + R3) \cdot R1$$

$$R2^{(\pm)} = (\overline{a_1} \cdot \overline{CS} + R2) \cdot R1$$

$$R1^{(\pm)} = (a_0 \cdot st + R1) \cdot \overline{a_2}$$

　　因分組用繼電器如上圖方式規劃，各組通電的條件、各氣壓缸前進、後退的控制條件及計時器的計時條件分別如下說明：

I ＝ R1(第 I 組的信號)

II ＝ R2 · $\overline{R3}$ (第 II 組的信號)

III ＝ R3(第 III 組的信號)

IV ＝ $\overline{R1}$ · a_0 (第 IV 組的信號)

A^+ ＝ R1 · $\overline{R2}$ ＋ R3 · c_1 · $\overline{k}$ · a_0　A^+：表 A 缸前進的條件；在第 I 組有電氣信號時 A 缸即前進，或第 III 組有電氣信號 C 缸至前限碰觸 c_1 極限開關、A 缸在後限碰觸 a_0 極限開關且計數器計數次數未到時，A 缸執行反覆計數之前進動作。

$$A^- = R2 \cdot \overline{R3} + a_1 \cdot R3$$

A^+：表 A 缸後退的條件；在第 II 組有電氣信號或第 III 組 A 缸前進至前限碰觸 a_1 極限開關時，A 缸就會後退。

$$B^+ = R2 \cdot \overline{R3}$$

B^+：表 B 缸前進的條件；在第 II 組有電氣信號時，B 缸即前進。

$$B^- = \overline{R1} \cdot c_0 \cdot \overline{b_0}$$

B^-：表 B 缸後退的條件；在第 IV 組有電氣信號時，B 缸即後退。

$$C^+ = R3$$

C^+：表 C 缸前進的條件；在第 III 組有電氣信號時，C 缸即前進。

$$C^- = \overline{R1} \cdot \overline{b_0}$$

C^-：表 C 缸後退的條件；在第 IV 組有電氣信號時，B 缸即後退。

$$C_C = R3 \cdot a_1$$

C_C：表計數器的計數條件；在第 III 組有電氣信號且 A 缸前進至前線 a_1 極限開關每次被碰觸時，計數器就計數一次。

$$C_R = \overline{R1} \cdot c_0 \cdot \overline{b_0}$$

C_R：表計數器的復歸條件；在第 IV 組有信號時，計數器就執行復歸動作。

二、繪製電路圖和氣壓迴路圖

(一) 先繪製控制電路圖

逐一把經公式轉換爲單穩態之邏輯方程式 (控制繼電器用) 及每個雙穩態邏輯方程式 (驅動氣壓缸用) 轉畫爲電路圖，如圖 4-12。

在圖 4-12 中 a_0、a_1、b_1 極限開關及 k 接點，因使用點數已超出器具本身現有的接點數，故均各再驅動一個繼電器已擴增使用點數。

$R1^{(\pm)} = (a_0 \cdot st + R1) \cdot$
$\qquad \{\overline{a_0} + [\overline{k} \cdot (\overline{b_1}$
$\qquad + \overline{S} + R3)]\}$

$R2^{(\pm)} = (a_1 + R2) \cdot R1$

$R3^{(\pm)} = (a_0 \cdot b_1 \cdot \overline{S} + R3)$
$\qquad \cdot R2$

$A^+ = R1 \cdot \overline{R2} +$
$\qquad R3 \cdot c_1 \cdot \overline{k} \cdot a_0$

$C^+ = R3$

$A^- = R2 \cdot \overline{R3} + a_1 \cdot R3$

$C_C = R3 \cdot a_1$

$B^+ = R2 \cdot \overline{R3}$

$B^- = \overline{R1} \cdot c_0 \cdot \overline{b_0}$

$C_R = \overline{R1} \cdot c_0 \cdot \overline{b_0}$

$C^- = \overline{R1} \cdot \overline{b_0}$

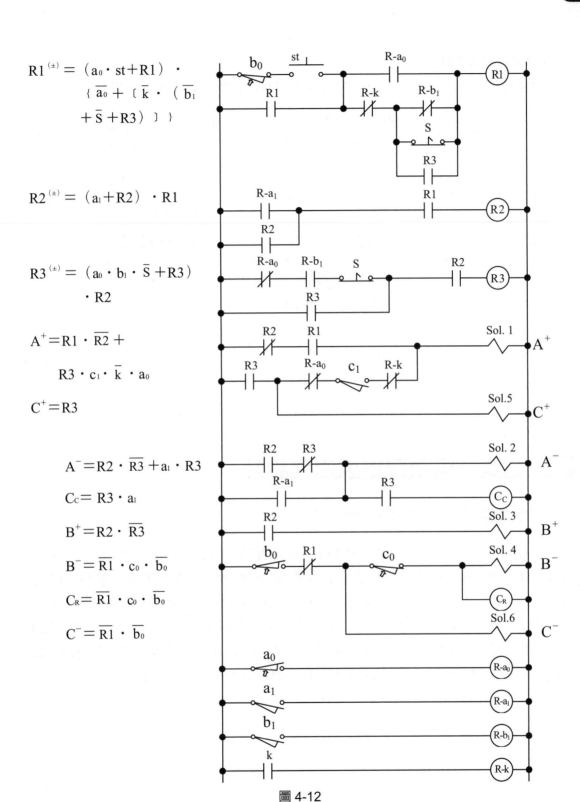

圖 4-12

(二) 繪製氣壓迴路圖

氣壓迴路圖如圖 4-13，A、B、C 三支氣壓缸皆爲雙穩態雙頭電磁閥。

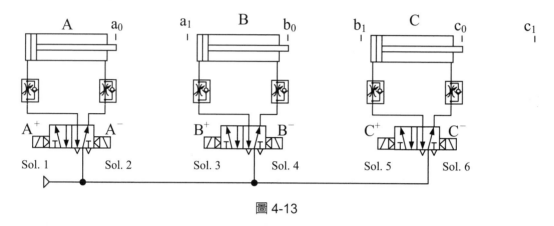

圖 4-13

把圖 4-12 和圖 4-13 結合起來，即可執行 $A^+ \begin{smallmatrix} B^+ \\ A^- \end{smallmatrix} C^+ \left[A^+ A^- \right]_n \cdot C^- B^-$ 跳躍型迴路動作。

（其下方標註：if s=1）

參、電氣－氣壓單穩態迴路設計

一、判別需做自保迴路的氣壓缸

分組用繼電器及各組的控制條件和本題前面雙穩態電氣迴路皆相同，可參考前面。各氣壓缸前進、後退的邏輯方程式亦需要轉換爲單穩態電磁閥可使用之邏輯方程式。而在轉換的過程中有一些要領可判別出某幾支氣壓缸需做自保迴路，有些就不用做。

不需做自保迴路的判斷原則如前面各節所述；本題原則上 A 缸改爲單穩態電磁閥控制，因在反覆動作時前進、後退的動作均列在同一組中，故需要做自保持迴路；B、C 兩缸符合不需自保的原則，就可不需加自保繼電器，其控制式分別爲：

$RA^{(\pm)} = (a_0 \cdot \overline{k} + RA) \cdot \overline{a_1} \cdot c_1 \cdot R3$

$RA^{(\pm)}$：表 A 缸在反覆動作時自保用繼電器的控制條件；啟動條件在第Ⅲ組有電氣信號 C 缸前進至前限碰觸 c_1、計數未到且 A 缸碰觸後限 a_0 極限開關，RA 繼電器就激磁。A 缸前限碰觸前限 a_1 極限開關，RA 繼電器就消磁。

$A^{(\pm)} = R1 \cdot \overline{R2} + RA$

$A^{(\pm)}$：表 A 缸電磁閥的控制條件；在第Ⅰ組有電氣信號 A 缸即前進，進入第Ⅱ組 A 就後退；或第Ⅲ組反覆動作時由 RA 控制。

$B^{(\pm)} = R2 + \overline{c_0}$

$B^{(\pm)}$：表 B 缸電磁閥的控制條件；在第Ⅱ時，B 缸即前進，並保持至第Ⅳ組 C 缸後退碰觸 c_0 極限開關切斷驅動信號，使 B 缸後退。

$C^{(\pm)} = R3$

$C^{(\pm)}$：表 C 缸電磁閥的控制條件；在第Ⅲ組有電氣信號，C 缸就前進。

二、繪製電路圖及氣壓迴路圖

(一) 先繪製控制電路圖

　　逐一把經公式轉換為單穩態之邏輯方程式 (控制繼電器用) 及每個單穩態邏輯方程式 (驅動氣壓缸用) 轉畫為電路圖，如圖 4-14。

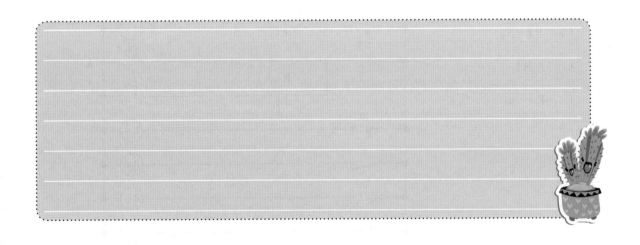

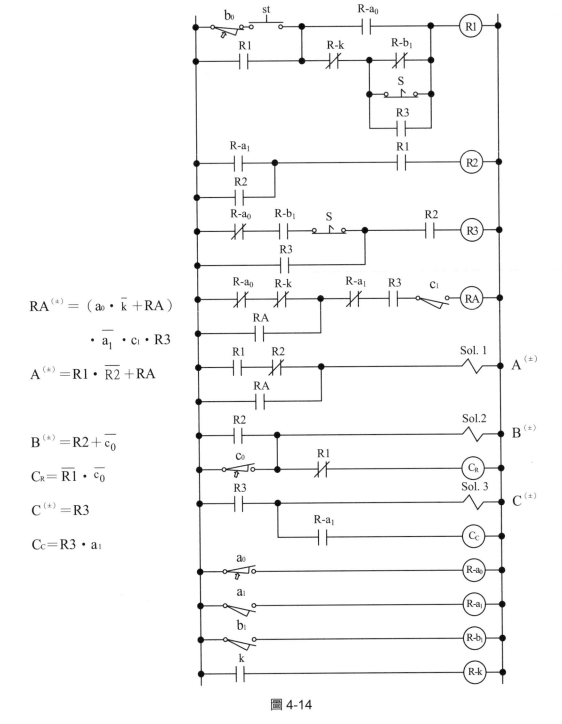

$$RA^{(\pm)} = (a_0 \cdot \bar{k} + RA)$$

$$\cdot \ \overline{a_1} \cdot c_1 \cdot R3$$

$$A^{(\pm)} = R1 \cdot \overline{R2} + RA$$

$$B^{(\pm)} = R2 + \overline{c_0}$$

$$C_R = \overline{R1} \cdot \overline{c_0}$$

$$C^{(\pm)} = R3$$

$$C_C = R3 \cdot a_1$$

圖 4-14

（二）繪製氣壓迴路圖

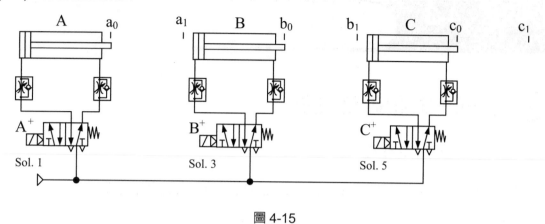

圖 4-15

把圖 4-14 和圖 4-15 結合起來，即可執行 $\overset{A^+\ B^+}{\underset{A^-\ C^+}{}}\left[A^+A^-\right]_n \cdot C^-B^-$ 電氣－氣壓單

$$\underbrace{\qquad}_{\text{if s=1}}$$

穩態迴路 A、B、C 三支氣壓缸選擇型迴路的動作。

例題 4-3

$$\begin{array}{c} \text{if s=1} \\ A^+C^+ \begin{array}{c} \nearrow \\ \searrow \end{array} \begin{array}{c} \overset{T}{\overbrace{B^+B^-B^+B^-}} \\ C^- \quad T \quad C^+ \end{array} \rightarrow C^-A^- \end{array}$$

壹、機械－氣壓迴路設計

一、分析研判動作類型：

為 A、B、C 三支缸具有計時功能且 B 缸有反覆動作之選擇型迴路。

二、分組

分為三組

三、列出邏輯方程式 (僅適用於雙穩態迴路)

$e_I = a_0 \cdot ST$

e_I：表要切換至第 I 組的條件；在 A 缸退回後限碰觸 a_0 極限開關且壓下 st 啟動開關時，系統信號就切換至第 I 組。

$e_{II} = a_1 \cdot S + c_1$

e_{II}：表要切換至第 II 組的條件；在第 I 組有氣壓信號，若 S 選擇開關被切換則 A 缸前進至前限碰觸 a_1 極限開關時，系統信號就切換至第 II 組；或 C 缸前進至前限碰觸 c_1 極限開關時，系統信號也會切換至第 II 組。

$e_{IIA} = I \cdot a_1 \cdot S$

e_{IIA}：表在碰觸 a_1 極限開關時切換至第 II 組的條件；在第 I 組有氣壓信號，若 S 選擇開關被切換則 A 缸前進至前限碰觸 a_1 極限開關時，系統信號就切換至第 II 組

$e_{IIB} = I \cdot c_1$

e_{IIB}：表由碰觸 c_1 切換至第 II 組的條件；C 缸前進至前限碰觸 c_1 極限開關時，系統信號也會切換至第 II 組。

$e_{III} = b_0 \cdot T + c_1 \cdot T$
$\quad = T \cdot (b_0 + c_1)$

e_{III}：表要切換至第 III 組的條件；在 II 組有氣壓信號，t 計時器計時已到，B 缸退回後限碰觸 b_0 極限開關或 C 缸前進至前限碰觸 c_1 極限開關時，系統信號就切換至第 III 組。

$A^+ = I$

A^+：表 A 缸前進的條件；在第 I 組有氣壓信號時，A 缸即後退。

$A^- = III \cdot c_0$

A^-：表 A 缸後退的條件；在第 IV 組有氣壓信號且 C 缸退回後限碰觸 c_0 極限開關時，A 缸即後退。

$B^+ = II_A \cdot b_0 \cdot \overline{T}$

$B^- = b_1$

$C^+ = I \cdot a_1 \cdot \overline{S} + II_B \cdot T$

$C^- = II_B + III$

$T = II_A + II_B \cdot (c_0 + TR)$

B^+：表 B 缸前進的條件；在第 II_A 組有氣壓信號、t 計時器計時未到且 b_0 極限開關被碰觸時，B 缸就會前進。

B^-：表 B 缸後退的條件；在第 II 組有氣壓信號且 B 缸前進至前限碰觸 b_1 極限開關時，B 缸即後退。

C^+：表 C 缸前進的條件；在第 I 組有氣壓信號，若 S 選擇開關沒有切換且 a_1 極限開關被碰觸時，C 缸就第一次前進；或第 II_B 組有氣壓信號且計時器計時已到時，C 缸就第二次前進。

C^-：表 C 缸後退的條件；在第 II_B 組有氣壓信號時，C 缸就第一次後退；或第 III 組有氣壓信號，C 缸就第二次後退。

T：表計時器計時的條件；當第 II_A 組有氣壓信號時，計時器開始計時；或 II_B 組有氣壓信號時 C 缸後退至後限碰觸 c_0 極限開關時，計時器開始計時並保持至切換到第 III 組為止。

四、繪製機械－氣壓迴路。

(一) 先繪製氣壓缸、主氣閥、組線及換組用回動閥、氣源供應部份，如圖 4-16。

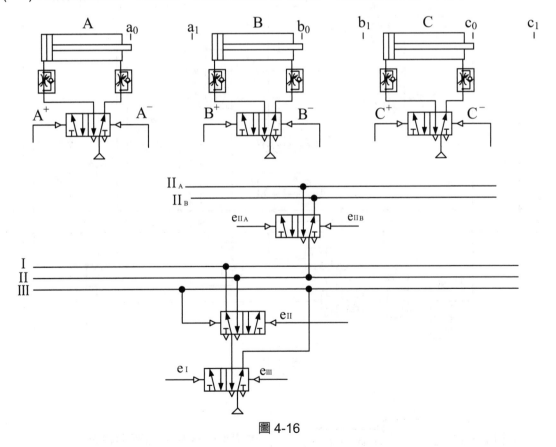

圖 4-16

(二) 再把邏輯方程式的信號元件繪入並連接線路，如圖 4-17。

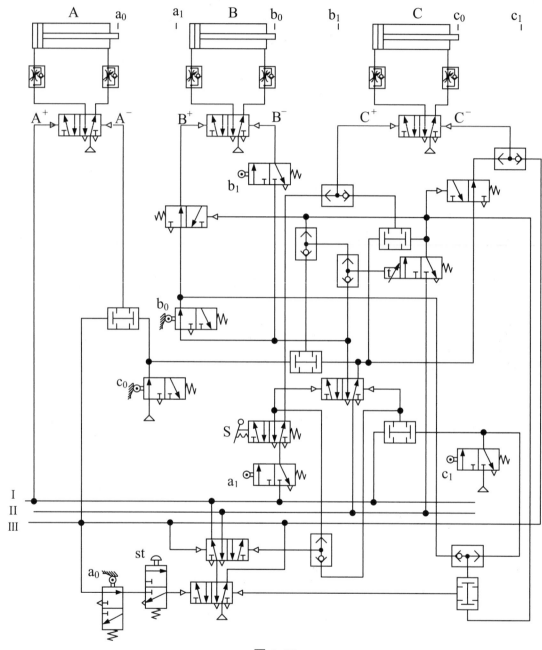

圖 4-17

以上圖 4-17 是 $\begin{array}{c} \text{if s=1} \\ A^+C^+ \end{array} \begin{array}{c} T \\ B^+B^-B^+B^- \\ C^- \quad T \quad C^+ \end{array} C^-A^-$ 跳躍型的機械－氣壓迴路圖。

貳、電氣－氣壓迴路設計

一、列出邏輯方程式 (可參考前面機械－氣壓迴路，適用於雙穩態迴路)

$e_I = a_0 \cdot st$

$e_{IIA} = I \cdot a_1 \cdot S$

$e_{III} = II_A \cdot b_0 \cdot T + T \cdot c_1 = T \cdot (II_A \cdot b_0 + c_1)$

$A^+ = I$

$B^+ = II_A \cdot b_0 \cdot \bar{t}$

$C^+ = I \cdot a_1 \cdot \bar{S} + T \cdot II_B$

$T = II_A + II_B(c_0 + T)$

$e_{II} = a_1 \cdot S + I \cdot c_1$

$e_{IIB} = I \cdot c_1$

$A^- = III \cdot c_0$

$B^- = b_1$

$C^- = II_B \cdot \bar{T} + III$

　　本題雖分為三組，因要避免在第 II 組執行 B 或 C 缸不同動作時切換有效，分組用繼電器特別多加一個，使用三個，而各繼電器的啟動、切斷時間分別為如下說明：上列之 e_I、e_{II} 和 e_{III} 分別由 R1、R2、R3 繼電器取代，規劃 R1 激磁的時間為 I ＋ II 組，R2 激磁的時間為 II$_A$ 組，R3 激磁的時間為 II$_B$ 組，其邏輯方程式如下：

$R2^{(\pm)} = (a_1 \cdot S + R2) \cdot R1$

$R3^{(\pm)} = (c_1 + R3) \cdot R1$

$R1^{(\pm)} = (a_0 \cdot ST + R1) \cdot$
$[\bar{T} + (\overline{R2} + \overline{b_0}) \cdot (\overline{R3} + \overline{c_1})]$

因分組用繼電器如上圖方式規劃，各組通電的條件則分別如下：

$I = R1 \cdot \overline{R2} \cdot \overline{R3}$（第 I 組的信號）

$II_A = R2$（第 II_A 組的信號）

$II_B = R3$（第 II_B 組的信號）

$III = \overline{R1}$（第 III 組的信號）

$A^+ = R1$　　　　　　　　　　A^+：表 A 缸前進的條件；在第 I 組有電氣信號時，A 缸即前進。

$A^- = \overline{R1} \cdot c_0 \cdot \overline{a_0}$　　　　A^-：表 A 缸後退的條件；在第 III 組有電氣信號且 C 缸退至後限碰觸 c_0 極限開關時，A 缸即後退。

$B^+ = R2 \cdot b_0 \cdot \overline{T}$　　　　B^+：表 B 缸前進的條件；在第 II_A 組有電氣信號，B 缸退至後限碰觸 b_0 極限開關且 T 計時器計時未到時，B 缸即會前進。

$B^- = b_1$　　　　　　　　　　B^-：表 B 缸後退的條件；在 B 缸前進至前限碰觸 b_1 極限開關時，B 缸即後退。

$C^+ = R1 \cdot \overline{R2} \cdot \overline{R3} \cdot \overline{S} \cdot a_1 + R3 \cdot T$　　C^+：表 C 缸前進的條件；在第 I 有電氣信號時，C 缸即會第一次前進；或 II_B 組有電氣信號，T 計時器計時已到時，B 缸會第二次前進。

$C^- = R3 \cdot \overline{T} + \overline{R1} \cdot \overline{b_0}$　　　C^-：表 C 缸後退的條件；在 II_B 組一有電氣信號且 T 計時器計時未到時，C 缸即第一次後退；或在第 III 組有電氣信號時，C 缸即第二次後退。

$T = R2 + (c_0 + TR) \cdot R3$　　T：表 T 的計時條件；在 R2 繼電器激磁時，T 計時器即開始計時，直到該組結束才復歸；或在 R3 繼電器激磁時，C 缸後退至後限碰觸 c_0 極限開關時，T 計時器也會開始計時。並保持至 R3 繼電器消磁才復歸。

二、繪製電路圖和氣壓迴路圖

(一) 先繪製控制電路圖

逐一把經公式轉換為單穩態之邏輯方程式 (控制繼電器用) 及每個雙穩態邏輯方程式 (驅動氣壓缸用) 轉畫為電路圖，如圖 4-18。

$R1^{(\pm)} = (a_0 \cdot st + R1)$
$\cdot [\overline{T} + (\overline{R2} + \overline{b_0})$
$\cdot (\overline{R3} + \overline{c_1})]$

$R2^{(\pm)} = (a_1 \cdot S + R2)$
$\cdot R1$

$C^+ = a_1 \cdot \overline{S} \cdot R1 \cdot \overline{R2} \cdot$
$\overline{R3} + T \cdot R3$

$R3^{(\pm)} = (c_1 + R3) \cdot R1$

$A^+ = R1$

$B^+ = R2 \cdot b_0 \cdot \overline{T}$

$B^- = R2 \cdot b_1$

$C^- = R3 \cdot \overline{T} + \overline{R1} \cdot \overline{b_0}$

$A^- = \overline{R1} \cdot c_0 \cdot \overline{a_0}$

$T = R2 + (c_0 + TR) \cdot R3$

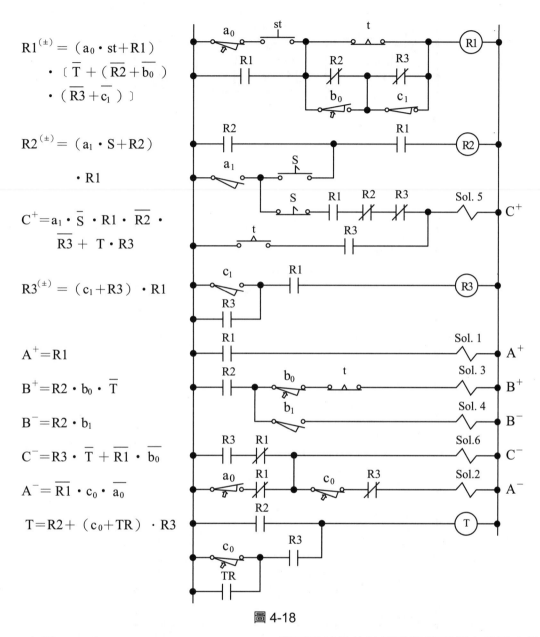

圖 4-18

在圖 4-18 中 R1、R2、R3、t、b_0、c_0、c_1 等電器元件的使用點數皆已超出接點容量，電路圖需加以調整才能實際接線，如圖 4-19。

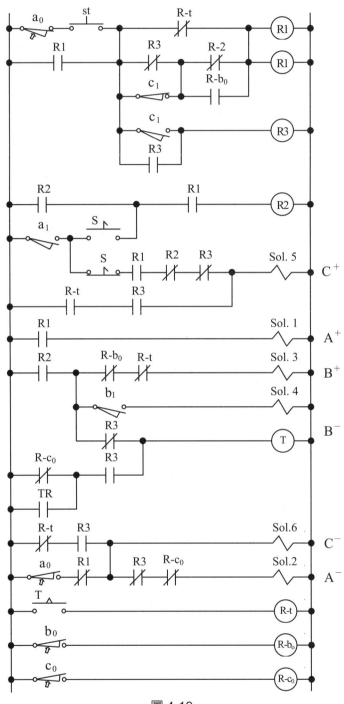

圖 4-19

（二）繪製氣壓迴路圖

氣壓迴路圖如圖 4-20，A、B、C 三支氣壓缸皆為雙穩態雙頭電磁閥。

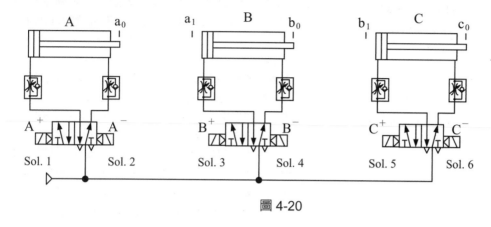

圖 4-20

把圖 4-19 和圖 4-20 結合起來，即可執行  選擇型迴路動作。

參、電氣－氣壓單穩態迴路設計

一、判別需做自保迴路的氣壓缸

　　分組用繼電器及各組的控制條件和本題前面雙穩態電氣迴路皆相同，可參考前面。各氣壓缸前進、後退的邏輯方程式亦需要轉換為單穩態電磁閥可使用之邏輯方程式。而在轉換的過程中有一些要領可判別出某幾支氣壓缸需做自保迴路，有些就不用做。

　　不需做自保迴路的判斷原則如前面各節所述；本題原則上 A、C 兩缸改為單穩態電磁閥控制不需要做自保持迴路，但 B 缸因在第 II $_A$ 組內同時有前進、後退的動作，需增加一個 RB 繼電器來控制，其控制式分別為：

$$A^{(\pm)} = R1 + \overline{c_0}$$

$A^{(\pm)}$：表 A 缸單穩態電磁閥的控制條件；在第 I 組有電氣信號 A 缸即前進，進入第 II 組 A 缸就後退。

$$RB^{(\pm)} = (b_0 \cdot \overline{T} + RB) \cdot \overline{b_1} \cdot R2$$

$RB^{(\pm)}$：表 B 缸在反覆動作時自保用繼電器的控制條件；啓動條件在第 II$_A$ 組有電氣信號，計時器計時未到且 B 缸碰觸後限 b_0 極限開關，RB 繼電器就激磁。B 缸前限碰觸前限 b_1 極限開關，RB 繼電器就消磁。

$$B^{(\pm)} = RB$$

$B^{(\pm)}$：表 B 缸單穩態電磁閥的控制條件；RB 繼電器激磁，B 缸就前進；RB 繼電器消磁，B 缸即後退。

$$C^{(\pm)} = R1 \cdot \overline{R2} \cdot \overline{R3} \cdot a_1 \cdot \overline{S} + R3 \cdot T$$

$C^{(\pm)}$：表 C 缸單穩態電磁閥的控制條件；在第 I 組有電氣信號且 A 缸前進至前限碰觸 a_1 極限開關時，C 缸第一次前進，當進入第 II 組因 R2 或 R3 激磁，C 缸就第一次後退；或在第 II$_B$ 組且 T 計時器計時已到時，C 缸就第二次前進，當進入第 III 組因 R3 消磁 C 缸就第二次後退。在第一次前進的控制式子中串接 $\overline{R2}$ 是避免 B 缸執行反覆動作時，切換 S 開關 C 缸也會前進。

二、繪製電路圖及氣壓迴路圖

(一) 先繪製控制電路圖

逐一把經公式轉換爲單穩態之邏輯方程式 (控制繼電器用) 及每個單穩態邏輯方程式 (驅動氣壓缸用) 轉畫爲電路圖，如圖 4-21。

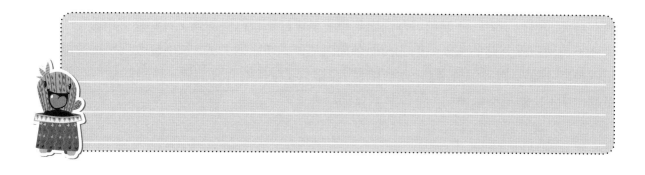

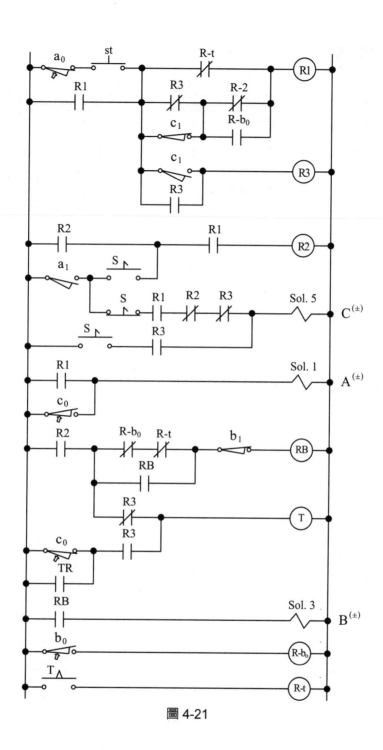

圖 4-21

(二) 繪製氣壓迴路圖

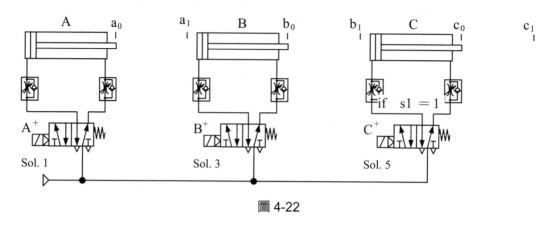

圖 4-22

把圖 4-21 和圖 4-22 結合起來，即可執行  電氣－氣壓單穩

態迴路 A、B、C 三支氣壓缸選擇型迴路的動作。

跳躍型迴路綜合設計能力測驗

練習1 以前面各例題所介紹之方法，設計

$$A^+A^-B^+C^+C^-B^-D^+D^-$$

四支氣壓缸跳躍型迴路之

if $s = 1$

(1) 機械－氣壓迴路。

(2) 電氣－氣壓雙穩態迴路。

(3) 電氣－氣壓單穩態迴路。

練習2 以前面各例題所介紹之方法，設計

if $s_1 = 1$

$$A^+ \diagdown [B^-B^+]n \cdots \diagup B^-A^-$$
$$B^+ \diagup C^+ \quad T \quad C \diagdown$$

一支氣壓缸選擇型迴路之

if $s_2 = 1$

(1) 機械－氣壓迴路。

(2) 電氣－氣壓雙穩態迴路。

(3) 電氣－氣壓單穩態迴路。

NOTE

5 不歸位型迴路

　　所謂"不歸位型迴路"係指一串氣壓缸動作在執行完一個完整的循環後，仍有些氣壓缸因功能上的需求不需回固定的同一個位置，若有這種動作的迴路稱之爲"不歸位型迴路"。

　　此種迴路設計的重點在如何突破傳統的設計觀念，可應用不歸位那支氣壓缸之前後兩個端點極限開關的"b"接點來設計迴路，一般在設計迴路時幾乎都是用極限開關的"a"接點在設計迴路，但在"不歸位型迴路"若仍沿用過去的作法，則會使得迴路變得很複雜。現列舉三個例題來詳細說明"不歸位型迴路"的設計要領。

(1)

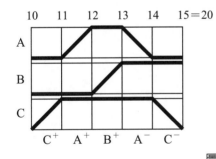 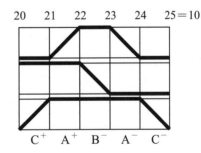

圖 5-1

(2)

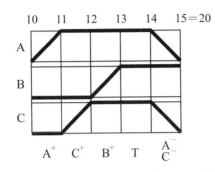
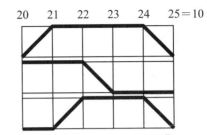

圖 5-2

(3)

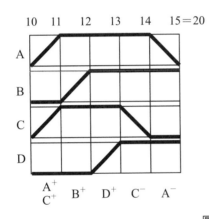
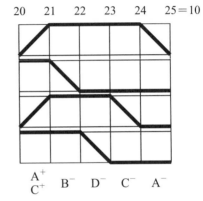

圖 5-3

例題 5-1　$C^+A^+B^+/_{B^-}A^-C^-$

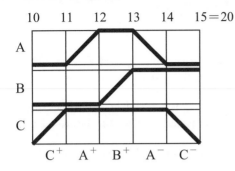
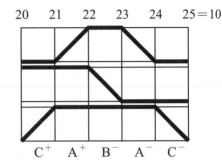

壹、機械－氣壓迴路設計

一、分析研判動作類型

$C^+A^+B^+/_{B^-}A^-C^-$ 為左列之動作是將兩階段三支氣壓缸的動作合併在一起，可以很清楚地看出 A、C 兩缸的動作在兩階段是相同的，而 B 缸在第一階段是從後限 (b_0) 前進至前限 (b_1) 就停在前面，在第二階段是從前限 (b_1) 後退至後限 (b_0) 就停在後面，這種迴路就稱之為"不歸位型"迴路。

這種迴路的設計技巧即在應用不歸位缸 (B 缸) 之前後兩個極限開關的"b"接點相互串聯，而串聯後只有在 B 缸前進或後退時，才會產生信號，恰好利用此信號將該串動作分為前、後兩組，而且在兩組當中驅動各氣壓缸動作的信號皆沒有相衝突，是一種突破傳統設計方式的有效設計方法。

二、分組

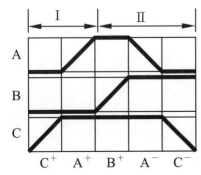
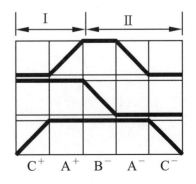

圖 5-4

　　依照前面的分析，可將圖 5-4 中每個階段僅使用一個氣壓回動閥，就可將其分為兩組，而且這兩組的信號是完全沒有相衝突的。有關氣壓輔助器的啟動信號 (M^+)、復歸信號 (M^-)，按圖 5-4 所顯示 $e_I (M^+) = c_0 \cdot st$、$e_{II}(M^-) = \overline{b_0} \cdot \overline{b_1}$。

三、列出邏輯方程式 (僅適用於雙穩態迴路)

$e_I = c_0 \cdot st$	e_I：表要切換至第 I 組的條件；在 C 缸退回後限碰觸 c_0 極限開關且壓下 st 啟動開關時，系統信號就切換至第 I 組。
$e_{II} = \overline{b_0} \cdot \overline{b_1} = (\overline{b_1 + b_0})$	e_{II}：表要切換至第 II 組的條件；當 B 缸在前進行程由後限離開 b_0 極限開關或後退行程由前限離開 b_1 極限開關時，系統信號就切換至第 II 組。
$A^+ = I \cdot c_1$	A^+：表 A 缸前進的條件；在第 I 有氣壓信號時 A 缸即前進。
$A^- = II \cdot (b_1 + b_0)$	A^-：表 A 缸後退的條件；在第 II 組有氣壓信號、B 缸前進碰觸前限 b_1 極限開關或後退碰觸後限 b_0 極限開關時，A 缸即後退。
$B^+ = I \cdot a_1 \cdot b_0$	B^+：表 B 缸前進的條件；在第 I 組有氣壓信號、A 缸前進碰觸前限 a_1 極限開關且 B 缸在後限碰觸 b_0 極限開關時，B 缸就會前進。
$B^- = I \cdot a_1 \cdot b_1$	B^-：表 B 缸後退的條件；在第 I 組有氣壓信號、A 缸前進碰觸前限 a_1 極限開關且 B 缸在前限碰觸 b_1 極限開關時，B 缸即後退。
$C^+ = I$	C^+：表 C 缸前進的條件；在第 I 組有氣壓信號時，C 缸就前進。
$C^- = II \cdot a_0$	C^-：表 C 缸後退的條件；在第 II 組有氣壓信號且 A 缸退回後限碰觸 a_0 極限開關時，C 缸就後退。

四、繪製機械－氣壓迴路。

　　直接繪製氣壓缸、主氣閥、組線及邏輯方程式的信號元件繪入並連接線路，如圖 5-5。

　　圖 5-5 是 $C^+A^+B^+ / B^- A^- C^-$ 三支氣壓缸不歸位型迴路的機械－氣壓迴路。

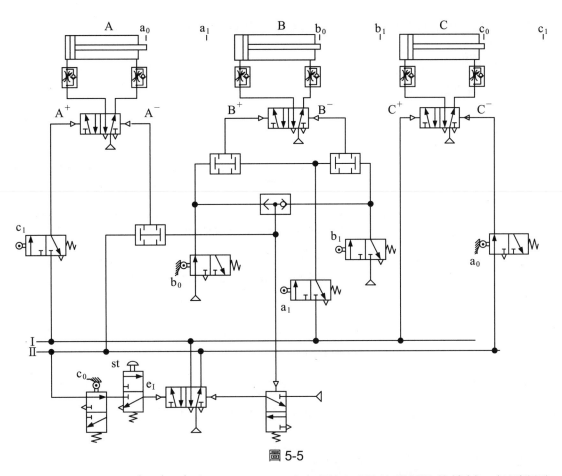

圖 5-5

以上圖 5-5 是 $C^+A^+B^+$ / $B^-A^-C^-$ 三支氣壓缸不歸位型迴路的機械－氣壓迴路。

貳、電氣－氣壓迴路設計

一、列出邏輯方程式 (可參考前面機械－氣壓迴路，適用於雙穩態迴路)

因只分為兩組，分組用繼電器僅使用一個，規劃 R1 分組繼電器的激磁時間為 I 組，故 R1 繼電器之激磁、消磁條件及各氣壓缸驅動條件分別為：

上列之 e_I、e_{II} 由 R1 繼電器取代，其邏輯方程式如下：

$$C^+A^+\!B^+\Big/\,B^-\;A^-C^-$$

$$\begin{array}{c|c} I & II \end{array}$$

$$R1^+$$

$$\begin{aligned} R1^{(\pm)} &= (\,e_I + R1\,) \cdot \overline{e_{II}} \\ &= (\,c_0 \cdot st + R1\,) \cdot \overline{(\overline{b_0} \cdot \overline{b_1})} \\ &= (\,c_0 \cdot st + R1\,) \cdot (\,b_0 + b_1\,) \end{aligned}$$

因分組用繼電器如上圖方式規劃，各組通電的條件則分別如下：

$I = R1$（第 I 組的信號）

$II = \overline{R1} \cdot \overline{c_0}$（第 II 組的信號）

$A^+ = R1 \cdot c_1$ 　　　　　　　　A^+：表 A 缸前進的條件；在第 I 組有電氣信號且 C 缸前進至前限碰觸 c_1 極限開關時，A 缸即前進。

$A^- = \overline{R1} \cdot \overline{c_0} \cdot (b_0 + b_1)$ 　　　A^-：表 A 缸後退的條件；在第 II 組有電氣信號、B 缸前進至前限碰觸 b_1 或後退至後限碰觸 b_0 極限開關時，A 缸即後退。

$B^+ = R1 \cdot a_1 \cdot b_0$ 　　　　　B^+：表 B 缸前進的條件；在第 I 組有電氣信號、b_0 極限開關被碰觸且 A 缸又前進至前限碰觸 a_1 極限開關時，B 缸即前進。

$B^- = R1 \cdot a_1 \cdot b_1$ 　　　　　B^-：表 B 缸後退的條件；在第 I 組有電氣信號、b_1 極限開關被碰觸且 A 缸又前進至前限碰觸 a_1 極限開關時，B 缸即後退。

$C^+ = R1$ 　　　　　　　　　C^+：表 C 缸前進的條件；在第 I 組有電氣信號時，C 缸即前進。

$C^- = \overline{R1} \cdot \overline{c_0} \cdot a_0$ 　　　　C^-：表 C 缸後退的條件；在第 II 組有電氣信號且 A 缸後退至後限碰觸 a_0 極限開關時，C 缸即後退。

在第 II 組原本信號只有 $\overline{R1}$ 而已，但因僅接 $\overline{R1}$ 信號會造成停機時，最後一組動作的線圈仍會激磁的問題，故須多串接 $\overline{c_0}$ 接點將停機仍會激磁的問題解決。

二、繪製電路圖及氣壓迴路圖

(一) 先繪製控制電路圖

逐一把經公式轉換為單穩態之邏輯方程式 (控制繼電器用) 及每個雙穩態邏輯方程式 (驅動氣壓缸用) 轉畫為電路圖，如圖 5-6。

在圖 5-6 中 b_0、b_1 極限開關的使用次數為三次，已超出極限開關的容量，需以繼電器擴大其使用點數。另外，為了避免停機時有任何負載被激磁，特地增加 1 個 R-ST 繼電器，再以 R-ST 繼電器的 a 接點連接 R-b_0 及 R-b_1 兩個繼電器，如此作法可使停機時不致有任何負載會激磁。

(二) 繪製氣壓迴路圖

氣壓迴路圖如 5-7，均為雙穩態雙頭電磁閥。

把圖 5-6 和圖 5-7 結合起來，即可執行 $C^+ A^+ B^+ / B^- A^- C^-$ 三支氣壓缸不歸位型迴路的電氣－氣壓雙穩態迴路的動作。

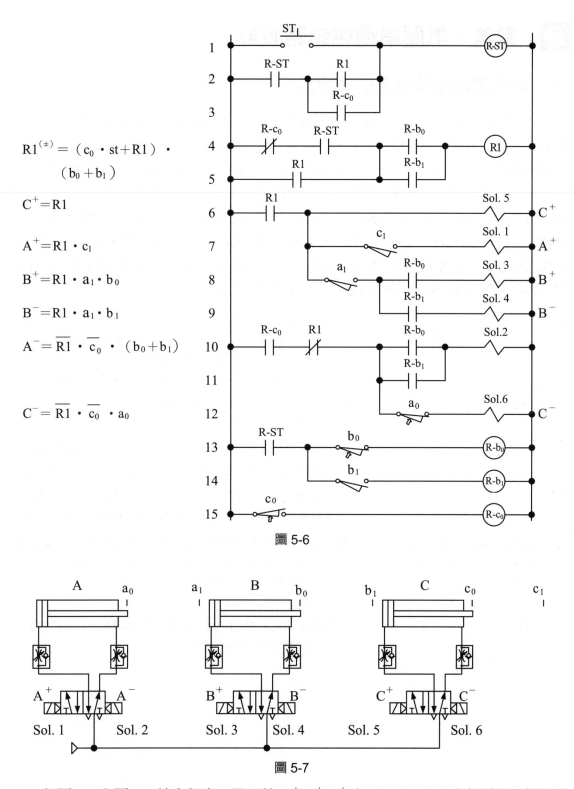

$$R1^{(\pm)} = (c_0 \cdot st + R1) \cdot (b_0 + b_1)$$

$$C^+ = R1$$

$$A^+ = R1 \cdot c_1$$

$$B^+ = R1 \cdot a_1 \cdot b_0$$

$$B^- = R1 \cdot a_1 \cdot b_1$$

$$A^- = \overline{R1} \cdot \overline{c_0} \cdot (b_0 + b_1)$$

$$C^- = \overline{R1} \cdot \overline{c_0} \cdot a_0$$

圖 5-6

圖 5-7

　　把圖 5-6 和圖 5-7 結合起來，即可執 $C^+A^+B^+$ / $B^-A^-C^-$ 三支氣壓缸不歸位型迴路的電氣－氣壓雙穩態迴路的動作。

參、電氣－氣壓單穩態迴路設計

一、判別需做自保迴路的氣壓缸

　　分組用繼電器及各組的控制條件和本題前面雙穩態電氣迴路皆相同，可參考前面。各氣壓缸前進、後退的邏輯方程式亦需要轉換爲單穩態電磁閥可使用之邏輯方程式。而在轉換的過程中有一些要領可判別出某幾支氣壓缸需做自保迴路，有些就不用做。

　　不需做自保迴路的判斷原則如前面各節所述；本題原則上 B 缸不宜改爲單穩態電磁閥控制，因 B 缸在第一階段動作執行完畢會停於前端點 (b_1)、在第二階段動作執行完畢會停於後端點 (b_0)，不適合使用單穩態電磁閥來控制，否則會產生停機時，電磁閥仍會激磁的現象。而 A、C 兩缸如以前面幾章不需做自保迴路的判斷原則來處理，需各增加一個繼電器 (RA、RC)，則 A、B、C 三支缸的控制式分別爲：

$$RA^{(\pm)} = (c_1 + RA) \cdot \overline{[\overline{R1} \cdot (b_0 + b_1)]}$$
$$= (c_1 + RA) \cdot [R1 + \overline{b_0} \cdot \overline{b_1}]$$

$RA^{(\pm)}$：表 A 缸自保用繼電器的控制條件；啓動條件在 C 缸前進至前限碰觸 c_1 極限開關時，RA 繼電器就激磁；當切換至第二組，B 缸前進至前限碰觸 b_1 極限開關或 B 缸後退至後限碰觸 b_0 極限開關時，就切斷 RA 繼電器的激磁狀態。

$$A^{(\pm)} = RA$$

$A^{(\pm)}$：表 A 缸電磁閥的控制條件；RA 繼電器激磁，A 缸就前進；當 RA 繼電器消磁，A 缸就後退。

$$B^+ = R1 \cdot a_1 \cdot b_0$$

B^+：表 B 缸前進的條件；在第 I 組有電氣信號、b_0 極限開關被碰觸且 A 缸又前進至前限碰觸 a_1 極限開關時，B 缸即前進。

$$B^- = R1 \cdot a_1 \cdot b_1$$

B^-：表 B 缸後退的條件；在第 I 組有電氣信號、b_1 極限開關被碰觸且 A 缸又前進至前限碰觸 a_1 極限開關時，B 缸即後退。

$$RC^{(\pm)} = (R1 + RC) \cdot \overline{(\overline{R1} \cdot a_0)}$$
$$= (R1 + RC) \cdot (R1 + \overline{a_0})$$
$$= R1 + RC \cdot \overline{a_0}$$

$RC^{(\pm)}$：表 C 缸自保用繼電器的控制條件；啓動條件在 A 缸前進至前限碰觸 a_1、C 缸往復次數未到且碰觸後限 c_0，RC 繼電器就激磁；當 C 缸前進至前限碰觸 c_1，就切斷 RC 繼電器的激磁狀態。

$$C^{(\pm)} = RC$$

$C^{(\pm)}$：表 C 缸電磁閥的控制條件；RC 繼電器激磁，C 缸就前進；當計時已到，B 缸即後退。

二、繪製電路圖及氣壓迴路圖

(一)先繪製控制電路圖

逐一把經公式轉換為單穩態之邏輯方程式(控制繼電器用)及每個單穩態邏輯方程式(驅動氣壓缸用)轉畫為電路圖,如圖 5-8。

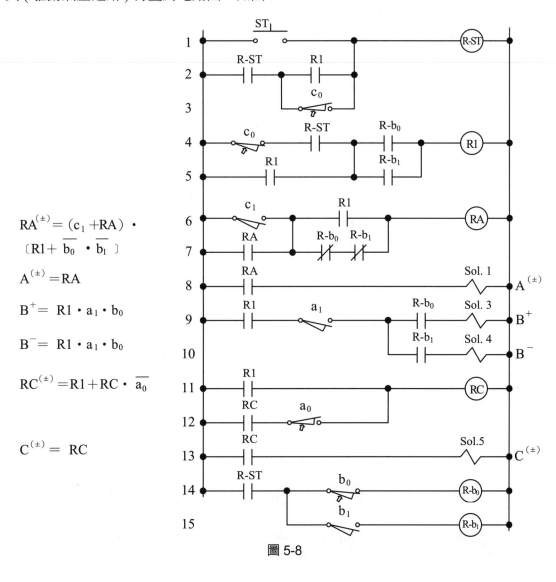

$$RA^{(\pm)} = (c_1 + RA) \cdot [R1 + \overline{b_0} \cdot \overline{b_1}]$$

$$A^{(\pm)} = RA$$

$$B^+ = R1 \cdot a_1 \cdot b_0$$

$$B^- = R1 \cdot a_1 \cdot b_0$$

$$RC^{(\pm)} = R1 + RC \cdot \overline{a_0}$$

$$C^{(\pm)} = RC$$

圖 5-8

在圖 5-8 中如深入分析會發現 A、C 兩缸亦可不需增加自保用繼電器，仍是可將兩缸改換為單穩態電磁閥來控制的，如圖 5-9。

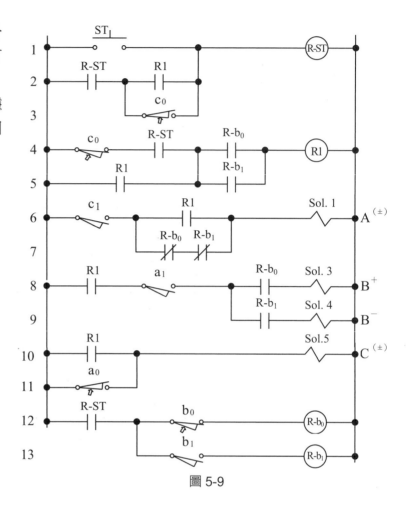

圖 5-9

(二) 繪製氣壓迴路圖

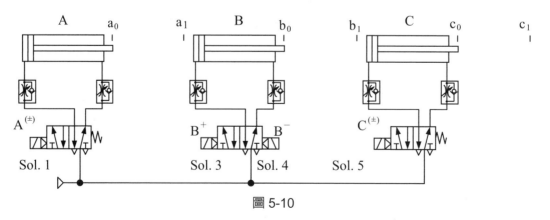

圖 5-10

把圖 5-8 或圖 5-9 和圖 5-10 結合起來，即可執行 $C^+A^+B^+/B^-A^-C^-$ 電氣－氣壓單穩態迴路 A、B、C 三支氣壓缸的不歸位型迴路的動作。

例題 5-2

$$A^+C^+B^+/B^- T_C^{A^-}$$

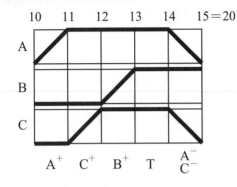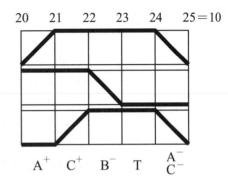

壹、機械－氣壓迴路設計

一、分析研判動作類型：

$A^+C^+B^+/B^- T_C^{A^-}$ 為左列之動作是將兩階段三支氣壓缸的動作合併在一起，可以很清楚地看出 A、C 兩缸的動作在兩階段是相同的，而 B 缸在第一階段是從後限 (b_0) 前進至前限 (b_1) 就停在前面，在第二階段是從前限 (b_1) 後退至後限 (b_0) 就停在後面，這種迴路就稱之為 "不歸位型" 迴路。這種迴路的設計技巧即在應用不歸位缸 (B 缸) 之前後兩個極限開關的 "b" 接點相互串聯，而串聯後只有在 B 缸前進或後退時，才會產生信號，恰好利用此信號將該串動作分為前、後兩組，而且在兩組當中驅動各氣壓缸動作的信號皆沒有相衝突，是一種突破傳統設計方式的有效設計方法。

二、分組

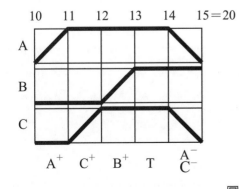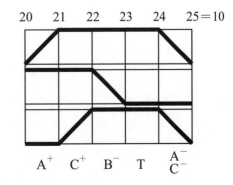

圖 5-11

依照前面的分析，可將圖 5-11 中每個階段僅使用一個氣壓回動閥，就可將其分為兩組，而且這兩組的信號是完全沒有相衝突的。有關氣壓輔助器的啟動信號 (M^+)、復歸信號 (M^-)，按圖 5-4 所顯示 $e_I (M^+) = a_0 \cdot c_0 \cdot st$、$e_{II} (M^-) = \overline{b_0} \cdot \overline{b_1}$。

三、列出邏輯方程式 (僅適用於雙穩態迴路)

$e_I = a_0 \cdot c_0 \cdot st$　　e_I：表要切換至第 I 組的條件；在 A、C 兩缸退回後限碰觸 a_0、c_0 極限開關且壓下 st 啟動開關時，系統信號就切換至第 I 組。

$e_{II} = \overline{b_0} \cdot \overline{b_1} = (\overline{b_1 + b_0})$　　e_{II}：表要切換至第 II 組的條件；當 B 缸在前進行程由後限離開 b_0 極限開關或後退行程由前限離開 b_1 極限開關時，系統信號就切換至第 II 組。

$A^+ = I$　　A^+：表 A 缸前進的條件；在第 I 有氣壓信號時，A 缸即前進。

$\begin{matrix} A^- \\ C^- \end{matrix} = t$　　$\begin{matrix} A^- \\ C^- \end{matrix}$：表 A、C 兩缸後退的條件；在計時器計時已到時，A、C 兩缸即會後退

$B^+ = I \cdot c_1 \cdot b_0$　　B^+：表 B 缸前進的條件；在第 I 組有氣壓信號、C 缸前進碰觸前限 c_1 極限開關且 B 缸在後限碰觸 b_0 極限開關時，B 缸就會前進。

$B^- = I \cdot c_1 \cdot b_1$　　B^-：表 B 缸後退的條件；在第 I 組有氣壓信號、C 缸前進碰觸前限 c_1 極限開關且 B 缸在前限碰觸 b_1 極限開關時，B 缸即後退。

$C^+ = I \cdot a_1$　　C^+：表 C 缸前進的條件；在第 I 組有氣壓信號時，C 缸就前進。

$T = II \cdot c_1 \cdot (b_0 + b_1)$　　T：表計時器開始計時的條件；在第 II 組有氣壓信號、B 缸前進碰觸前限 b_1 極限開關或後退碰觸後限 b_0 極限開關時，計時器即開始計時。串接 c_1 極限開關在避免停機時，計時器也在計時。

四、繪製機械－氣壓迴路。

直接繪製氣壓缸、主氣閥、組線及邏輯方程式的信號元件繪入並連接線路，如圖 5-12。

圖 5-12 是 $A^+C^+B^+/B^-T\begin{matrix}A^-\\C^-\end{matrix}$ 三支氣壓缸不歸位型迴路的機械－氣壓迴路。

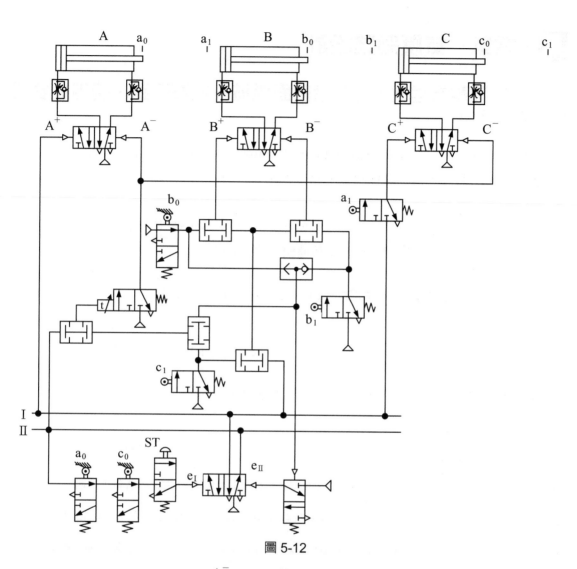

圖 5-12

以上圖 5-12 是 $A^+C^+B^+/B^-{}_T{}^{A^-}_{C^-}$ 三支氣壓缸不歸位型迴路的機械－氣壓迴路。

貳、電氣－氣壓迴路設計

一、列出邏輯方程式 (可參考前面機械－氣壓迴路，適用於雙穩態迴路)

因只分為兩組，分組用繼電器僅使用一個，規劃 R1 分組繼電器的激磁時間為 I 組，故 R1 繼電器之激磁、消磁條件及各氣壓缸驅動條件分別為：

$$A^+C^+B^+ / B^- T C^- / A^-$$

I　　　II

$$R1^+$$

上列之 e_I、e_{II} 由 R1 繼電器取代，其邏輯方程式如下：

$$R1^{(\pm)} = (e_I + R1) \cdot \overline{e_{II}}$$

$$= (c_0 \cdot st + R1) \cdot \overline{(\overline{b_0} \cdot \overline{b_1})}$$

$$= (c_0 \cdot st + R1) \cdot (b_0 + b_1)$$

因分組用繼電器如上圖方式規劃，各組通電的條件則分別如下：

I = R1(第 I 組的信號)

II = $\overline{R1}$ (第 II 組的信號)

A^+ = R1　　　　　　　　　　A^+：表 A 缸前進的條件；在第 I 組有電氣信號時，A 缸即前進。

$\begin{matrix}A^-\\C^-\end{matrix}$ = t　　　　　　　　　　$\begin{matrix}A^-\\C^-\end{matrix}$：表 A、C 兩缸後退的條件；在計時器計時已到時，A、C 兩缸即會後退。

B^+ = R1 $\cdot$ c_1 $\cdot$ b_0　　　　　　B^+：表 B 缸前進的條件；在第 I 組有電氣信號、b_0 極限開關被碰觸且 A 缸又前進至前限碰觸 a_1 極限開關時，B 缸即前進。

B^- = R1 $\cdot$ c_1 $\cdot$ b_1　　　　　　B^-：表 B 缸後退的條件；在第 I 組有電氣信號、b_1 極限開關被碰觸且 A 缸又前進至前限碰觸 a_1 極限開關時，B 缸即後退。

C^+ = R1 $\cdot$ a_1　　　　　　　　C^+：表 C 缸前進的條件；在第 I 組有電氣信號且 A 缸前進至前限碰觸 a_1 極限開關時，C 缸即前進。

T = $\overline{R1}$ $\cdot$ c_1 $\cdot$ $(b_0 + b_1)$　　　T：表計時器開始計時的條件；在第 II 組有電氣信號、C 缸前進至前限碰觸 c_1 極限開關，並在 B 缸前進至前限碰觸 b_1 或 B 缸後退至後限碰觸 b_0 極限開關時，計時器即開始計時。串接 c_1 極限開關在避免停機時，計時器也在計時。

二、繪製電路圖及氣壓迴路圖

(一)先繪製控制電路圖

　　逐一把經公式轉換為單穩態之邏輯方程式(控制繼電器用)及每個雙穩態邏輯方程式(驅動氣壓缸用)轉畫為電路圖,如圖5-13。

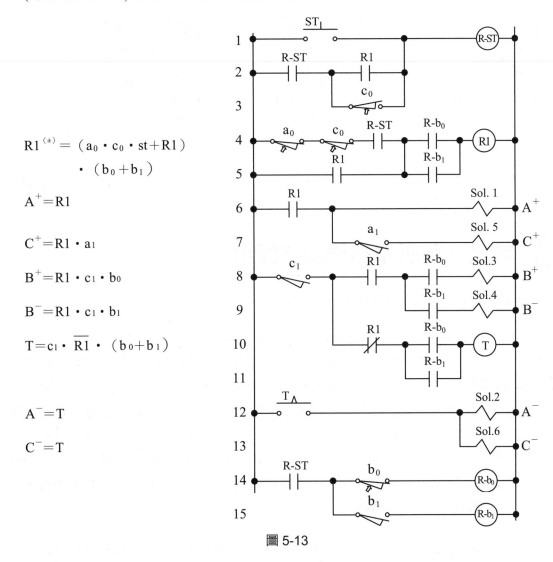

$$R1^{(\pm)} = (a_0 \cdot c_0 \cdot st + R1)$$
$$\cdot (b_0 + b_1)$$

$$A^+ = R1$$

$$C^+ = R1 \cdot a_1$$

$$B^+ = R1 \cdot c_1 \cdot b_0$$

$$B^- = R1 \cdot c_1 \cdot b_1$$

$$T = c_1 \cdot \overline{R1} \cdot (b_0 + b_1)$$

$$A^- = T$$

$$C^- = T$$

圖 5-13

　　在圖5-13中b_0、b_1極限開關的使用次數為三次,已超出極限開關的容量,需以繼電器擴大其使用點數。

(二) 繪製氣壓迴路圖

氣壓迴路圖如 2-14，均為雙穩態雙頭電磁閥。

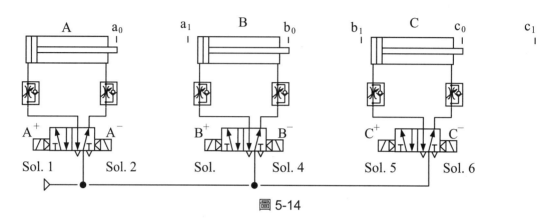

圖 5-14

把圖 5-13 和圖 5-14 結合起來，即可執行 $A^+ C^+ B^+ / B^- \overset{A^-}{T} C^-$ 三支氣壓缸不歸位型迴路的電氣－氣壓雙穩態迴路的動作。

參、電氣－氣壓單穩態迴路設計

一、判別需做自保迴路的氣壓缸

分組用繼電器及各組的控制條件和本題前面雙穩態電氣迴路皆相同，可參考前面。各氣壓缸前進、後退的邏輯方程式亦需要轉換為單穩態電磁閥可使用之邏輯方程式。而在轉換的過程中有一些要領可判別出某幾支氣壓缸需做自保迴路，有些就不用做。

不需做自保迴路的判斷原則如前面各節所述；本題原則上 B 缸不宜改為單穩態電磁閥控制，因 B 缸在第一階段動作執行完畢會停於前端點 (b_1)、在第二階段動作執行完畢會停於後端點 (b_0)，不適合使用單穩態電磁閥來控制，否則會產生停機時，電磁閥仍會激磁的現象。而 A、C 兩缸如以前一個例題的處理經驗來看，皆不需做自保迴路，則A、B、C 三支缸的控制式分別為：

$A^{(\pm)} = R1 + c_1 \cdot \bar{t}$　　$A^{(\pm)}$：表 A 缸單穩態電磁閥的控制條件；在第 I 組有電氣信號，A 缸就前進；進入第 II 組後由並聯之 $\bar{t}$ 接點繼續保持，當計時器計時已到時，A 缸就後退。另 $\bar{t}$ 接點串接 c_1 極限開關是在避免停機時會使 A 缸激磁的現象。

$B^+ = R1 \cdot c_1 \cdot b_0$　　B^+：表 B 缸前進的條件；在第 I 組有電氣信號、b_0 極限開關被碰觸且 C 缸又前進至前限碰觸 c_1 極限開關時，B 缸即前進。

$B^- = R1 \cdot c_1 \cdot b_1$　　B^-：表 B 缸後退的條件；在第 I 組有電氣信號、b_1 極限開關被碰觸且 C 缸又前進至前限碰觸 c_1 極限開關時，B 缸即後退。

$$C^{(\pm)} = a_1 + c_1 \cdot \bar{t}$$　$C^{(\pm)}$：表 C 缸單穩態電磁閥的控制條件；當 A 缸前進至前限碰觸 a_1 極限開關時，

C 缸就前進；當計時器計時已到時，C 缸就後退。另 $\bar{t}$ 接點串接 c_1 極限
開關是在避免停機時會使 C 缸激磁的現象。

二、繪製電路圖及氣壓迴路圖

(一) 先繪製控制電路圖

　　逐一把經公式轉換為單穩態之邏輯方程式 (控制繼電器用) 及每個單穩態邏輯方程式 (驅動氣壓缸用) 轉畫為電路圖，如圖 5-15。

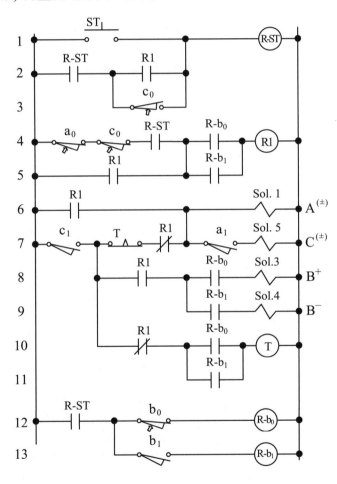

圖 5-15

　　在圖 5-15 中 A、C 兩缸都沒有增加自保用繼電器。

(二) 繪製氣壓迴路圖

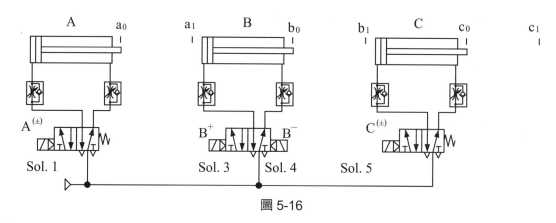

圖 5-16

　　把圖 5-15 和圖 5-16 結合起來，即可執行 $A^+C^+B^+/B^-TA^-C^-$ 電氣－氣壓單穩態迴路 A、B、C 三支氣壓缸的不歸位型迴路的動作。

例題 5-3 $\begin{matrix} A^+ B^+ \\ C^+ \end{matrix} / B^- D^+ / D^- C^- A^-$

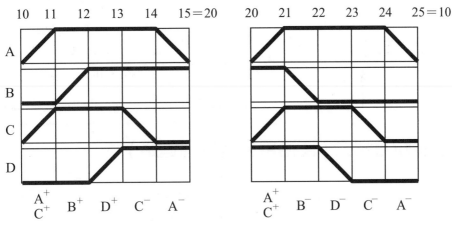

圖 5-17

壹、機械－氣壓迴路設計

一、分析研判動作類型：

$\begin{matrix} A^+ B^+ \\ C^+ \end{matrix} / B^- D^+ / D^- C^- A^-$ 左列之動作是將兩階段四支氣壓缸的動作合併在一起，可以很清楚地看出 A、C 兩缸的動作在兩階段是相同的，而 B、D 兩缸在第一階段是分別從後限 (b_0、d_0) 前進至前限 (b_1、d_1) 就停在前面，在第二階段則是分別從前限 (b_1、d_1) 後退至後限 (b_0、d_0) 就停在後面，這種迴路就稱之為"不歸位型"迴路。這種迴路的設計技巧即在應用不歸位缸 (B、D 兩缸) 之前、後兩個極限開關的"b"接點相互串聯來控制；因串聯後只有在 B、D 兩缸前進或後退時，才會產生信號，恰好利用此信號做為該串動作的分組點。本題的動作若利用前面兩題所介紹"不歸位型"迴路的設計技巧，可使動作簡單地分為四組即可；否則在分組時就會因 B、D 兩缸一次在前限碰觸 b_1、d_1、另一次在後限碰觸 b_0、d_0，無法很容易取得適當的控制信號，而造成換組的信號會很複雜，即增加迴路設計的困難度。

二、分組

$$\begin{matrix} A^+ & B^+ \\ C^+ & \end{matrix} \Big/ \begin{matrix} & D^+ \\ B^- & \end{matrix} \Big/ \begin{matrix} \\ D^- & C^- & A^- \end{matrix}$$

分為三組 →

$$\begin{matrix} & & a_1 \cdot c_1 & & & & & & & & c_0 & \\ A^+ & \nearrow & \searrow & B^+ & & & D^+ & & & & \nearrow \searrow & C^- & A^- \\ C^+ & & & \diagup & B^- & & \diagup & D^- & & \diagup & & & \searrow \\ & & & & \searrow b_1 \cdot b_0 \nearrow & & & \searrow d_1 \cdot d_0 \nearrow & & & & & a_0 \\ & & \text{I} & & & \text{II} & & & \text{III} & & & \end{matrix}$$

$a_0 \cdot st$

三、列出邏輯方程式 (僅適用於雙穩態迴路)

$e_{\text{I}} = a_0 \cdot st$ 　　　　e_{I}：表要切換至第 I 組的條件；在 A 缸退回後限碰觸 a_0 極限開關且壓下 st 啟動開關時，系統信號就切換至第 I 組。

$e_{\text{II}} = \overline{b_0} \cdot \overline{b_1} = \overline{(b_0 + b_1)}$ 　e_{II}：表要切換至第 II 組的條件；當 B 缸在前進行程由後限離開 b_0 極限開關或後退行程由前限離開 b_1 極限開關時，系統信號就切換至第 II 組。

$e_{\text{III}} = \overline{d_0} \cdot \overline{d_1} = \overline{(d_0 + d_1)}$ 　e_{II}：表要切換至第 III 組的條件；當 D 缸在前進行程由後限離開 d_0 極限開關或後退行程由前限離開 d_1 極限開關時，系統信號就切換至第 III 組。

$\begin{matrix} A^+ \\ C^+ \end{matrix} = \text{I}$ 　　　　$\begin{matrix} A^+ \\ C^+ \end{matrix}$：表 A、C 兩缸前進的條件；在第 I 組有氣壓信號時，A、C 兩缸即前進。

$A^- = \text{III} \cdot c_0$ 　　　　A^-：表 A 缸後退的條件；在第 III 組有氣壓信號且 C 缸後退至後限碰觸 c_0 極限開關時，A 缸即會後退

$B^+ = \text{I} \cdot a_1 \cdot c_1 \cdot b_0$ 　　B^+：表 B 缸前進的條件；在第 I 組有氣壓信號，A、C 缸前進至前限分別碰觸前限 a_1、c_1 極限開關且 B 缸在後限碰觸 b_0 極限開關時，B 缸就會執行前進的動作。

$B^- = \text{I} \cdot a_1 \cdot c_1 \cdot b_1$ 　　B^-：表 B 缸後退的條件；在第 I 組有氣壓信號，A、C 缸前進至前限分別碰觸前限 a_1、c_1 極限開關且 B 缸在前限碰觸 b_1 極限開關時，B 缸就會執行後退的動作。

$C^- = \text{III} \cdot (d_0 + d_1)$ 　　C^-：表 C 缸後退的條件；在第 III 組有氣壓信號且 D 缸前進至前限碰觸 d_1 極限開關或後退至後限碰觸 d_0 極限開關時，C 缸就會後退。

$D^+ = \text{II} \cdot b_1$ 　　　　D^+：表 D 缸前進的條件；在第 II 組有氣壓信號、B 缸前進至前限碰觸 b_1 極限開關時，D 缸就會前進。

$D^- = \text{II} \cdot b_0$ 　　　　D^-：表 D 缸後退的條件；在第 II 組有氣壓信號、B 缸後退至後限碰觸 b_0 極限開關時，D 缸即後退。

四、繪製機械－氣壓迴路

　　直接繪製氣壓缸、主氣閥、組線及邏輯方程式的信號元件繪入並連接線路，如圖 5-18。

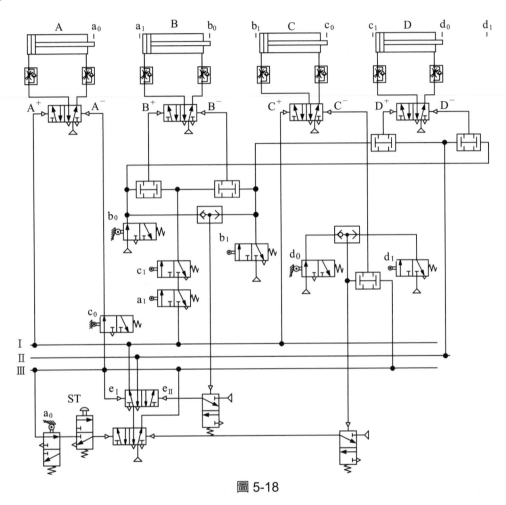

圖 5-18

以上圖 5-18 是 $_{C^+}^{A^+}B^+/_{B^-}^{D^+}/_{D^-}C^-A^-$ 四支氣壓缸不歸位型迴路的機械－氣壓迴路。

貳、電氣－氣壓迴路設計

一、列出邏輯方程式 (可參考前面機械－氣壓迴路，適用於雙穩態迴路)

因只分為兩組，分組用繼電器使用兩個，規劃 R1 激磁的時間為 I ＋ II 組，R2 激磁的時間為 II 組，則 R1、R2 繼電器之激磁、消磁條件及各氣壓缸驅動條件分別為：

$$\begin{array}{c} A^+ \ B^+/\ D^+/\ \\ C^+ \quad B^-\ \ D^-\ \ C^-A^- \end{array}$$

$$R2^{(\pm)} = (e_{II} + R2) \cdot R1 = (\overline{b_0} \cdot \overline{b_1} + R2) \cdot R1$$

$$R1^{(\pm)} = (e_I + R1) \cdot \overline{e_{III}}$$

$$= (a_0 \cdot st + R1) \cdot (\overline{\overline{d_0} \cdot \overline{d_1}})$$

$$= (a_0 \cdot st + R1) \cdot (d_0 + d_1)$$

上列之 e_I、e_{II}、e_{III} 由 R1、R2 繼電器取代，其邏輯方程式如下：

因分組用繼電器如上圖方式規劃，各組通電的條件則分別如下：

I ＝ R1・$\overline{R2}$ (第 I 組的信號)

II ＝ R2　(第 II 組的信號)

III ＝ $\overline{R1}$・$\overline{a_0}$ (第 III 組的信號)

$\begin{array}{l} A^+ \\ C^+ \end{array}$ ＝ R1・$\overline{R2}$

$\begin{array}{l} A^+ \\ C^+ \end{array}$：表 A、C 兩缸前進的條件；在第 I 組有電氣信號時，A、C 兩缸即前進。

A^- ＝ $\overline{R1}$・$\overline{a_0}$・c_0

A^-：表 A 缸後退的條件；在第 III 組有電氣信號且 C 缸後退至後限碰觸 c_0 極限開關時，A 缸即會後退。

B^+ ＝ R1・$\overline{R2}$・$a_1 \cdot c_1 \cdot b_0$

B^+：表 B 缸前進的條件；在第 I 組有電氣信號、b_0 極限開關被碰觸且 A、C 兩缸又前進至前限分別碰觸 a_1、c_1 極限開關時，B 缸即前進。

B^- ＝ R1・$\overline{R2}$・$a_1 \cdot c_1 \cdot b_1$

B^-：表 B 缸後退的條件；在第 I 組有電氣信號、b_1 極限開關被碰觸且 A、C 兩缸又前進至前限分別碰觸 a_1、c_1 極限開關時，B 缸即後退。

C^- ＝ $\overline{R1}$・$\overline{a_0}$・$(d_0 + d_1)$

C^-：表 C 缸後退的條件；在第 III 組有電氣信號且 D 缸前進至前限碰觸 d_1 極限開關或後退至後限碰觸 d_0 極限開關時，C 缸即會後退。

D^+ ＝ R2・b_0

D^+：表 D 缸前進的條件；在第 II 組有電氣信號、B 缸前進至前限碰觸 b_1 極限開關時，D 缸就前進。

D^- ＝ $\overline{R1}$・$\overline{a_0}$

D^-：表 D 缸後退的條件；在第 III 組有電氣信號時，D 缸就後退。

二、繪製電路圖及氣壓迴路圖

(一) 先繪製控制電路圖

　　逐一把經公式轉換爲單穩態之邏輯方程式 (控制繼電器用) 及每個雙穩態邏輯方程式 (驅動氣壓缸用) 轉畫爲電路圖，如圖 5-19。

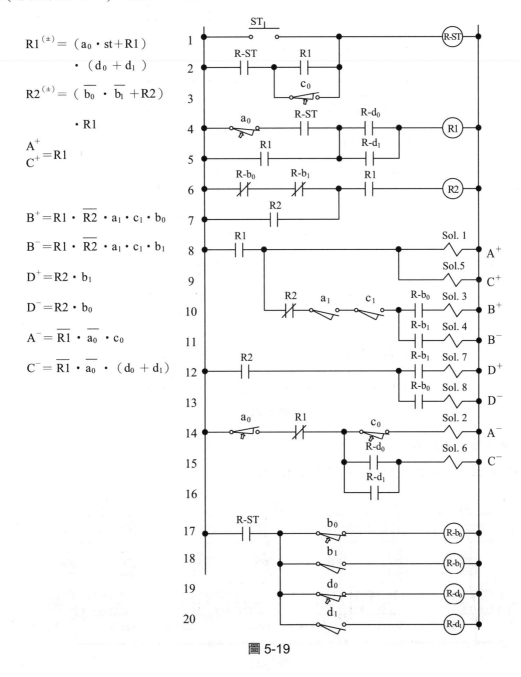

$R1^{(\pm)} = (a_0 \cdot st + R1)$

　　$\cdot (d_0 + d_1)$

$R2^{(\pm)} = (\overline{b_0} \cdot \overline{b_1} + R2)$

　　　　$\cdot R1$

A^+
$C^+ = R1$

$B^+ = R1 \cdot \overline{R2} \cdot a_1 \cdot c_1 \cdot b_0$

$B^- = R1 \cdot \overline{R2} \cdot a_1 \cdot c_1 \cdot b_1$

$D^+ = R2 \cdot b_1$

$D^- = R2 \cdot b_0$

$A^- = \overline{R1} \cdot \overline{a_0} \cdot c_0$

$C^- = \overline{R1} \cdot \overline{a_0} \cdot (d_0 + d_1)$

圖 5-19

在圖 5-19 中 b_0、b_1、d_0、d_1 極限開關的使用次數，已超出極限開關的容量，需以繼電器擴大其使用點數。另外針對 d_0、d_1 極限開關亦可不需增加繼電器，仍可完成控制迴路的繪製，如圖 5-20。

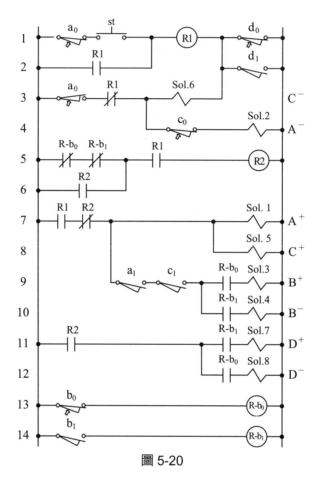

圖 5-20

(二) 繪製氣壓迴路圖

氣壓迴路圖如 2-21，均為雙穩態雙頭電磁閥。

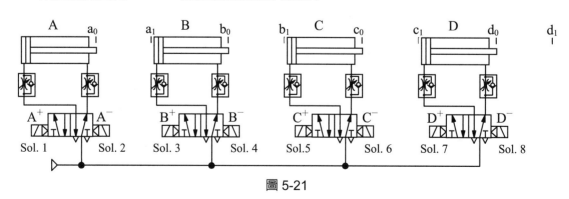

圖 5-21

把圖 5-19 或圖 5-20 和圖 5-21 結合起來，即可執行 $A^+C^+B^+$ / B^-D^+ / $D^-C^-A^-$ 四支氣壓缸不歸位型迴路的電氣－氣壓雙穩態迴路的動作。

參、電氣－氣壓單穩態迴路設計

一、判別需做自保迴路的氣壓缸

分組用繼電器及各組的控制條件和本題前面雙穩態電氣迴路皆相同，可參考前面。各氣壓缸前進、後退的邏輯方程式亦需要轉換為單穩態電磁閥可使用之邏輯方程式。而在轉換的過程中有一些要領可判別出某幾支氣壓缸需做自保迴路，有些就不用做。

不需做自保迴路的判斷原則如前面各節所述；本題原則上 B、D 兩缸不宜改為單穩態電磁閥控制，因 B、D 兩缸在第一階段動作執行完畢會停於前端點 (b_1、d_1)、在第二階段動作執行完畢會停於後端點 (b_0、d_0)，不適合使用單穩態電磁閥來控制；否則會產生停機時，電磁閥仍會激磁的現象。而 A、C 兩缸如以前一個例題的處理經驗來看，皆不需做自保迴路，則 A、B、C、D 四支缸的控制式分別為：

$A^{(\pm)} = R1 + \overline{c_0}$ 　　　$A^{(\pm)}$：表 A 缸單穩態電磁閥的控制條件；當 R1 繼電器激磁，在第 I＋II 組有電氣信號時，A 缸就前進並保持在伸出狀態；進入第III組後由並聯之 $\overline{c_0}$ 接點繼續保持，直到 C 缸退回後限碰觸 c_0 極限開關時切斷激磁，才使 A 缸就後退。

$B^+ = R1 \cdot \overline{R2} \cdot a_1 \cdot c_1 \cdot b_0$ 　B^+：表 B 缸前進的條件；在第 I 組有電氣信號、b_0 極限開關被碰觸且 A、C 缸又前進至前限分別碰觸 a_1、c_1 極限開關時，B 缸即前進。

$B^- = R1 \cdot \overline{R2} \cdot a_1 \cdot c_1 \cdot b_1$ 　B^-：表 B 缸後退的條件；在第 I 組有電氣信號、b_1 極限開關被碰觸且 A、C 缸又前進至前限分別碰觸 a_1、c_1 極限開關時，B 缸即後退。

$C^{(\pm)} = R1 + (\overline{d_0} \cdot \overline{d_1})$ 　$C^{(\pm)}$：表 C 缸單穩態電磁閥的控制條件；當 R1 繼電器激磁，在第 I＋II 組有電氣信號時，C 缸就前進並保持在伸出狀態；進入第III組後由並聯之 $\overline{d_0}$ · $\overline{d_1}$ 接點繼續保持，直到 D 缸伸出至前限碰觸 d_1 或退回後限碰觸 d_0 極限開關時切斷激磁，才使 C 缸就後退。

$D^+ = R2 \cdot b_1$ 　　　　D^+：表 D 缸前進的條件；在第II組有電氣信號且 B 缸前進至前限碰觸 b_1 極限開關時，D 缸即前進。

$D^- = R2 \cdot b_0$ 　　　　D^-：表 D 缸後退的條件；在第 I 組有電氣信號且 B 缸後退至後限碰觸 b_0 極限開關時，D 缸即後退。

二、繪製電路圖及氣壓迴路圖

(一)先繪製控制電路圖

　　逐一把經公式轉換爲單穩態之邏輯方程式(控制繼電器用)及每個單穩態邏輯方程式(驅動氣壓缸用)轉畫爲電路圖,如圖 5-22。

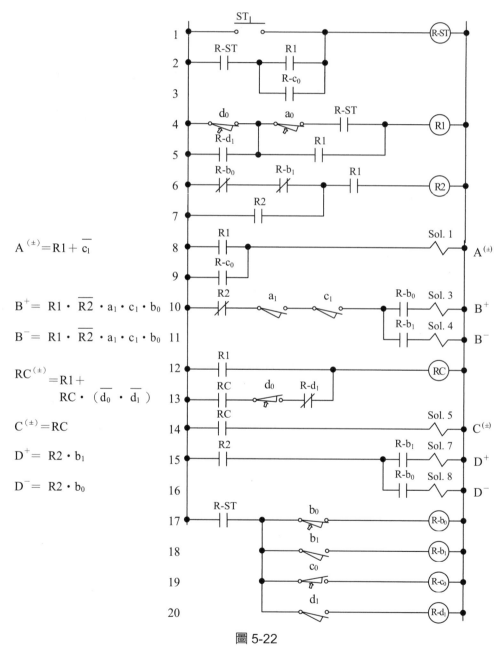

$$A^{(\pm)} = R1 + \overline{c_1}$$

$$B^+ = R1 \cdot \overline{R2} \cdot a_1 \cdot c_1 \cdot b_0$$

$$B^- = R1 \cdot \overline{R2} \cdot a_1 \cdot c_1 \cdot b_0$$

$$RC^{(\pm)} = R1 + RC \cdot (\overline{d_0} \cdot \overline{d_1})$$

$$C^{(\pm)} = RC$$

$$D^+ = R2 \cdot b_1$$

$$D^- = R2 \cdot b_0$$

圖 5-22

在圖 5-22 中 A 缸都沒有增加自保用繼電器,但 d_1 極限開關多加一個 R-d_1 繼電器。

(二) 繪製氣壓迴路圖

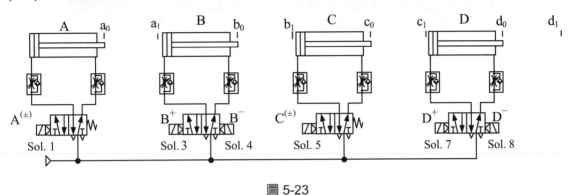

圖 5-23

　　把圖 5-22 和圖 5-23 結合起來，即可執行 $\frac{A^+}{C^+} \frac{B^+}{B^-} / \frac{D^+}{D^-} C^- A^-$ 電氣－氣壓單穩態迴路 A、B、C、D 四支氣壓缸的不歸位型迴路的動作。

不歸位型迴路綜合設計能力測驗

練習 1 以前面各例題所介紹之方法,設計$\begin{smallmatrix} A^+ \\ C^+ \end{smallmatrix}$ C^- $\begin{smallmatrix} B^+ \\ B^- \end{smallmatrix}$ C^+ $\begin{smallmatrix} A^- \\ C^- \end{smallmatrix}$三支氣壓缸不歸位型迴路之

(1) 機械－氣壓迴路。

(2) 電氣－氣壓雙穩態迴路。

(3) 電氣－氣壓單穩態迴路。

練習 2 以前面各例題所介紹之方法,設計$\begin{smallmatrix} A^+ \\ C^+ \end{smallmatrix}$ C^- B^+ / $\begin{smallmatrix} B^- \\ \end{smallmatrix}$ $\begin{smallmatrix} A^- \\ C^+ \end{smallmatrix}$ D^+ / $\begin{smallmatrix} \\ D^- \end{smallmatrix}$ C^-四支氣壓缸不歸位型迴路之

(1) 機械－氣壓迴路。

(2) 電氣－氣壓雙穩態迴路。

(3) 電氣－氣壓單穩態迴路。

6 組中有組型迴路

　　所謂"組中有組型迴路"是設計氣壓迴路時發現某一群動作重複執行,用串級法的一般分組原則是不可把該群動作分成不同組,但在不能分為不同組情狀下,又無法應用其極限開關來區分相衝突的信號時,就只有在該組中針對某一群重複執行的動作再行組內分組,以方便迴路設計。

　　現列舉三個例題來詳細說明"組中有組型迴路"的設計要領:

(1)　$A^+(B^+C^+C^-B^-)nA^-$

(2)　$A^+A^-(B^+B^-C^+C^-)nA^+A^-$

(3)　$A^+(B^+{}_{1/2}C^+B^{++}C^-B^-)nA^-$

例題　6-1　　$A^+(B^+C^+C^-B^-)n\,A^-$

壹、機械－氣壓迴路設計

一、分析研判動作類型：

$A^+(B^+C^+C^-B^-)n\,A^-$ 為三支氣壓缸，其中 B、C 兩缸動作反覆執行且兼具有計數功能的迴路。從例題動作順序可以觀察到中括號內之動作是迴路設計的重點所在。該串動作 $(B^+C^+C^-B^-)$ 若列入同一組時 $B^-=I\cdot b_1\cdot c_0$，$C^+=I\cdot b_1\cdot c_0$，B^- 和 C^+ 的信號都完全相同，會產生控制上的錯誤現象。但是，該串動作又有反覆的動作，在串級法的設計應是列入同一組中，基於前述需要之考量，特別把 $(B^+C^+C^-B^-)$ 之動作列在同一組，然後在組中再行分組的方式來設計，可將看似複雜的題目已較簡單的方式設計出來。

二、分組

$$A^+(B^+C^+C^-B^-)\,n\,A^-\quad\xrightarrow{\text{分為二組}}$$

三、列出邏輯方程式 (僅適用於雙穩態迴路)

$e_I = a_0\cdot st$　　　e_I：表要切換至第 I 組的條件；在 A 缸退回後限碰觸 a_0 極限開關且壓下 st 啟動開關時，系統信號就切換至第 I 組。

$e_{II} = k\cdot b_0$　　　e_{II}：表要切換至第 II 組的條件；在第 I 組有氣壓信號，計數器計數次數已到且 B 缸後退至後限碰觸 b_0 極限開關時，系統信號就切換至第 II 組。

$e_{I_A} = b_0\cdot \overline{k}$　　　e_{I_A}：表要切換至第 I_A 組中組的條件；在計數器計數次數未到且 B 缸後退至後限碰觸 b_0 極限開關時，系統信號就切換至第 I_A 組。

$e_{IB} = c_1$ e_{IB}：表要切換至第 I$_B$ 組的條件；在第 I 組有氣壓信號，C 缸前進至前限碰觸 c_1 極限
開關時，系統信號就切換至第 I$_B$ 組。

$A^+ = I$ A^+：表 A 缸前進的條件；在第 I 組有氣壓信號時，A 缸就會前進。

$A^- = II$ A^-：表 A 缸後退的條件；在第 II 組有氣壓信號時，A 缸即後退。

$B^+ = I_A \cdot a_1$ B^+：表 B 缸前進的條件；在第 I$_A$ 組有氣壓信號且 A 缸前進至前限碰觸 a_1 極限開關時，
B 缸就會前進。

$B^- = I_B \cdot c_0$ B^-：表 B 缸後退的條件；在第 I$_B$ 組有氣壓信號且 C 缸後退至後限碰觸 c_0 極限開關時，
B 缸即後退。

$C^+ = I_A \cdot b_1$ C^+：表 C 缸前進的條件；在第 I$_A$ 組有氣壓信號且 B 缸前進至前限碰觸 b_1 極限開關時時，
C 缸就前進。

$C^- = I_B$ C^-：表 C 缸後退的條件；在第 I$_B$ 組有氣壓信號時，C 缸就後退。

$C_C = I_B$ C_C：表計數器計數的條件；在第 I$_B$ 組一有氣壓信號時，就計數一次。

$C_R = II$ C_R：表計數器復歸的條件；在第 II 組有氣壓信號時，計數器就復歸。

四、繪製機械−氣壓迴路。

(一) 先繪製氣壓缸、主氣閥、組線及換組用回動閥、氣源供應部份，如圖 6-1。

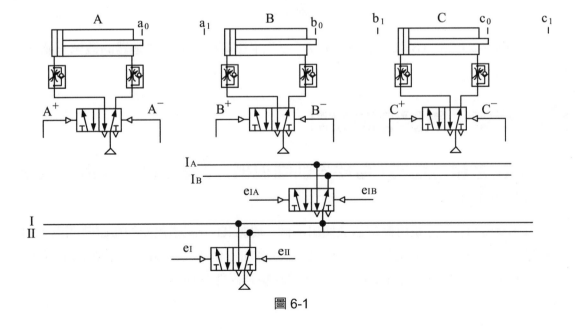

圖 6-1

(二) 再把邏輯方程式的信號元件繪入並連接線路，如圖 6-2。

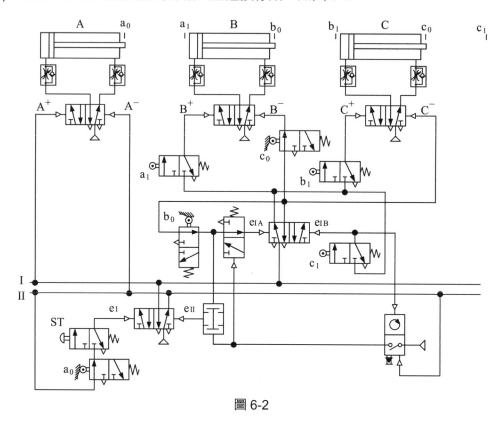

圖 6-2

以上圖 6-2 是 $A^+(B^+C^+C^-B^-)n\, A^-$ 三支氣壓缸組中有組型迴路的機械－氣壓迴路。

貳、電氣－氣壓迴路設計

一、列出邏輯方程式 (可參考前面機械－氣壓迴路，適用於雙穩態迴路)

因只分為兩組，分組用繼電器僅使用一個，規劃 R1 分組繼電器的激磁時間為 I 組；另針對 $(B^+C^+C^-B^-)n$ 這串反覆動作需要再增加一個組中分組用之 RM 繼電器，故 R1、RM 繼電器之激磁、消磁條件及各氣壓缸驅動條件分別為：

上列之邏輯方程式如下：

$$A^+\ (B^+C^+\diagup C^-B^-)\ n\ \diagup A^-$$

$$RM^{(\pm)}=(c_1+RM)\cdot(\overline{b_0}+k)$$

$$R1^{(\pm)}=(e_I+R1)\cdot\overline{e_{II}}$$

$$=(a_0\cdot st+R1)\cdot(\overline{k\cdot b_0})$$

$$=(a_0\cdot st+R1)\cdot(\overline{k}+\overline{b_0})$$

因分組用繼電器如上圖方式規劃，各組通電的條件則分別如下：

$I = R1($ 第 I 組的信號 $)$

$II = \overline{R1}\ \cdot\ \overline{a_0}\ ($ 第 II 組的信號 $)$

$I_A = R1\cdot\overline{RM}$

$I_B = RM$

$A^+ = R1$　　　　　　　　　　　A^+：表 A 缸前進的條件；在第 I 組有電氣信號時，A 缸即前進。

$A^- = \overline{R1}\ \cdot\ \overline{a_0}$　　　　　　　　A^-：表 A 缸後退的條件；在第 II 組有電氣信號時，A 缸即後退。

$B^+ = R1\cdot\ \overline{RM}\ \cdot a_1$　　　　　B^+：表 B 缸前進的條件；在第 I_A 組有電氣信號且 a_1 極限開關被碰觸且計數器計數次數未到時，B 缸即可前進。

$B^- = RM\cdot c_0$　　　　　　　B^-：表 B 缸後退的條件；在第 I_B 組有電氣信號且 C 缸至前限碰觸 c_0 極限開關時，B 缸即後退。

$C^+ = R1\cdot\ \overline{RM}\ \cdot b_1$　　　　　C^+：表 C 缸前進的條件；在第 I_A 組有電氣信號且 B 缸至前限碰觸 b_1 極限開關時，C 缸即前進。

$C^- = RM$　　　　　　　　　　C^-：表 C 缸後退的條件；在第 I_B 組有電氣信號時，C 缸即後退。

$C_C = RM$　　　　　　　　　　C_C：表計數器的計數條件；在第 I_B 組一有電氣信號時，計數器就計數一次。

$C_R = \overline{R1}\ \cdot\ \overline{a_0}$　　　　　　　C_R：表計數器的復歸條件；在第 II 組有信號時計數器就執行復歸動作。

在第 II 組原本信號只有 $\overline{R1}$ 而已，但因僅接 $\overline{R1}$ 信號會造成停機時，最後一組動作的線圈仍會激磁的問題，故須多串接 $\overline{a_0}$ 接點將停機仍會激磁的問題解決。

二、繪製電路圖及氣壓迴路圖

(一) 先繪製控制電路圖

逐一把經公式轉換為單穩態之邏輯方程式 (控制繼電器用) 及每個雙穩態邏輯方程式 (驅動氣壓缸用) 轉畫為電路圖 (電磁式計數器)，如圖 6-3。

$R1^{(\pm)} = (a_0 \cdot st + R1) \cdot (\overline{k} + \overline{b_0})$

$RM^{(\pm)} = (c_1 + RM) \cdot (k + \overline{b_0})$

$A^+ = R1$

$B^+ = R1 \cdot \overline{RM} \cdot a_1$

$C^+ = R1 \cdot \overline{RM} \cdot b_1$

$C^- = RM$

$B^- = RM \cdot c_0$

$C_C = RM$

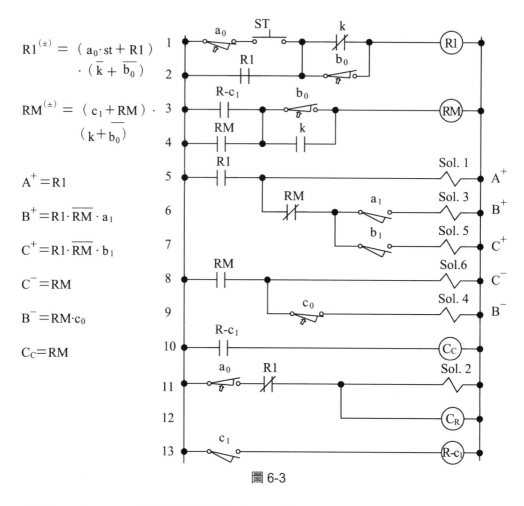

圖 6-3

在圖 6-3 中 k、b_0 使用點數皆已超出器具容量，需分別再驅動一個繼電器已符合實際配線用，如圖 6-4。

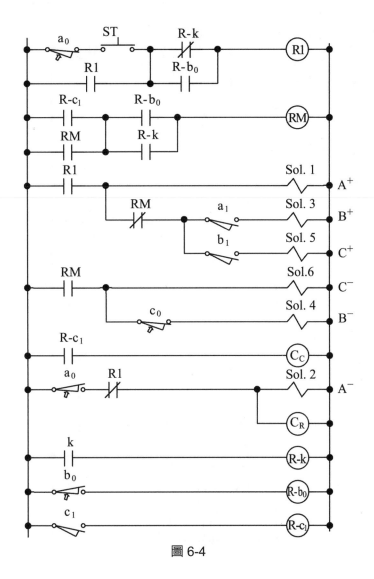

圖 6-4

在圖 6-4 中使用的計數器為電磁式，若把計數器改用電子式的，則電路圖需修改為如圖 6-5。

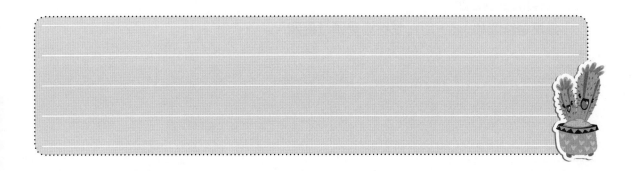

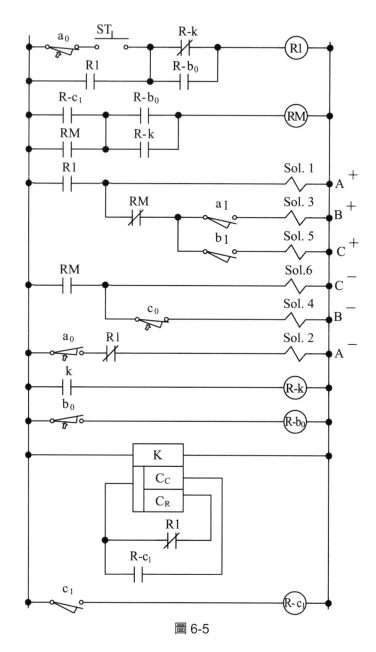

圖 6-5

(二) 繪製氣壓迴路圖

　　氣壓迴路圖如 1-6，均為雙穩態雙頭電磁閥。

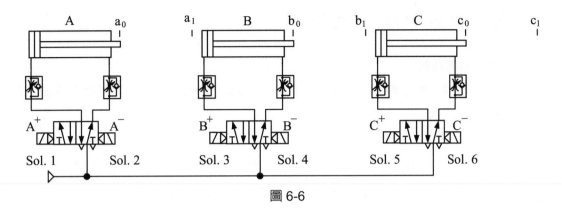

圖 6-6

把圖 6-4 或圖 6-5 和圖 6-6 結合起來，即可執行 $A^+(B^+C^+C^-B^-)n\,A^-$ 電氣－氣壓雙穩態迴路的動作。

參、電氣－氣壓單穩態迴路設計

一、判別需做自保迴路的氣壓缸

分組用繼電器及各組的控制條件和本題前面雙穩態電氣迴路皆相同，可參考前面。各氣壓缸前進、後退的邏輯方程式亦需要轉換為單穩態電磁閥可使用之邏輯方程式。而在轉換的過程中有一些要領可判別出某幾支氣壓缸需做自保迴路，有些就不用做。

不需做自保迴路的判斷原則如前面各節所述；本題原則上 A、B、C 三支缸改為單穩態電磁閥皆不需要做自保持迴路，則 A、B、C 三支缸的控制式分別為：

$A^{(\pm)} = R1$　　　　$A^{(\pm)}$：表 A 缸單穩態電磁閥的控制條件；在第 I 組有信號 A 缸即前進，進入第 II 組 A 缸就後退。

$B^{(\pm)} = R1 \cdot \overline{R2} \cdot a_1 + \overline{c_0}$　　　　$B^{(\pm)}$：表 B 缸單穩態電磁閥的控制條件；在第 I_A 組有信號、A 缸前進至前限碰觸 a_1 極限開關且 B 缸在後限碰觸 b_0 極限開關時，B 缸就執行反覆運動的前進動作；當進入第 I_B 組 C 缸退回後限碰觸 c_0 極限開關時，B 缸即後退。

$C^{(\pm)} = R1 \cdot \overline{R2} \cdot b_1$　　　　$C^{(\pm)}$：表 C 缸單穩態電磁閥的控制條件；在第 I_A 組有信號且 B 缸前進至前限碰觸 b_1 極限開關時，C 缸就前進；當進入第 I_B 組，C 缸即後退。

二、繪製電路圖及氣壓迴路圖

(一) 先繪製控制電路圖

逐一把經公式轉換爲單穩態之邏輯方程式 (控制繼電器用) 及每個單穩態邏輯方程式 (驅動氣壓缸用) 轉畫爲電路圖，如圖 6-7(電磁式計數器)。

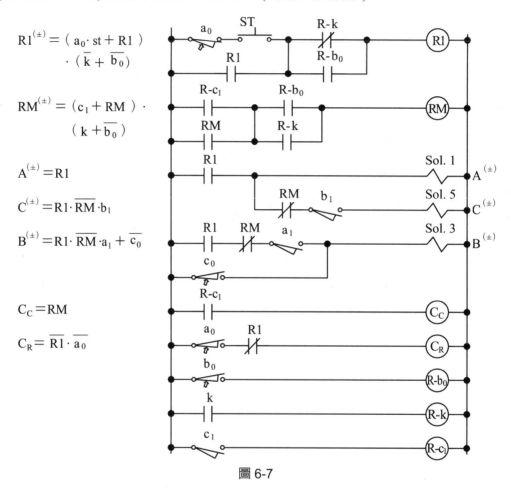

$$R1^{(\pm)} = (a_0 \cdot st + R1) \cdot (\overline{k} + \overline{b_0})$$

$$RM^{(\pm)} = (c_1 + RM) \cdot (k + \overline{b_0})$$

$$A^{(\pm)} = R1$$

$$C^{(\pm)} = R1 \cdot \overline{RM} \cdot b_1$$

$$B^{(\pm)} = R1 \cdot \overline{RM} \cdot a_1 + \overline{c_0}$$

$$C_C = RM$$

$$C_R = \overline{\overline{R1} \cdot \overline{a_0}}$$

圖 6-7

或如圖 6-8(電子式計數器)。

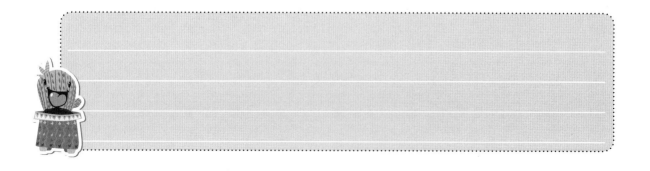

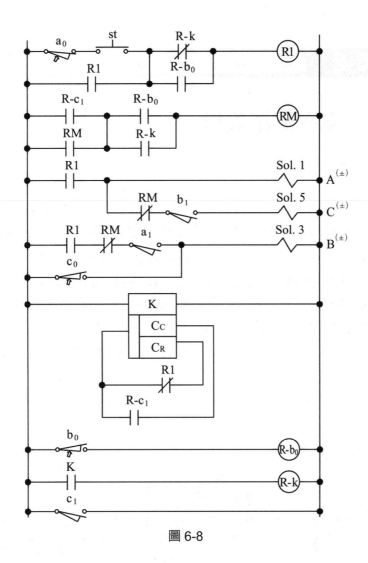

圖 6-8

(二) 繪製氣壓迴路圖

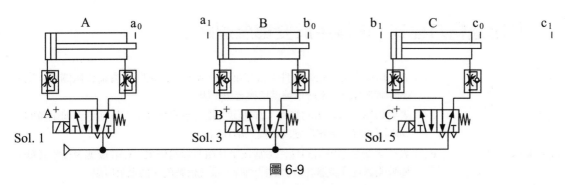

圖 6-9

把圖 6-7 或圖 6-8 和圖 6-9 結合起來,即可執行 $A^+(B^+C^+C^-B^-)nA^-$ 電氣－氣壓單穩態迴路 A、B、C 三支氣壓缸的組中有組型迴路的動作。

例題 6-2　$A^+A^-(B^+B^-C^+C^-)n\,A^+A^-$

壹、機械－氣壓迴路設計

一、分析研判動作類型：

　　$A^+A^-(B^+B^-C^+C^-)n\,A^+A^-$ 為三支氣壓缸，其中 B、C 兩缸動作反覆執行且兼具有計數功能的迴路。從例題動作順序可以觀察到括號內之動作是迴路設計的重點所在。該串動作 $(B^+B^-C^+C^-)$ 若列入同一組時表面上 $B^+=\overline{k}\cdot b_0$、$C^+=b_0$，但實際上 B^+、C^+ 兩個動作的控制式都是 $\overline{k}\cdot b_0\cdot c_0$，$B^+$ 和 C^+ 的信號都完全相同，會產生控制上的錯誤現象。但是，該串動作又是反覆的動作，在串級法的設計是要列入同一組中，基於前述需要之考量，特別把 $(B^+B^-C^+C^-)$ 之動作列在同一組，然後在用組中分組 $(B^+/B^-C^+/C^-)$ 的方式來設計，可將看似複雜的題目以較簡單的方式設計出來。

二、分組

$$A^+A^-(B^+B^-C^+C^-)n\,A^+A^-$$

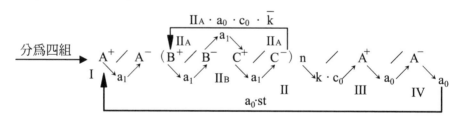

三、列出邏輯方程式 (僅適用於雙穩態迴路)

$e_{\mathrm{I}}=a_0\cdot st$　　　　e_{I}：表要切換至第 I 組的條件；當在第IV組 A 缸退回後限碰觸 a_0 極限開關且壓下 st 啟動開關時，系統信號就切換至第 I 組。

$e_{\mathrm{II}}=a_1$　　　　　　e_{II}：表要切換至第 II 組的條件；當在第 I 組有氣壓信號，A 缸前進至前限碰觸 a_1 極限開關時，系統信號就切換至第 II 組。

$e_{\mathrm{III}}=k\cdot c_0\cdot \mathrm{II}_A$　　e_{III}：表要切換至第III組的條件；當在第 II 組有氣壓信號，C 缸後退至後限碰觸 c_0 極限開關且計數器計數次數已到時，系統信號就切換至第III組。

$e_{IV} = III \cdot a_1$　e_{IV}：表要切換至第IV組的條件；當在第III組有氣壓信號，A缸前進至前限碰觸 a_1 極限開關時，系統信號就切換至第IV組。

$e_{IIA} = c_1$　e_{IIA}：表要切換至第II$_A$組中組的條件；在C缸前進至前限碰觸 c_1 極限開關時，系統信號就切換至第II$_A$組。

$e_{IIB} = b_1$　e_{IIB}：表要切換至第II$_B$組中組的條件；在B缸前進至前限碰觸 b_1 極限開關時，系統信號就切換至第II$_B$組。

$A^+ = I + III$　A^+：表A缸前進的條件；在第I或III組有氣壓信號時，A缸即前進。

$A^- = II + IV$　A^-：表A缸後退的條件；在第II或IV組有氣壓信號時，A缸即後退。

$B^+ = II_A \cdot a_0 \cdot c_0 \cdot \bar{k}$　B^+：表B缸前進的條件；在第II$_A$組有氣壓信號、A缸碰觸後限 a_0 極限開關、計數器計次未到且C缸碰觸 c_0 極限開關，B缸就會前進。

$B^- = II_B$　B^-：表B缸後退的條件；在第II$_B$組有氣壓信號時，B缸即後退。

$C^+ = II_B \cdot b_0$　C^+：表C缸前進的條件；在第II$_B$組有氣壓信號、B缸後退至後限碰觸 b_0 極限開關時，C缸即前進。

$C^- = II_A$　C^-：表C缸後退的條件；在第II$_A$組有氣壓信號時，C缸即後退。

$C_C = c_1$　C_C：表計數器計數的條件；在C缸前進至前限碰觸 c_1 極限開關時，就計數一次。

$C_R = III$　C_R：表計數器復歸的條件；在第III組有氣壓信號時，計數器就復歸。

四、繪製機械－氣壓迴路。

(一) 先繪製氣壓缸、主氣閥、組線及換組用回動閥、氣源供應部份，如圖 6-10。

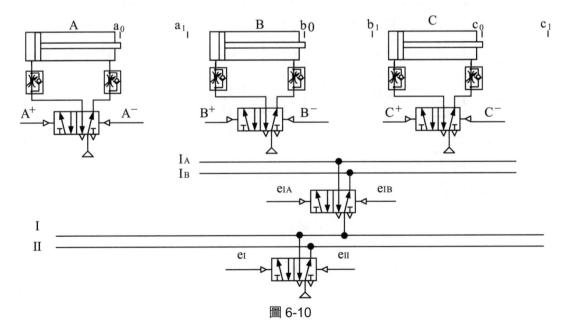

圖 6-10

(二) 再把邏輯方程式的信號元件繪入並連接線路，如圖 6-11。

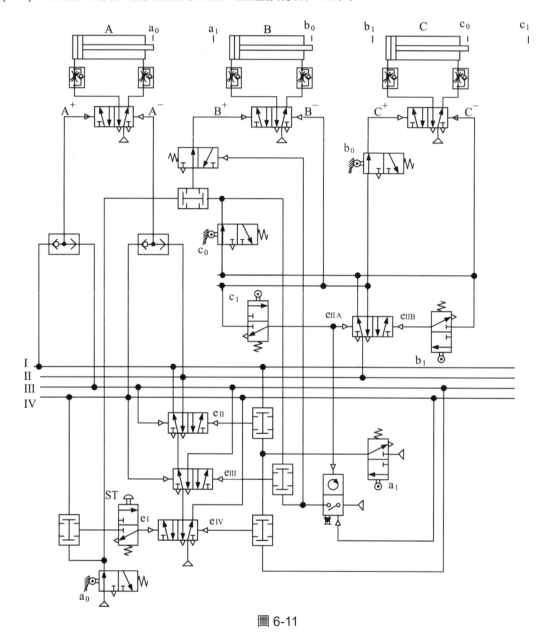

圖 6-11

以上圖 6-11 是 $A^+A^-(B^+B^-C^+C^-)nA^+A^-$ 計數迴路的機械－氣壓迴路圖。

貳、電氣－氣壓迴路設計

一、列出邏輯方程式 (可參考前面機械－氣壓迴路，適用於雙穩態迴路)

本題共分為四組，故分組用繼電器必需使用三個 R1、R2、R3；另外為了把列在同一組中 $(B^+B^-C^+C^-)$ 之動作，用組中分組的方式 $(B^+ / B^- C^+ / C^-)$ 處理，也特別在加入一個 RM 繼電器，以做為組中再分組之用；綜合以上使用的繼電器，共有四個，則 R1、R2、R3、RM 繼電器之激磁、消磁條件及各氣壓缸驅動條件分別如下說明：上列之 e_I、e_{II}、e_{III} 和 e_{IV} 分別由 R1、R2、R3 繼電器取代，規劃 R1 激磁的時間為 I ＋ II ＋ III 組，R2 激磁的時間為 II ＋ III 組，R3 激磁的時間為 III 組，RM 激磁的時間為在第 II 組 B 缸前進至前限碰觸 b_1 極限開關時，待 C 缸前進至前限碰觸 c_1 極限開關時 RM 繼電器就消磁，以上各繼電器的邏輯方程式如下：

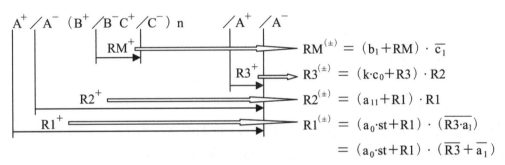

$$RM^{(\pm)} = (b_1 + RM) \cdot \overline{c_1}$$
$$R3^{(\pm)} = (k \cdot c_0 + R3) \cdot R2$$
$$R2^{(\pm)} = (a_{11} + R1) \cdot R1$$
$$R1^{(\pm)} = (a_0 \cdot st + R1) \cdot (\overline{R3 \cdot a_1})$$
$$= (a_0 \cdot st + R1) \cdot (\overline{R3} + \overline{a_1})$$

因分組用繼電器如上圖方式規劃，各組通電的條件、各氣壓缸前進、後退的控制條件及計時器的計時條件分別如下說明：

$I = R1 \cdot \overline{R2}$　（第 I 組的信號）

$II = R2 \cdot \overline{R3}$　（第 II 組的信號）

$III = R3$　（第III組的信號）

$IV = \overline{R1} \cdot \overline{a_0}$　（第IV組的信號）

$II_A = \overline{RM}$　（第 II_A 組的信號）

$II_B = RM$　（第 II_B 組的信號）

$A^+ = R1 \cdot \overline{R2} + R3$　　A^+：表 A 缸前進的條件；在第 I 組有電氣信號或第III組有電氣信號時，A 缸即前進。

$A^- = R2 \cdot \overline{R3} + \overline{R1} \cdot \overline{a_0}$ 　　A^-：表 A 缸後退的條件；在第 II 組有電氣信號或第 IV 組有電氣信號時，A 缸即後退。

$B^+ = R2 \cdot \overline{RM} \cdot a_0 \cdot c_0 \cdot \overline{k}$ 　　B^+：表 B 缸前進的條件；在第 II 組有電氣信號、RM 繼電器沒有激磁、A 及 C 缸後退至後限分別碰觸 a_0、c_0 極限開關且 K 計數器計數次數未到時，B 缸即會前進。

$B^- = RM$ 　　B^-：表 B 缸後退的條件；當 RM 繼電器有激磁時，B 缸即後退。

$C^+ = RM \cdot b_0$ 　　C^+：表 C 缸前進的條件；在 RM 繼電器有激磁且 B 缸後退至後限碰觸 b_0 極限開關時，C 缸即前進。

$C^- = R2 \cdot \overline{RM}$ 　　C^-：表 C 缸後退的條件；在第 II 組有電氣信號、RM 繼電器沒有激磁時，C 缸即會後退。

$C_C = c_1$ 　　C_C：表計數器的計數條件；當 C 缸前進至前限碰觸 c_1 極限開關時，計數器就計數一次。

$C_R = R3$ 　　C_R：表計數器的復歸條件；在第 III 組有電氣信號時，計數器就執行復歸動作。

二、繪製電路圖和氣壓迴路圖

(一) 先繪製控制電路圖

　　逐一把經公式轉換爲單穩態之邏輯方程式 (控制繼電器用) 及每個雙穩態邏輯方程式 (驅動氣壓缸用) 轉畫爲電路圖，如圖 6-12(電磁式計數器)。

　　在圖 6-12 中 R3 繼電器及 a_0 極限開關皆已超出該元件之接點容量，電路需重新調整或多增加繼電器，如圖 6-13。

$R1^{(\pm)} = (a_0 \cdot st + R1) \cdot$

$(\overline{R3} + \overline{a_1})$

$R2^{(\pm)} = (a_1 + R2) \cdot R1$

$R3^{(\pm)} = (k \cdot c_0 + R3) \cdot R2$

$RM^{(\pm)} = (b_1 + RM) \cdot \overline{c_1}$

$A^+ = R1 \cdot \overline{R2} + R3$

$A^- = R2 \cdot \overline{R3} + \overline{R1} \cdot \overline{a_0}$

$C^- = R2 \cdot \overline{RM}$

$B^+ = R2 \cdot \overline{RM} \cdot a_0 \cdot c_0 \cdot \overline{k}$

$B^- = RM$

$C^+ = RM \cdot b_0$

$C_C = c_1$

$C_R = R3$

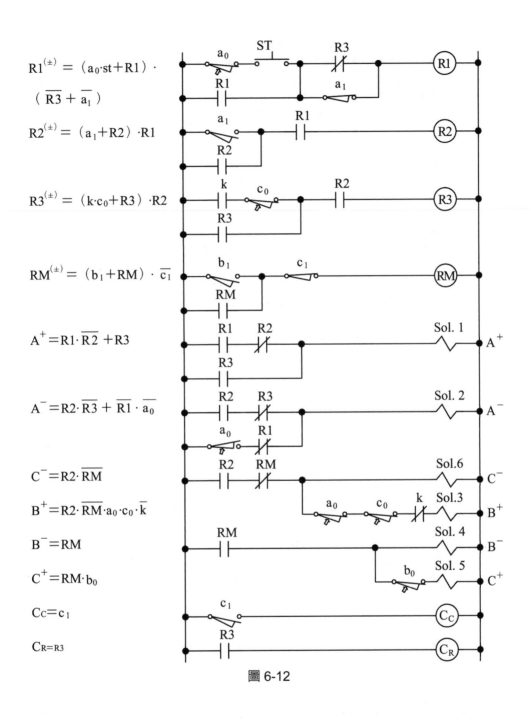

圖 6-12

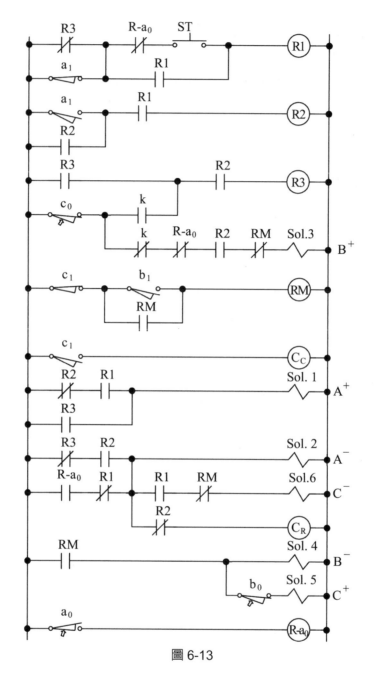

圖 6-13

　　在圖 6-13 中使用的計數器為電磁式，若把計數器改用電子式的，則電路圖需修改為如圖 6-14。

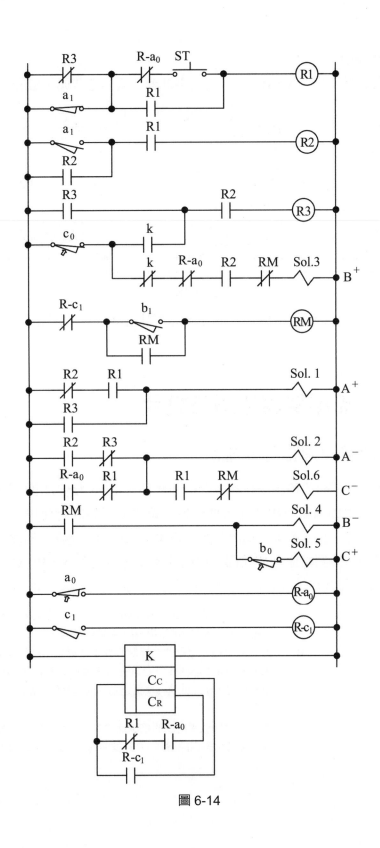

圖 6-14

(二) 繪製氣壓迴路圖

氣壓迴路圖如圖 6-15，A、B、C 三支氣壓缸皆為雙穩態雙頭電磁閥。

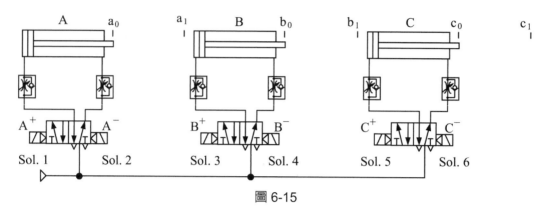

圖 6-15

把圖 6-13 或圖 6-14 和圖 6-15 結合起來，即可執行 $A^+A^-(B^+B^-C^+C^-)n\,A^+A^-$ 組中有組型迴路動作。

參、電氣－氣壓單穩態迴路設計

一、判別需做自保迴路的氣壓缸

分組用繼電器及各組的控制條件和本題前面雙穩態電氣迴路皆相同，可參考前面。各氣壓缸前進、後退的邏輯方程式亦需要轉換為單穩態電磁閥可使用之邏輯方程式。而在轉換的過程中有一些要領可判別出某幾支氣壓缸需做自保迴路，有些就不用做。

不需做自保迴路的判斷原則如前面各節所述；本題原則上 A、B、C 三支缸改為單穩態電磁閥皆不需要做自保持迴路，則 A、B、C 三支缸的控制式分別為：

$A^{(\pm)} = R1 \cdot \overline{R2} + R3$　　　$A^{(\pm)}$：表 A 缸單穩態電磁閥的控制條件；在第 I 組或第III組有信號 A 缸即前進；進入第 II 組或第IV組，A 缸就後退。

$B^{(\pm)} = R2 \cdot \overline{RM} \cdot a_0 \cdot c_0 \cdot \overline{k}$　　　$B^{(\pm)}$：表 B 缸單穩態電磁閥的控制條件；在第 II$_A$ 組有信號、A 缸後退至後限碰觸 a_0 極限開關、C 缸在後限碰觸 c_0 極限開關且計數器計數次數未到時，B 缸就執行反覆運動的前進動作；當進入第 II$_B$ 組時，B 缸即後退。

$C^{(\pm)} = RM \cdot b_0$　　　$C^{(\pm)}$：表 C 缸單穩態電磁閥的控制條件；在第 II$_B$ 組有信號且 B 缸後退至後限碰觸 b_0 極限開關時，C 缸就前進；當進入第 II$_A$ 組，C 缸即後退。

貳、繪製電路圖及氣壓迴路圖

(一) 先繪製控制電路圖

逐一把經公式轉換為單穩態之邏輯方程式 (控制繼電器用) 及每個單穩態邏輯方程式 (驅動氣壓缸用) 轉畫為電路圖，如圖 6-16(電磁式計數器)。

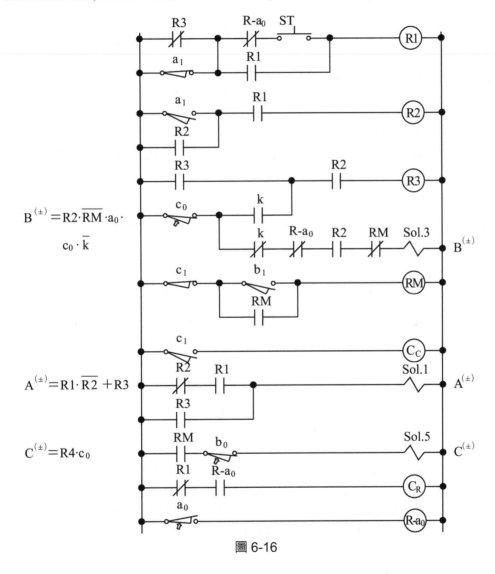

$$B^{(\pm)} = R2 \cdot \overline{RM} \cdot a_0 \cdot c_0 \cdot \overline{k}$$

$$A^{(\pm)} = R1 \cdot \overline{R2} + R3$$

$$C^{(\pm)} = R4 \cdot c_0$$

圖 6-16

在圖 6-16 中使用的計數器為電磁式，若把計數器改用電子式的，則電路圖需修改為如圖 6-17。

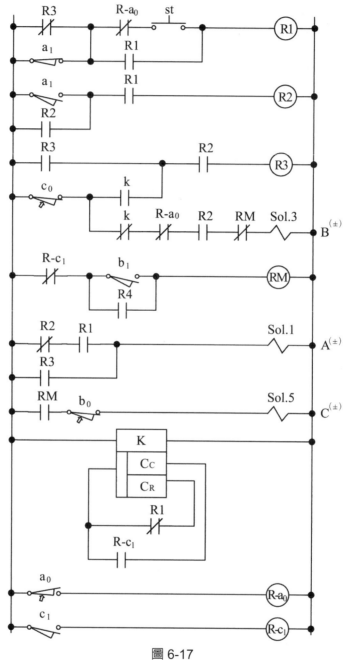

圖 6-17

(二) 繪製氣壓迴路圖

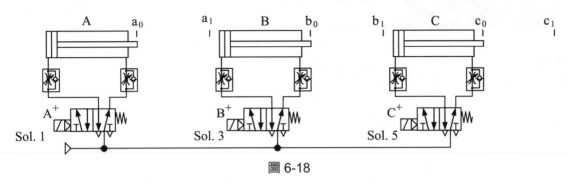

圖 6-18

　　把圖 6-17 和圖 6-18 結合起來，即可執行 $A^+A^-(B^+B^-C^+C^-)n\ A^+A^-$ 電氣－氣壓單穩態迴路 A、B、C 三支氣壓缸組中有組型迴路的動作。

例題 6-3　$A^+(B^+_{1/2}\,C^+B^{++}\,C^-B^-)n\,A^-$

壹、機械－氣壓迴路設計

一、分析研判動作類型：

　　$A^+(B^+_{1/2}\,C^+B^{++}\,C^-B^-)n\,A^-$ 為三支氣壓缸，其中 B 缸有半行程、全行程，而 B、C 兩缸動作反覆執行且兼具有計數功能的迴路。從例題動作順序可以觀察到中括號內之動作是迴路設計的重點所在。該串動作 $(B^+_{1/2}\,C^+B^{++}\,C^-B^-)$ 若列入同一組時 $B^-=c_0$，$B^+=I\cdot a_1\cdot b_0\cdot\overline{b_1}\cdot\overline{k}+c_1$，在 B 缸要前進時，後退的信號 $B^-=c_0$ 仍是存在，會產生相衝突的錯誤現象，雖然可以在後退的信號中串接其他條件，不過卻會產生其他的問題。針對該串動作 $(B^+_{1/2}\,C^+B^{++}\,C^-B^-)$ 在迴路中是要反覆執行的動作，以串級法來設計應當是列入同一組中，基於前述需要之考量，特別把 $(B^+_{1/2}\,C^+B^{++}\,C^-B^-)$ 之動作列在同一組，然後在組中再行分組的方式來設計，可將看似複雜的題目以較簡單的方式設計出來。

二、分組

$$A^+(B^+_{1/2}\,C^+B^{++}\,C^-B^-)\,n\cdots A^-$$

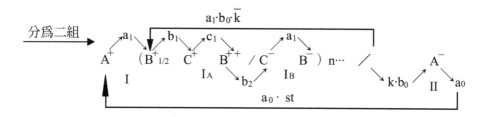

三、列出邏輯方程式 (僅適用於雙穩態迴路)

$e_I = a_0\cdot st$　　　　　e_I：表要切換至第 I 組的條件；在 A 缸退回後限碰觸 a_0 極限開關且壓下 st 啟動開關時，系統信號就切換至第 I 組。

$e_{II} = k\cdot b_0$　　　　　e_{II}：表要切換至第 II 組的條件；在第 I 組有氣壓信號、反覆動作執行完畢計數次數已到且 B 缸後退至後限碰觸 b_1 極限開關時，系統信號就切換至第 II 組。

$e_{IA} = \bar{k} \cdot b_0$ 　　　　e_{IA}：表要切換至第 I_A 組中組的條件；在計數器計數次數未到且 B 缸後退至後限碰觸 b_0 極限碰觸開關時，系統信號就切換至第 I_A 組。

$e_{IB} = b_2$ 　　　　e_{IB}：表要切換至第 I_B 組的條件；在第 I 組有氣壓信號，B 缸前進至前限碰觸 b_2 極限開關時，系統信號就切換至第 I_B 組。

$A^+ = I$ 　　　　A^+：表 A 缸前進的條件；在第 I 有氣壓信號時 A 缸即前進。

$A^- = II$ 　　　　A^-：表 A 缸後退的條件；在第 II 組有氣壓信號時，A 缸即後退。

$B^+ = (a_1 \cdot \bar{k} \cdot \bar{b_1} + c_1) \cdot I_A$ 　　　　B^+：表 B 缸前進的條件；在第 I_A 組有氣壓信號，A 缸前進碰觸 a_1 極限開關且計數次數未到時，B 缸會從後限前進至中間碰觸 $\bar{b_1}$ 極限開關而停止或 C 缸前進至前限碰觸 c_1 極限開關時，B 缸也會從中間前進至前限。

$B^- = I_B \cdot c_0$ 　　　　B^-：表 B 缸後退的條件；在第 I_B 組有氣壓信號且 C 缸後退至後限碰觸 c_0 極限開關時，B 缸即後退。

$C^+ = I_A \cdot b_1$ 　　　　C^+：表 C 缸前進的條件；在第 I_A 組有氣壓信號且 B 缸前進至中間碰觸 b_1 極限開關時，C 缸就前進。

$C^- = I_B$ 　　　　C^-：表 C 缸後退的條件；在第 I_B 組有氣壓信號時，C 缸就後退。

$C_C = I_B$ 　　　　C_C：表計數器計數的條件；在第 I_B 組一有氣壓信號時，就計數一次。

$C_R = II$ 　　　　C_R：表計數器復歸的條件；在第 II 組有氣壓信號時，計數器就復歸。

四、繪製機械－氣壓迴路

(一) 先繪製氣壓缸、主氣閥、組線及換組用回動閥、氣源供應部份，如圖 6-19。

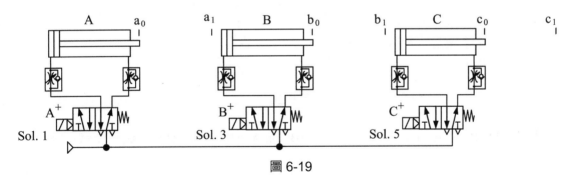

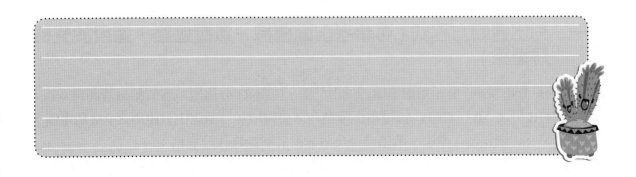

圖 6-19

(二) 再把邏輯方程式的信號元件繪入並連接線路，如圖 6-20。

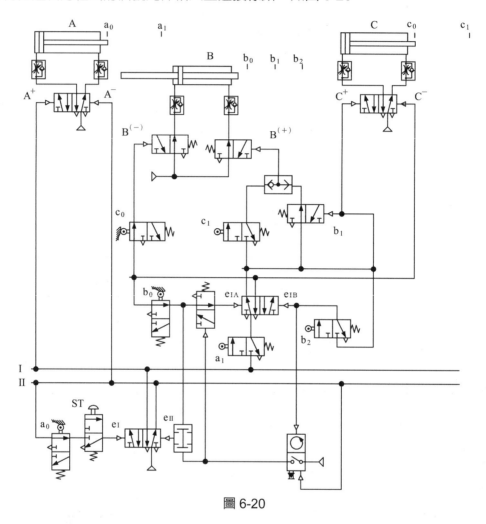

圖 6-20

以上圖 6-19 是 $A^+(B^+{}_{1/2}C^+B^{++}C^-B^-)n\,A^-$ 組中有組型的機械－氣壓迴路圖。

貳、電氣－氣壓迴路設計

一、列出邏輯方程式 (可參考前面機械－氣壓迴路，適用於雙穩態迴路)

　　因只分為兩組，分組用繼電器僅使用一個，規劃 R1 分組繼電器的激磁時間為 I 組；另針對 $(B^+{}_{1/2}C^+B^{++}C^-B^-)n$ 這串反覆動作需要再增加一個組中分組用之 RM 繼電器，故 R1、RM 繼電器之激磁、消磁條件及各氣壓缸驅動條件分別為：

上列之邏輯方程式如下：

$$A^+\ (B^+_{1/2}\overset{I_A}{C^+}B^{++}\ /\ \overset{I_B}{C^-}B^-)\ n\ \cdots\ /A^-$$

$$RM^{(\pm)} = (b_2 + RM) \cdot (k + \overline{b_0})$$

$$R1^{(\pm)} = (e_I + R1) \cdot \overline{e_{II}}$$

$$= (a_0 \cdot st + R1) \cdot \overline{(k \cdot b_0)}$$

$$= (a_0 \cdot st + R1) \cdot (\overline{k} + \overline{b_0})$$

因分組用繼電器如上圖方式規劃，各組通電的條件則分別如下：

$I = R1$ (第 I 組的信號)

$II = \overline{R1}\ \cdot\ \overline{a_0}$ (第 II 組的信號)

$I_A = R1 \cdot \overline{RM}$

$I_B = RM$

$A^+ = R1$ 　　　　　　　　　　　　A^+：表 A 缸前進的條件；在第 I 組有電氣信號時，A 缸即前進。

$A^- = \overline{R1}\ \cdot\ \overline{a_0}$ 　　　　　　　　　A^-：表 A 缸後退的條件；在第 II 組有電氣信號時，A 缸即後退。

$B^+ = R1 \cdot \overline{RM}\ \cdot (a_1 \cdot \overline{k} \cdot \overline{b_1} + c_1)$ 　$B^{(+)}$：表 B 缸前進的條件；在第 I_A 組 ($\overline{RM}$) 有電氣信號，A 缸前進碰觸 a_1 極限開關且計數次數未到時，B 缸會從後限前進至中間碰觸 $\overline{b_1}$ 極限開關而停止或 C 缸前進至前限碰觸 c_1 極限開關時，B 缸也會從中間前進至前限。

$B^- = RM \cdot c_0$ 　　　　　　　　$B^{(-)}$：表 B 缸後退的條件；在第 I_B 組 (RM) 有電氣信號且 C 缸後退至後限碰觸 c_0 極限開關時，B 缸即後退。

$C^+ = R1 \cdot \overline{RM}\ \cdot b_1$ 　　　　C^+：表 C 缸前進的條件；在第 I_A 組有電氣信號且 B 缸至前限碰觸 b_1 極限開關時，C 缸即前進。

$C^- = RM$ 　　　　　　　　　　C^-：表 C 缸後退的條件；在第 I_B 組有電氣信號時，C 缸即後退

$C_C = RM$ 　　　　　　　　　　C_C：表計數器的計數條件；在第 I_B 組一有電氣信號時，計數器就計數一次。

$C_R = \overline{R1}\ \cdot\ \overline{a_0}$ 　　　　　　　　C_R：表計數器的復歸條件；在第 II 組有信號時計數器就執行復歸動作。

二、繪製電路圖和氣壓迴路圖

(一) 先繪製控制電路圖

逐一把經公式轉換為單穩態之邏輯方程式 (控制繼電器用) 及每個雙穩態邏輯方程式 (驅動氣壓缸用) 轉畫為電路圖 (電磁式計數器)，如圖 6-21。

$$R1^{(\pm)} = (a_0 \cdot st + R1)$$
$$\cdot\ (\bar{k} + RM)$$

$$R2^{(\pm)} = (b_2 + R2)$$
$$\cdot\ \overline{b_0}$$

$$A^+ = R1$$

$$B^{(+)} = R1 \cdot \overline{RM} \cdot$$
$$(a_1 \cdot \bar{k} \cdot \overline{b_1} + c_1)$$

$$C^+ = R1 \cdot \overline{RM} \cdot b_1$$

$$C^- = RM$$

$$B^{(-)} = RM \cdot c_0$$

$$C_C = RM \cdot c_0$$

$$A^- = \overline{R1} \cdot \overline{a_0}$$

$$C_R = \overline{R1} \cdot \overline{a_0}$$

$$R\text{-}k = k$$

$$R\text{-}b_2 = b_2$$

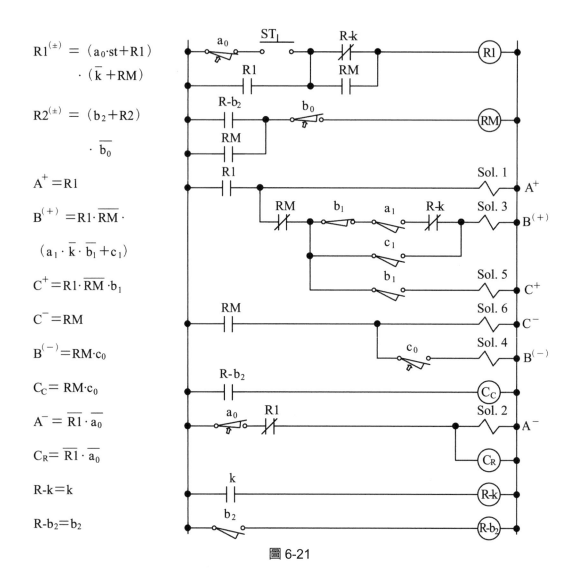

圖 6-21

　　圖 6-21 中，把原先 R1 繼電器的斷電條件（$\bar{k} + \overline{b_0}$）改換為（$\bar{k} + RM$），可減少 b_0 極限開關的使用點數，但需將計數器的計數條件從 RM 往後延一個動作至 RM・c_0，其目的在使 R1 繼電器的斷電時間和原先的相同。k 使用點數皆已超出器具容量，需再驅動一個繼電器以符合實際配線用。在圖 6-21 中使用的計數器為電磁式，若把計數器改用電子式的，則電路圖需修改為如圖 6-22。

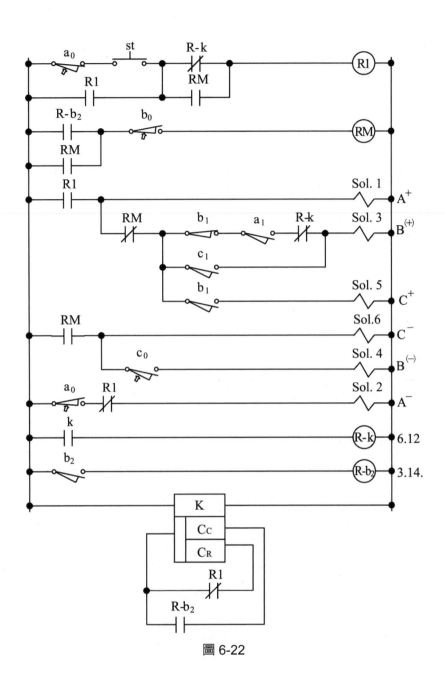

圖 6-22

(二) 繪製氣壓迴路圖

氣壓迴路圖如圖 6-23，A、B、C 三支氣壓缸皆為雙穩態雙頭電磁閥。

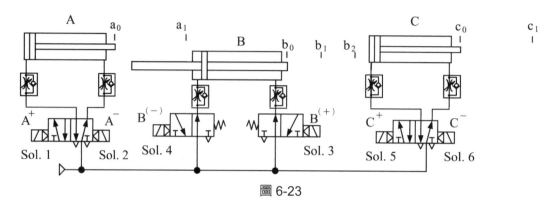

圖 6-23

把圖 6-21 或圖 6-22 和圖 6-23 結合起來，即可執行 $A^+(B^+_{1/2} C^+ B^{++} C^- B^-)nA^-$ 組中有組型迴路動作。

參、電氣－氣壓單穩態迴路設計

一、判別需做自保迴路的氣壓缸

分組用繼電器及各組的控制條件和本題前面雙穩態電氣迴路皆相同，可參考前面機械－氣壓迴路設計或雙穩態電氣－氣壓迴路設計部分。各氣壓缸前進、後退的邏輯方程式亦需要轉換為單穩態電磁閥可使用之邏輯方程式。而在轉換的過程中有一些要領可判別出某幾支氣壓缸需做自保迴路，有些就不用做。

不需做自保迴路的判斷原則如前面各節所述；本題原則上 B 缸就已經是單穩態閥，就不需要轉換了；而 A 缸因前進時間在第 I 組、後退時間在第 II 組，符合不需自保原則，故改為單穩態電磁閥控制可不需要做自保持迴路，但 C 缸的啟動條件 b_1 極限開關的信號隨著 B 缸前進就切斷，無法維持 C 缸前進時所需要的足夠時間，所以需要增加一個 RC 自保用繼電器，則各氣壓缸的控制式分別為：

$A^{(\pm)} = R1$

$A^{(\pm)}$：表 A 缸單穩態電磁閥的控制條件；在第 I 組有電氣信號 A 缸即前進，進入第 II 組 A 缸就後退。

$B^{(+)} = R1 \cdot \overline{RM} \cdot (a_1 \cdot \overline{k} \cdot \overline{b_1} + c_1)$

$B^{(+)}$：表 B 缸前進單穩態電磁閥的控制條件；在第 I_A 組 ($R1 \cdot \overline{RM}$) 有電氣信號，A 缸前進碰觸 a_1 極限開關且計數次數未到時，B 缸會從後限前進至中間碰觸 $\overline{b_1}$ 極限開關而停止或 C 缸前進至前限碰觸 c_1 極限開關時，B 缸也會從中間前進至前限。

$B^{(-)} = RM \cdot c_0$

$B^{(-)}$：表 B 缸後退單穩態電磁閥的控制條件；在第 I_B 組 (RM) 有電氣信號且 C 缸後退至後限碰觸 c_0 極限開關時，B 缸即後退。

$C^{(\pm)} = R1 \cdot \overline{RM} \cdot b_1$

$C^{(\pm)}$：表 C 缸單穩態電磁閥的控制條件；在第 I_A 組 (R1 $\cdot \overline{RM}$) 有電氣信號且 B 缸至前限碰觸 b_1 極限開關時，C 缸即前進。當一進入 I_B 組 (RM) 時因 $\overline{RM}$ 接點打開，C 缸就後退。

二、繪製電路圖及氣壓迴路圖

(一) 先繪製控制電路圖

逐一把經公式轉換為單穩態之邏輯方程式 (控制繼電器用) 及每個單穩態邏輯方程式 (驅動氣壓缸用) 轉畫為電路圖，如圖 6-24。

$R1^{(\pm)} = (a_0 \cdot st + R1)$
$\cdot (\overline{R\text{-}k} + RM)$

$RM^{(\pm)} = (b_2 + RM)$
$\cdot \overline{b_0}$

$A^{(\pm)} = R1$

$B^{(\pm)} = R1 \cdot \overline{RM} \cdot a_1$
$\cdot \overline{b_1} + c_1$

$RC^{(\pm)} = (b_1 + RC) \cdot$
$R1 \cdot \overline{RM}$

$C^{(\pm)} = RC$

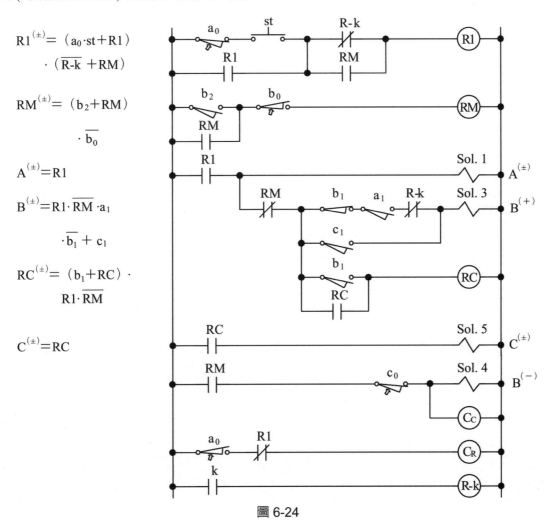

圖 6-24

(二) 繪製氣壓迴路圖

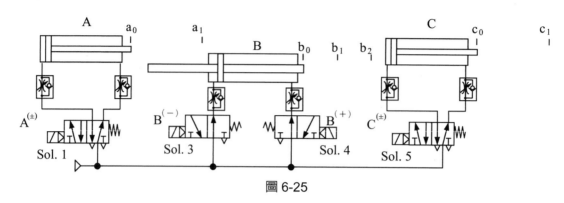

圖 6-25

把圖 6-24 和圖 6-25 結合起來，即可執行 $A^+(B^+_{1/2} C^+ B^{++} C^- B^-)n\ A^-$ 電氣－氣壓單穩態迴路 A、B、C 三支氣壓缸組中有組型迴路的動作。

組中有組型迴路綜合設計能力測驗

練習 1 以前面各例題所介紹之方法，設計 $A^+ \left[B^+ C^+ C^- B^- \right] n A^- B^+ B^-$ 三支氣壓缸組中有組型迴路之
(1) 機械－氣壓迴路。
(2) 電氣－氣壓雙穩態迴路。
(3) 電氣－氣壓單穩態迴路。

練習 2 以前面各例題所介紹之方法，設計 $A^+ \left[B^+_{1/2} T B^{++} B^- C^+ C^- \right] n C^+ C^- A^-$ 三支氣壓缸組中有組型迴路之
(1) 機械－氣壓迴路。
(2) 電氣－氣壓雙穩態迴路。
(3) 電氣－氣壓單穩態迴路。

NOTE

7 比較型迴路

　　所謂"比較型迴路"係指自動化機械中有某幾支氣壓缸同時移動但速度不同，然後依據各氣壓缸碰觸相對應之極限開關的先後，再執行後續不同的動作。各氣壓缸的移動速度快慢，是以其氣壓動力管線之流量控制閥的開口大小(可用手動來調整)來管制。這種類型的迴路或許在自動化機械上沒有見過，但在訓練氣壓迴路設計上確是一種相當漂亮的題目。

　　此種迴路設計的重點：

1. 如何以同一個控制電路判別出不同氣壓缸先碰觸到相對應之極限開關。

2. 要能判別出不同氣壓缸先到的關鍵點，是在巧妙應用極限開關的"a"、"b"接點才能判別出來，再由不同狀況驅動相應之繼電器，繼續進行後續之動作。現列舉三個例題來詳細說明"比較型迴路"的設計要領。

(1)

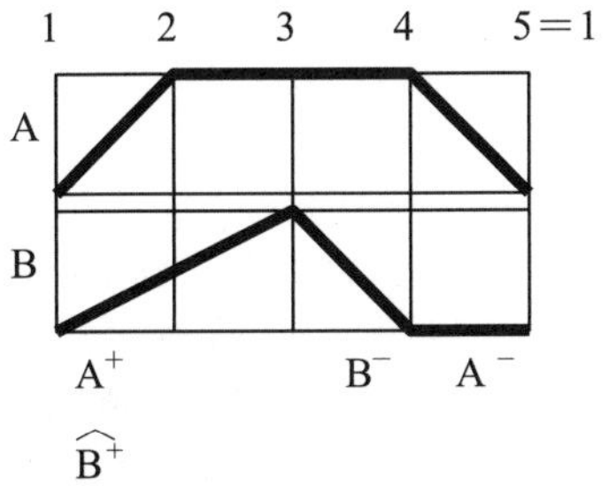

左圖為 A 缸先到前限碰觸 a_1 極限開關並在前限等待，B 缸落後 A 缸至前限碰觸 b_1 極限開關，立即退回至後限碰觸 b_0 極限開關，再換 A 缸後退回後限 a_0。

⌒：表慢速移動

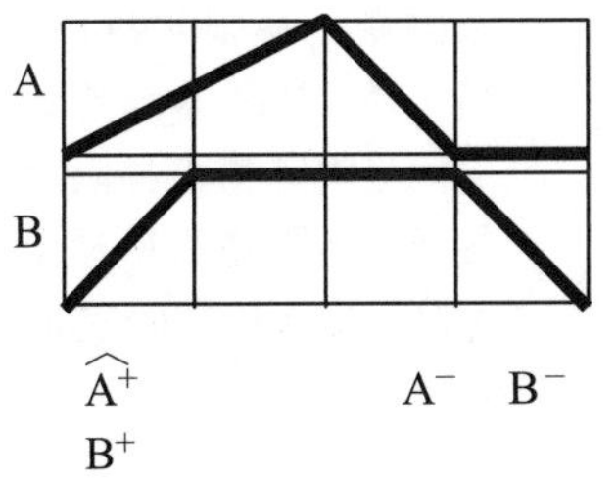

左圖為 B 缸先到前限碰觸 b_1 極限開關並在前限等待，A 缸落後 B 缸至前限碰觸 a_1 極限開關，立即退回至後限碰觸 a_0 極限開關，再換 B 缸後退回後限 b_0。

⌒：表慢速移動

圖 7-1

(2)

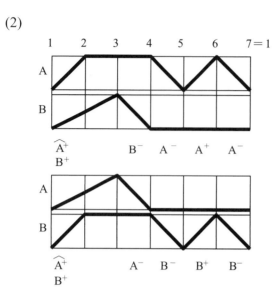

左圖為 A 缸先到前限碰觸 a_1 極限開關並在前限等待，B 缸落後 A 缸至前限碰觸 b_1 極限開關，立即退回至後限碰觸 b_0 極限開關，再換 A 缸後退回後限 a_0；當退回後限 a_0 後，再前進、後退一次。

左圖為 B 缸先到前限碰觸 b_1 極限開關並在前限等待，A 缸落後 B 缸至前限碰觸 a_1 極限開關，立即退回至後限碰觸 a_0 極限開關，再換 B 缸後退回後限 b_0；當退回後限 b_0 後，再前進、後退一次。

圖 7-2

(3)

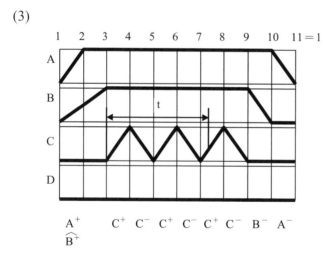

左圖為 A 缸先到前限碰觸 a_1 極限開關並在前限等待，B 缸落後 A 缸至前限碰觸 b_1 極限開關，A、B 兩缸就停於前限，接著 t 計時器開始計時且 C 缸連續反覆前進、後退動作，直至 t 計時器計時到達及 C 缸退回後限，再 B 缸後退至後限碰觸 b_0 極限開關，最後 A 缸後退至後限碰觸 a_0 極限開關結束。

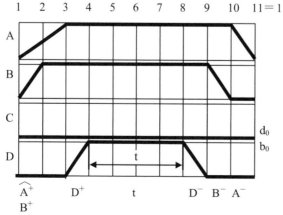

左圖為 B 缸先到前限碰觸 b_1 極限開關並在前限等待，A 缸落後 B 缸至前限碰觸 a_1 極限開關，A、B 兩缸就停於前限，接著 D 缸伸出至前限碰觸 d_1 極限開關 t 計時器開始計時，待 t 計時器計時到達時，D 缸退回後限碰觸 d_0 極限開關，再 B 缸後退至後限碰觸 b_0 極限開關，最後 A 缸後退至後限碰觸 a_0 極限開關結束。

圖 7-3

例題 7-1

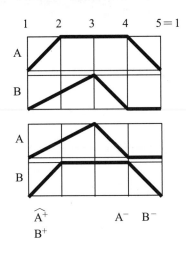

左圖爲 A 缸先到前限碰觸 a_1 極限開關並在前限等待，B 缸落後 A 缸至前限碰觸 b_1 極限開關，立即退回至後限碰觸 b_0 極限開關，再換 A 缸後退回後限 a_0。

左圖爲 B 缸先到前限碰觸 b_1 極限開關並在前限等待，A 缸落後 B 缸至前限碰觸 a_1 極限開關，立即退回至後限碰觸 a_0 極限開關，再換 B 缸後退回後限 b_0。

$\widehat{A^+}$　　　　　A^-　B^-
B^+

壹、機械－氣壓迴路設計

一、分析研判動作類型

　　由上面位移 - 步驟圖及說明可分析判別出，爲兩支氣壓缸的之"比較型"迴路。此種設計要領爲按串級法分組要領加以分組，另針對 A 缸或 B 缸先到分別用輔助器的兩個不同狀態記憶住，這樣即能有效地處理"比較型"迴路設計的問題。

二、分組

$\begin{array}{c} A^+\ B^-\ A^- \\ \widehat{B^+} \end{array}$ ──分爲二組──▶

$$\overbrace{A^+}^{\ } \quad \xrightarrow{M^+} \quad B^- \quad \searrow^{b_0} \quad A^-$$

$\widehat{B^+}$ I $a_1 \cdot b_1$ 　 $a_0 \cdot st$ 　 II 　 a_0

$\begin{array}{c} \widehat{A^+}\ A^-\ B^- \\ B^+ \end{array}$ ──分爲二組──▶

$\widehat{A^+}$ 　 A^- 　 $\nearrow^{a_0}$ 　 B^-

B^+ I $a_1 \cdot b_1$ 　 $b_0 \cdot st$ 　 II 　 b_0

　　在上面分組中如 A 缸比 B 缸先碰觸到前限 a_1 極限開關，$a_1 \cdot \overline{b_1}$ 之信號會導通，可啓動 M 輔助器；若 B 缸比 A 缸先碰觸到前限 b_1 極限開關，$a_1 \cdot \overline{b_1}$ 之信號會無法導通，則不能啓動 M 輔助器；這樣即可判別出是哪一支氣壓缸先碰觸前限之極限開關，即可正確執行後續之動作。

三、列出邏輯方程式 (僅適用於雙穩態迴路)

$e_I = a_0 \cdot b_0 \cdot st$

　　e_I：表要切換至第 I 組的條件；在 A、B 缸退回後限碰觸 a_0、b_0 極限開關且壓下 st 啓動開關時，系統信號就切換至第 I 組。

$e_{II} = a_1 \cdot b_1$

　　e_{II}：表要切換至第 II 組的條件；在 A、B 缸前進至前限碰觸 a_1、b_1 極限開關時，系統信號就切換至第 II 組。

$M^+ = a_1 \cdot \overline{b_1}$

　　M^+：表輔助器的啓動條件；當 A 缸比 B 缸早前進至前限碰觸 a_1 極限開關時，會啓動輔助器。

$M^- = b_0$

　　M^-：表輔助器的復歸條件；在第 II 組 B 缸退回後限碰觸 b_0 極限開關時，輔助器即復歸。

$A^+ = I$

　　A^+：表 A 缸前進的條件；在第 I 有氣壓信號時，A 缸即前進。

$A^- = \overline{m} \cdot II + II \cdot b_0$

　　A^-：表 A 缸後退的條件；在 M 輔助器不啓動、第 II 組一有氣壓信號時，A 缸即會後退；或在 M 輔助器已啓動、第 II 組有氣壓信號且 B 缸退回後限碰觸 b_0 極限開關時，A 缸也會後退。

$B^+ = I$

　　B^+：表 B 缸前進的條件；在第 I 組有氣壓信號時，B 缸就會前進。

$B^- = m \cdot II + II \cdot a_0$

　　B^-：表 B 缸後退的條件；在 M 輔助器已啓動、第 II 組有氣壓信號時，或 A 缸退回後限碰觸 a_0 極限開關時，B 缸均會後退。

四、繪製機械－氣壓迴路。

(一) 先繪製氣壓缸、主氣閥、組線及換組用回動閥、氣源供應部份，如圖 7-4。

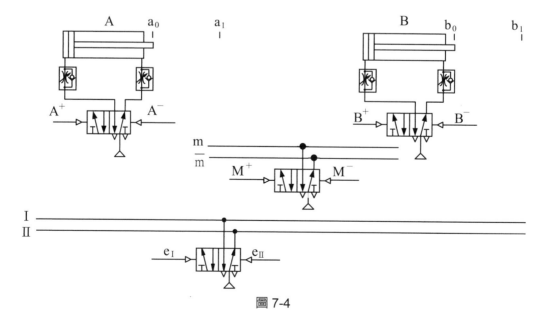

圖 7-4

（二）再把邏輯方程式的信號元件繪入並連接線路，如圖 7-5。

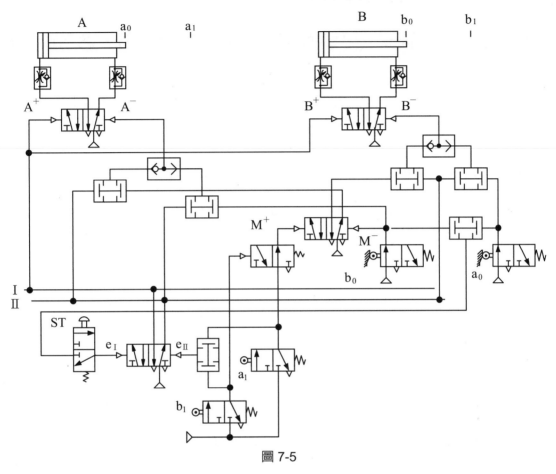

圖 7-5

以上圖 7-5 是 $\overset{A^+}{\underset{B^-}{\frown}}/B^-\ A^-$ 或 $\overset{\overline{A}^+}{\underset{B^-}{\frown}}/A^-\ B^-$ 兩支氣壓缸比較型迴路的機械－氣壓迴路。

貳、電氣－氣壓迴路設計

一、列出邏輯方程式 (可參考前面機械－氣壓迴路，適用於雙穩態迴路)

因只分為兩組，分組用繼電器僅使用一個，規劃 R1 分組繼電器的激磁時間為 I 組，另使用 RM 繼電器作為判別 A、B 兩缸快慢之用，故 R1、RM 繼電器之激磁、消磁條件及各氣壓缸驅動條件分別為：

上列之 e_I、e_{II} 由 R1 繼電器取代，其邏輯方程式如下：

$$RM^{(\pm)} = (a_1 \cdot \overline{b_1} + RM) \cdot \overline{b_0}$$

$$R1^{(\pm)} = (e_I + R1) \cdot \overline{e_{II}}$$
$$= (a_0 \cdot st + R1) \cdot \overline{(a_1 \cdot b_1)}$$
$$= (a_0 \cdot b_0 \cdot st + R1) \cdot (\overline{a_1} + \overline{b_1})$$

因分組用繼電器如上圖方式規劃，各組通電的條件則分別如下：

I ＝R1(第 I 組的信號)

II ＝$\overline{R1} \cdot \overline{a_0}$ (第 II 組的信號)

m ＝RM (當 A 缸較早到的信號)

$\overline{m}$ ＝$\overline{RM}$ (當 B 缸較早到的信號)

A^+ ＝R1

<table>
<tr><td>A^+ ：表 A 缸前進的條件；在第 I 組有電氣信號時，A 缸即前進。</td></tr>
</table>

$A^- = (\overline{RM} \cdot \overline{R1} \cdot \overline{a_0} + b_0 \cdot \overline{R1} \cdot \overline{a_0}) \cdot \overline{a_0}$
$= (\overline{RM} + b_0) \cdot \overline{R1} \cdot \overline{a_0}$

A^- ：表 A 缸後退的條件；在 RM 輔助繼電器不啟動、第 II 組一有電氣信號時，A 缸即會後退；或在 RM 輔助繼電器已啟動、第 II 組有電氣信號且 B 缸退回後限碰觸 b_0 極限開關時，A 缸也會後退。

B^+ ＝R1

B^+ ：表 B 缸前進的條件；在第 I 組有電氣信號時，B 缸即前進。

$B^- = (RM + a_0) \cdot \overline{R1} \cdot \overline{b_0}$

B^- ：表 B 缸後退的條件；在 RM 輔助繼電器已啟動、第 II 組有電氣信號時，或第 II 組有電氣信號且 A 缸退回後限碰觸 a_0 極限開關時，B 缸均會後退。

在第 II 組原本信號只有 $\overline{R1}$ 而已，但因僅接 $\overline{R1}$ 信號會造成停機時，最後一組動作的線圈仍會激磁的問題，故須多串接 $\overline{a_0}$ 接點將停機仍會激磁的問題解決。

二、繪製電路圖及氣壓迴路圖

(一) 先繪製控制電路圖

逐一把經公式轉換為單穩態之邏輯方程式 (控制繼電器用) 及每個雙穩態邏輯方程式 (驅動氣壓缸用) 轉畫為電路圖，如圖 7-6。

$R1^{(\pm)} = (a_0 \cdot b_0 \cdot st + R1)$
$\quad\quad \cdot (\overline{a_1} + \overline{b_1})$

$RM^{(\pm)} = (a_1 \cdot \overline{b_1} + RM)$
$\quad\quad\quad \cdot \overline{b_0}$

$A^+ = R1$

$B^+ = R1$

$A^- = (\overline{RM} + b_0) \cdot \overline{R1} \cdot \overline{a_0}$

$B^- = (RM + a_0) \cdot \overline{R1} \cdot \overline{b_0}$

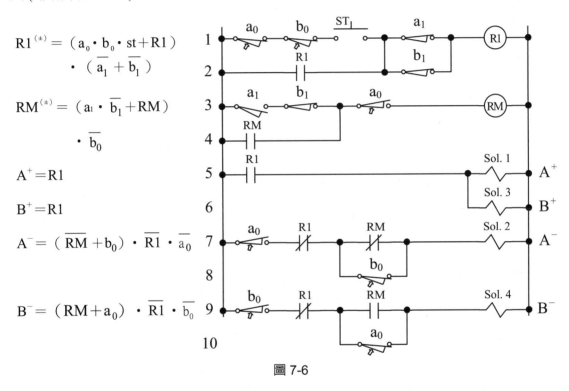

圖 7-6

在圖 7-6 中 a_0、a_1、b_0、b_1 等極限開關使用點數皆已超出器具容量，需要各驅動一個繼電器增加點數以符合實際配線需求，如圖 7-7。

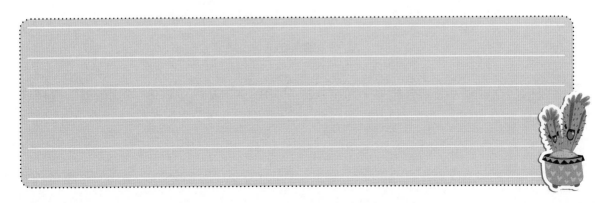

在圖 7-7 中將第 1、2 線後段的 $\bar{a}$、$\bar{b}$ 接點調至前段，可將 a_1、b_1 極限開關的 "a"、"b" 接點合成 "c" 接點，以減少繼電器的使用數量。而在第 3 線 a_1 後串接 R1 接點是等同於串接 b_1 極限開關的 "b" 接點，可避免 b_1 極限開關接點不夠使用。

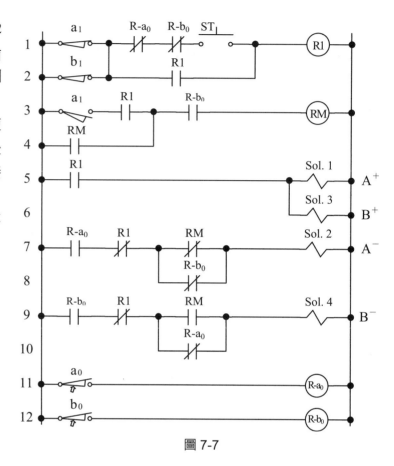

圖 7-7

(二) 繪製氣壓迴路圖

氣壓迴路圖如 10-8 (上冊)，均為雙穩態雙頭電磁閥。

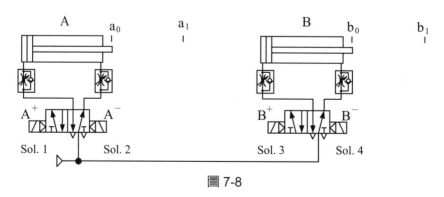

圖 7-8

把圖 7-7 和圖 7-8 結合起來，即可執行 $\frac{A^+}{B^-}/B^-\ A^-$ 或 $\frac{\bar{A}^+}{B^+}/A^-\ B^-$ "比較型" 雙穩態迴路的動作。

參、電氣－氣壓單穩態迴路設計

一、判別需做自保迴路的氣壓缸

　　分組用繼電器及各組的控制條件和本題前面雙穩態電氣迴路皆相同，可參考前面。各氣壓缸前進、後退的邏輯方程式亦需要轉換為單穩態電磁閥可使用之邏輯方程式。而在轉換的過程中有一些要領可判別出某幾支氣壓缸需做自保迴路，有些就不用做。

　　不需做自保迴路的判斷原則如前面各節所述；原則上本題 A、B 缸改為單穩態電磁閥控制都不需要做自保持迴路，則 A、B 兩支缸的控制式分別為：

$A^{(\pm)} = R1 + RM$　　　　　　$A^{(\pm)}$：表 A 缸單穩態電磁閥的控制條件；在第 I 組有信號 A 缸即前進；當 RM 繼電器沒有激磁時，一進入第 II 組 A 缸就後退；若 RM 繼電器有激磁，則在 B 缸後退碰觸後限 b_0，切斷 RM 繼電器的激磁狀態，A 缸也會後退。

$B^{(\pm)} = R1 + \overline{a_0} \cdot \overline{RM}$　　　　$B^{(\pm)}$：表 B 缸單穩態電磁閥的控制條件；在第 I 組有信號 B 缸即前進；當 RM 繼電器有激磁時，一進入第 II 組 B 缸就後退，B 缸即後退；若 RM 繼電器沒有激磁，則在 A 缸後退碰觸後限 a_0 時，B 缸也會後退。

二、繪製電路圖及氣壓迴路圖

(一) 先繪製控制電路圖

　　逐一把經公式轉換為單穩態之邏輯方程式 (控制繼電器用) 及每個單穩態邏輯方程式 (驅動氣壓缸用) 轉畫為電路圖，如圖 7-9。

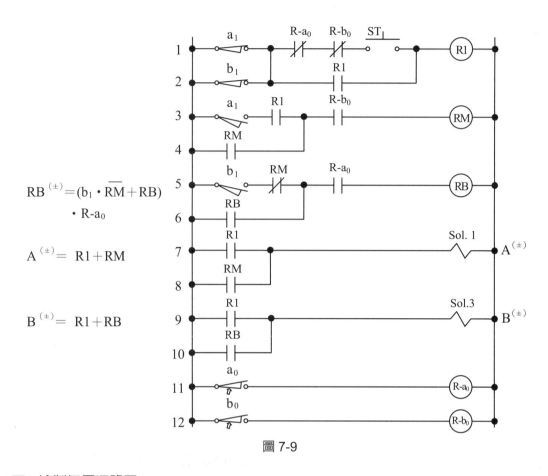

$$RB^{(\pm)} = (b_1 \cdot \overline{RM} + RB)$$
$$\cdot \text{ R-}a_0$$

$$A^{(\pm)} = R1 + RM$$

$$B^{(\pm)} = R1 + RB$$

圖 7-9

(二) 繪製氣壓迴路圖

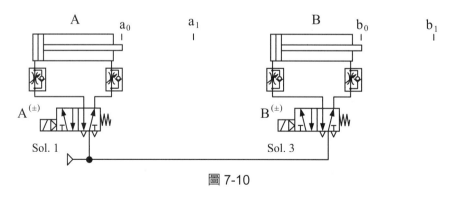

圖 7-10

　　把圖 7-9 和圖 7-10 結合起來，即可執行電氣－氣壓單穩態迴路 A、B 兩缸比較型迴路的動作。

例題 7-2

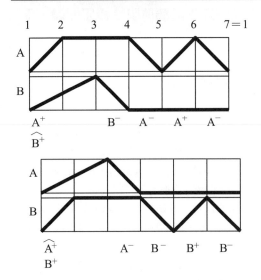

左圖為 A 缸先到前限碰觸 a_1 極限開關並在前限等待，B 缸落後 A 缸至前限碰觸 b_1 極限開關，立即退回至後限碰觸 b_0 極限開關，再換 A 缸後退回後限 a_0；當退回後限 a_0 後，再前進、後退一次。

左圖為 B 缸先到前限碰觸 b_1 極限開關並在前限等待，A 缸落後 B 缸至前限碰觸 a_1 極限開關，立即退回至後限碰觸 a_0 極限開關，再換 B 缸後退回後限 b_0；當退回後限 b_0 後，再前進、後退一次。

壹、機械－氣壓迴路設計

一、分析研判動作類型

由上面位移 - 步驟圖及說明可分析判別出，為兩支氣壓缸的之 "比較型" 迴路。此種設計要領為按串級法分組要領加以分組，另針對 A 缸或 B 缸先到分別用輔助器的兩個不同狀態記憶住，這樣即能有效地處理 "比較型" 迴路設計的問題。

二、分組

在上面分組中如 A 缸比 B 缸先碰觸到前限 a_1 極限開關，$a_1 \cdot \overline{b_1}$ 之信號會導通，可啓動 M 輔助器；若 B 缸比 A 缸先碰觸到前限 b_1 極限開關，$a_1 \cdot \overline{b_1}$ 之信號就無法導通，則不能啓動 M 輔助器；這樣即可判別出是哪一支氣壓缸先碰觸前限之極限開關，即可正確執行後續之動作。

三、列出邏輯方程式 (僅適用於雙穩態迴路) 接點

$e_I = a_0 \cdot b_0 \cdot st$

e_I：表要切換至第 I 組的條件；在 A、B 缸退回後限碰觸 a_0、b_0 極限開關且壓下啓動開關 st 時，系統信號就切換至第 I 組。

$e_{II} = a_1 \cdot b_1$

e_{II}：表要切換至第 II 組的條件；在 A、B 缸前進至前限碰觸 a_1、b_1 極限開關時，系統信號就切換至第 II 組。

$e_{III} = II \cdot a_0 \cdot b_0$

e_{III}：表要切換至第 III 組的條件；在第 II 有氣壓信號且 A、B 缸後退至後限分別碰觸 a_0、b_0 極限開關時，系統信號就切換至第 III 組。

$M^+ = I \cdot a_1 \cdot \overline{b_1}$

M^+：表輔助器的啓動條件；當 A 缸比 B 缸先到前限碰觸 a_1 極限開關時，會啓動 M 輔助器。

$M^- = III \cdot a_1$

M^-：表輔助器的復歸條件；在第 II 組 B 缸退回後限碰觸 b_0 極限開關時，M 輔助器即復歸。

$A^+ = I + m \cdot a_0 \cdot II$

A^+：表 A 缸前進的條件；在第 I 有氣壓信號時，A 缸即第一次前進；或在第 II 有氣壓信號、M 輔助器啓動且 A 缸退回後限碰觸 a_0 極限開關時，A 缸就第二次前進。

$A^- = (\overline{m} \cdot II + m \cdot b_0 \cdot II + III) \cdot a_1$

A^-：表 A 缸後退的條件；在 M 輔助器不啓動、第 II 組一有氣壓信號時，A 缸即會後退；或在 M 輔助器已啓動、第 II 組有氣壓信號且 B 缸退回後限碰觸 b_0 極限開關時，A 缸也會後退；或第 III 組有氣壓信號，A 缸前進至前限碰觸 a_1 極限開關時，A 缸也會後退。爲避免前進後退信號相衝突，特串接 a_1 極限開關的 "a" 接點。

$B^+ = I + \overline{m} \cdot b_0 \cdot II$

B^+：表 B 缸前進的條件；在第 I 組有氣壓信號時，B 缸即第一次前進；或在第 II 有氣壓信號、M 輔助器不啓動且 B 缸退回後限碰觸 b_0 極限開關時，B 缸就第二次前進。

$B^- = (m \cdot II + \overline{m} \cdot a_0 \cdot II + III) \cdot b_1$

B^-：表 B 缸後退的條件；在 M 輔助器已啓動、第 II 組一有氣壓信號時，B 缸即會後退；或在 M 輔助器不啓動、第 II 組有氣壓信號且 A 缸退回後限碰觸 a_0 極限開關時，B 缸也會後退；或第 III 組有氣壓信號，B 缸前進至前限碰觸 b_1 極限開關時，B 缸也會後退。爲避免前進後退信號相衝突，特串接 b_1 極限開關的 "a" 接點。

四、繪製機械－氣壓迴路

(一) 先繪製氣壓缸、主氣閥、組線及換組用回動閥、氣源供應部份，如圖 7-11。

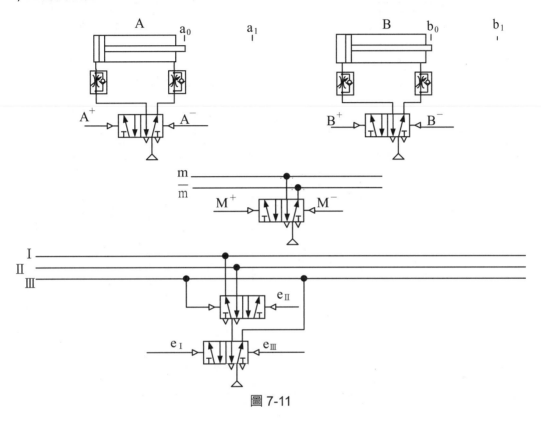

圖 7-11

(二) 再把邏輯方程式的信號元件繪入並連接線路，如圖 7-12。

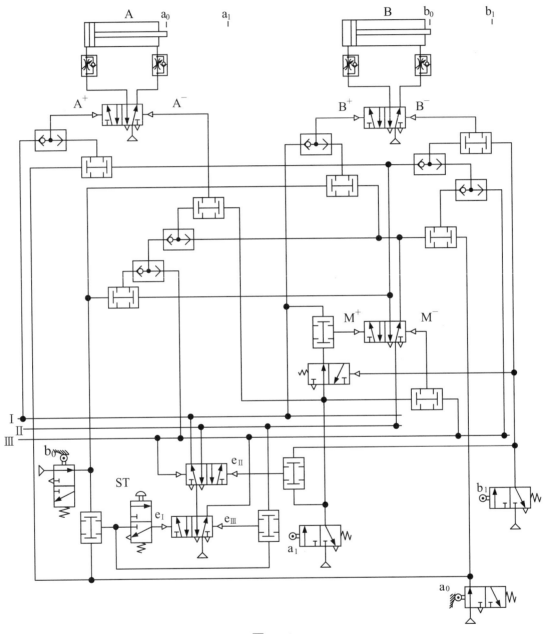

圖 7-12

　　以上圖 7-12 是 $\begin{matrix} A^+ \\ \widehat{B^+} \end{matrix} B^- \; A^- \; A^+ \; A^-$ 或 $\begin{matrix} \widehat{A^+} \\ B^+ \end{matrix} A^- \; B^- \; B^+ \; B^-$ A、B 兩支氣壓缸比較型迴路的機械－氣壓迴路。

貳、電氣－氣壓迴路設計

一、列出邏輯方程式 (可參考前面機械－氣壓迴路，適用於雙穩態迴路)

因分爲三組，分組用繼電器使用兩個，規劃 R1 分組繼電器的激磁時間爲 Ⅰ＋Ⅱ組、R2 分組繼電器的激磁時間爲Ⅱ組，另使用 RM 繼電器作爲判別 A、B 兩缸快慢之用，故 R1、R2、RM 繼電器之激磁、消磁條件及各氣壓缸驅動條件分別爲：

上列之 $e_Ⅰ$、$e_Ⅱ$、$e_Ⅲ$由 R1、R2 繼電器取代，其邏輯方程式如下：

$$RM^{(\pm)} = (a_1 \cdot \overline{b_1} + RM) \cdot (R1 + \overline{a_1})$$

$$
\begin{aligned}
R2^{(\pm)} &= (a_1 \cdot b_1 + R2) \cdot \overline{[\overline{R1} \cdot (\overline{a_0} + \overline{b_0})]} \\
&= (a_1 \cdot b_1 + R2) \cdot [R1 + (a_0 \cdot b_0)]
\end{aligned}
$$

$$
\begin{aligned}
R1^{(\pm)} &= (e_Ⅰ + R1) \cdot \overline{e_Ⅲ} \\
&= (a_0 \cdot b_0 \cdot st + R1) \cdot (\overline{R2 \cdot a_0 \cdot b_0}) \\
&= (a_0 \cdot b_0 \cdot st + R1) \cdot (\overline{R2} + \overline{a_0} + \overline{b_0})
\end{aligned}
$$

上列式子 R2 繼電器的斷電條件【$\overline{R1} \cdot (\overline{a_0} + \overline{b_0})$】與機械－氣壓設計時使用的條件【$Ⅱ \cdot a_0 \cdot b_0$】有所不同，主要目的在確保 A 或 B 缸第二次該前進時一定會動作。

因分組用繼電器如上圖方式規劃，各組通電的條件則分別如下：

Ⅰ＝ $R1 \cdot \overline{R2}$ (第Ⅰ組的信號)

Ⅱ＝ R2(第Ⅱ組的信號)

Ⅲ＝ $\overline{R1} \cdot \overline{a_0}$ (第Ⅲ組的信號)

m＝ RM (當 A 缸較早到的信號)

$\overline{m}$＝ $\overline{RM}$ (當 B 缸較早到的信號)

A^+＝ $R1 \cdot \overline{R2} + RM \cdot a_0$

A^+：表 A 缸前進的條件；在第Ⅰ有電氣信號時，A 缸即第一次前進；或在第Ⅱ有電氣信號、RM 輔助器啓動且 A 缸退回後限碰觸 a_0 極限開關時，A 缸就第二次前進。

$A^- = (R2 \cdot \overline{RM} + R2 \cdot RM \cdot b_0 + \overline{R1}) \cdot a_1$

A^-：表 A 缸後退的條件；在 RM 輔助器不啓動、第 II 組一有電氣信號時，A 缸即會後退；或在 RM 輔助器已啓動、第 II 組有電氣信號且 B 缸退回後限碰觸 b_0 極限開關時，A 缸也會後退；或第 III 組有電氣信號，A 缸前進至前限碰觸 a_1 極限開關時，A 缸也會後退。爲避免前進、後退信號相衝突，特串接 a_1 極限開關的 "a" 接點。

$B^+ = R1 \cdot \overline{R2} + R2 \cdot \overline{RM} \cdot b_0$

B^+：表 B 缸前進的條件；在第 I 組有電氣信號時，B 缸即第一次前進；或在第 II 有電氣信號、RM 輔助器不啓動且 B 缸退回後限碰觸 b_0 極限開關時，B 缸就第二次前進。

$B^- = (R2 \cdot RM + R2 \cdot \overline{RM} \cdot a_0 + \cdot \overline{R1}) \cdot b_1$

B^-：表 B 缸後退的條件；在 RM 輔助器已啓動、第 II 組一有電氣信號時，B 缸即會後退；或在 RM 輔助器不啓動、第 II 組有電氣信號且 A 缸退回後限碰觸 a_0 極限開關時，B 缸也會後退；或第 III 組有電氣信號，B 缸前進至前限碰觸 b_1 極限開關時，B 缸也會後退。爲避免前進、後退信號相衝突，特串接 b_1 極限開關的 "a" 接點。

二、繪製電路圖及氣壓迴路圖

(一)先繪製控制電路圖

　　逐一把經公式轉換為單穩態之邏輯方程式(控制繼電器用)及每個雙穩態邏輯方程式(驅動氣壓缸用)轉畫為電路圖,如圖 7-13。

$$R1^{(\pm)} = (a_0 \cdot b_0 \cdot st + R1)$$
$$\cdot (\overline{R2} + \overline{a_0} + \overline{b_0})$$

$$R2^{(\pm)} = (a_1 \cdot b_1 + R2) \cdot$$
$$[R1 + (a_0 \cdot b_0)]$$

$$RM^{(\pm)} = (a_1 \cdot \overline{b_1} + RM) \cdot$$
$$(R1 + \overline{a_1})$$

$$A^+ = R1 \cdot \overline{R2} + RM \cdot a_0$$

$$B^+ = R1 \cdot \overline{R2} + R2 \cdot \overline{RM} \cdot b_0$$

$$A^- = (R2 \cdot \overline{RM} + R2 \cdot RM \cdot$$
$$b_0 + \overline{R1}) \cdot a_1$$

$$B^- = (R2 \cdot RM + R2 \cdot \overline{RM}$$
$$\cdot a_0 + \overline{R1}) \cdot b_1$$

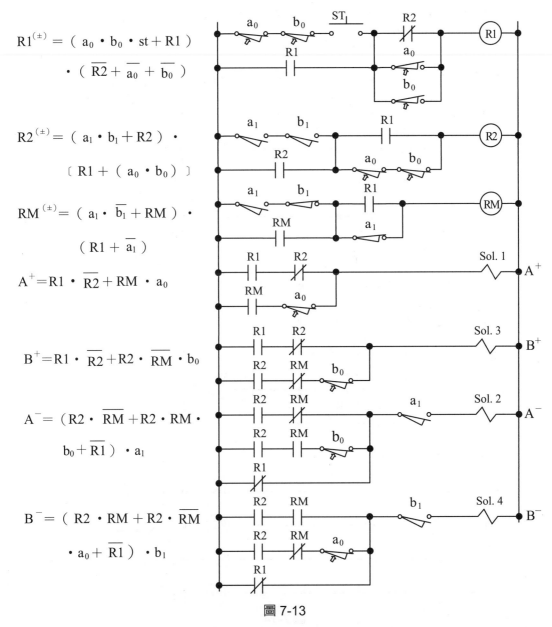

圖 7-13

　　在圖 7-13 中 a_0、a_1、b_0、b_1 等極限開關使用點數皆已超出器具容量,需要各驅動一個繼電器增加點數以符合實際配線需求,如圖 7-14。

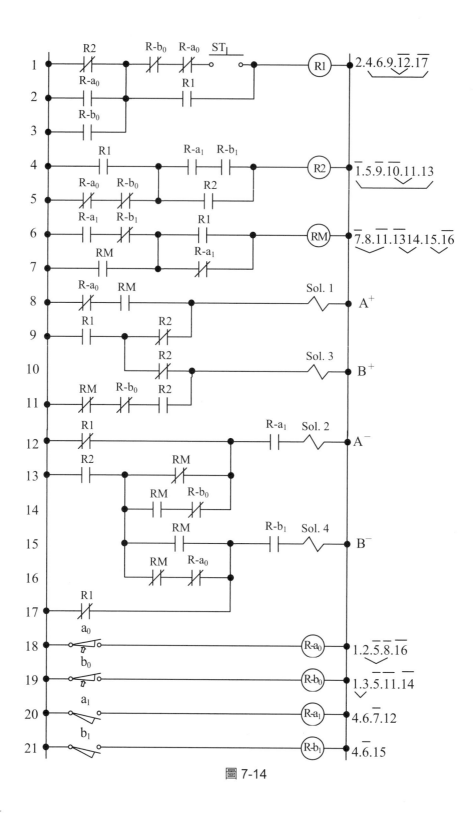

圖 7-14

在圖 7-14 中 R1、R2、RM 等繼電器需將其中 "a"、"b" 接點合成 "c" 接點，才能在各使用一顆繼電器的情狀下完成實際配線。如 R1 繼電器的第 2 和 12、9 和 17 線，R2 繼電器的第 1 和 5、10 和 11 線，RM 繼電器的第 7 和 11、13 和 14 線、15 和 16 線，R-a_0 繼電器的第 2 和 8 線，R-b_0 繼電器的第 1 和 3 線等 "a"、"b" 接點合成 "c" 接點，以減少繼電器的使用數量。

(二) 繪製氣壓迴路圖

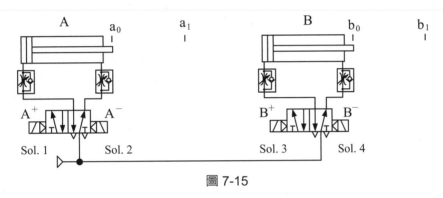

圖 7-15

把圖 7-14 和圖 7-15 結合起來，即可執行 $\overset{A^+}{\underset{B^+}{\frown}}$ B^- A^- A^+ A^- 或 $\overset{A^+}{\underset{B^+}{\frown}}$ A^- B^- B^+ B^- "比較型" 雙穩態迴路的動作。

參、電氣－氣壓單穩態迴路設計

一、判別需做自保迴路的氣壓缸

分組用繼電器及各組的控制條件和本題前面雙穩態電氣迴路皆相同，可參考前面。各氣壓缸前進、後退的邏輯方程式亦需要轉換為單穩態電磁閥可使用之邏輯方程式。而在轉換的過程中有一些要領可判別出某幾支氣壓缸需做自保迴路，有些就不用做。

不需做自保迴路的判斷原則如前面各節所述；原則上本題 A、B 缸改為單穩態電磁閥控制，A 缸因有 RM 繼電器可使用，故在第Ⅲ組前進就不需要做自保持迴路；而 B 缸就需要另加一個 RB 繼電器作為自保之用，則 A、B 兩支缸的控制式分別為：

$$A^{(\pm)} = R1 \cdot \overline{R2} + RM \cdot \overline{b_0} + \overline{R1} \cdot RM$$

$A^{(\pm)}$：表 A 缸單穩態電磁閥的控制條件；在第 I 有電氣信號時，A 缸即第一次前進；當 RM 繼電器沒有激磁時，一進入第 II 組 A 缸就後退；；若 RM 繼電器有激磁，則在 B 缸後退碰觸後限 b_0 時，A 缸才後退；或在第 II 有電氣信號、RM 輔助器啟動且 A 缸退回後限碰觸 a_0 極限開關時，A 缸就第二次前進；當至前限碰觸 a_1，切斷 RM 繼電器的激磁狀態，A 缸也會後退。

$$RB^{(\pm)} = (R2 \cdot b_0 + RB) \cdot \overline{b_1}$$

$RB^{(\pm)}$：表 B 缸自保用繼電器的控制條件；啟動條件在進入第 II 組有電氣信號、若 RM 繼電器沒有激磁，則在 B 缸後退碰觸後限 b_0 時，RB 繼電器就激磁；當 B 缸前進至前限碰觸 b_1，就切斷 RB 繼電器的激磁狀態。

$$B^{(\pm)} = R1 \cdot \overline{R2} + \overline{RM} \cdot \overline{a_0} + RB$$

$B^{(\pm)}$：表 B 缸單穩態電磁閥的控制條件；在第 I 組有信號 B 缸即前進；當 RM 繼電器有激磁時，一進入第 II 組 B 缸就後退，若 RM 繼電器沒有激磁，則在 A 缸後退碰觸後限 a_0 時，B 缸即後退；若 RB 繼電器有激磁，則 B 缸會第二次前進；RB 繼電器消磁，則 B 缸會後退。

二、繪製電路圖及氣壓迴路圖

(一) 先繪製控制電路圖

逐一把經公式轉換為單穩態之邏輯方程式 (控制繼電器用) 及每個單穩態邏輯方程式 (驅動氣壓缸用) 轉畫為電路圖，如圖 7-16。

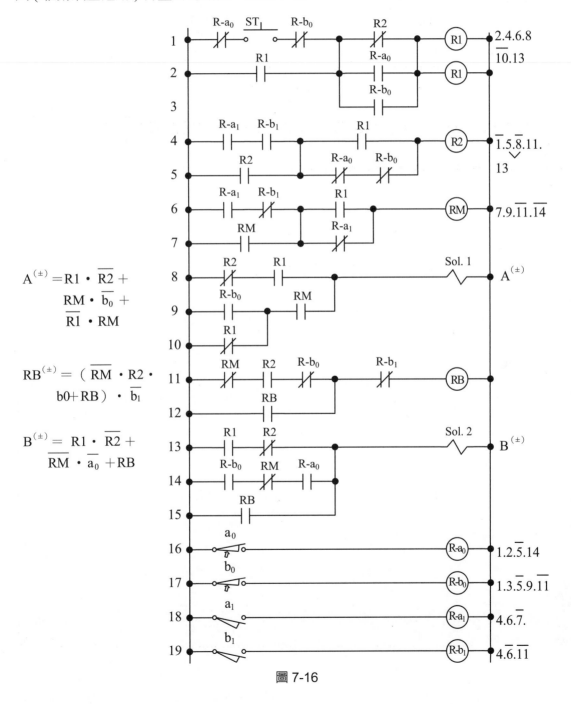

$A^{(\pm)} = R1 \cdot \overline{R2} + RM \cdot \overline{b_0} + \overline{R1} \cdot RM$

$RB^{(\pm)} = (\overline{RM} \cdot R2 \cdot b0 + RB) \cdot \overline{b_1}$

$B^{(\pm)} = R1 \cdot \overline{R2} + \overline{RM} \cdot \overline{a_0} + RB$

圖 7-16

(二) 繪製氣壓迴路圖

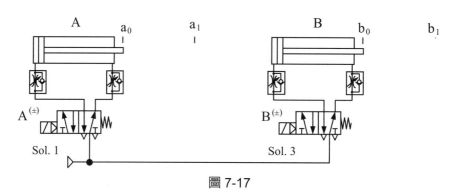

圖 7-17

把圖 7-16 和圖 7-17 結合起來，即可執行電氣－氣壓單穩態迴路 $\overset{A^+\ B^-\ A^-\ A^+\ A^-}{\frown}$

或 $\overset{A^+\ A^-\ B^-\ B^+\ B^-}{\underset{B^+}{\frown}}$ 兩缸比較型迴路的動作。

例題 7-3

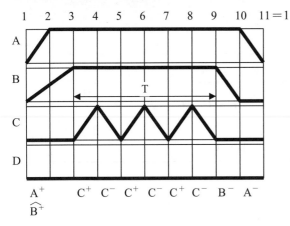

左圖為 A 缸先到前限碰觸 a_1 極限開關並在前限等待，B 缸落後 A 缸至前限碰觸 b_1 極限開關，A、B 兩缸就停於前限，接著 t 計時器開始計時且 C 缸連續反覆前進、後退動作，直至 t 計時器計時到達及 C 缸退回後限，再 B 缸後退至後限碰觸 b_0 極限開關，最後 A 缸後退至後限碰觸 a_0 極限開關結束。

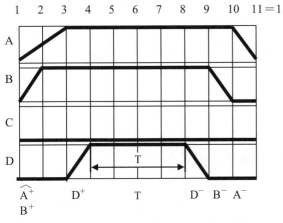

左圖為 B 缸先到前限碰觸 b_1 極限開關並在前限等待，A 缸落後 B 缸至前限碰觸 a_1 極限開關，A、B 兩缸就停於前限，接著 D 缸伸出至前限碰觸 d_1 極限開關 t 計時器開始計時，待 t 計時器計時到達時，D 缸退回後限碰觸 d_0 極限開關，再 B 缸後退至後限碰觸 b_0 極限開關，最後 A 缸後退至後限碰觸 a_0 極限開關結束。

壹、機械－氣壓迴路設計

一、分析研判動作類型

由上面位移 - 步驟圖及說明可分析判別出，為四支氣壓缸的之 "比較型" 迴路。此種設計方式為按串級法分組要領加以分組，另針對 A 缸或 B 缸先到分別用輔助器的兩個不同狀態記憶住，這樣即能有效地處理 "比較型" 迴路設計的問題。

二、分組

$$\widehat{\begin{matrix}A^+C^+C^-C^+C^-C^+C^-B^-A^-\\B^+\end{matrix}}$$

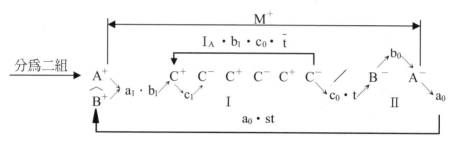

$$\widehat{\begin{matrix}A^+\ D^+\ t\ D^-\ B^-\ A^-\\B^+\end{matrix}}$$

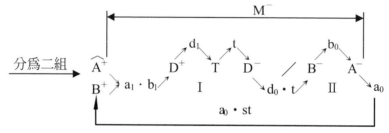

三、列出邏輯方程式 (僅適用於雙穩態迴路)

$e_{\mathrm{I}} = a_0 \cdot st$ 　　　　e_{I}：表要切換至第 I 組的條件；在 A 缸退回後限碰觸 a_0 極限開關且壓下啓動開關 st 時，系統信號就切換至第 I 組。

$e_{\mathrm{II}} = \mathrm{I} \cdot (m \cdot c_0 + \overline{m} \cdot d_0) \cdot t$ 　e_{II}：表要切換至第 II 組的條件；在第 I 組有氣壓信號，M 輔助器有啓動 C 缸後退至後限碰觸 c_0 極限開關或 M 輔助器沒啓動 D 缸後退至後限碰觸 d_0 極限開關且計時器計時已到時，系統信號就切換至第 II 組。

$M^+ = a_1 \cdot \overline{b_1}$ 　　　　M^+：表輔助器的啓動條件；當 A 缸比 B 缸先到前限碰觸 a_1 極限開關時，會啓動 M 輔助器。

$M^- = \overline{a_1} \cdot b_1$ 　　　　M^-：表輔助器的復歸條件；當 B 缸比 A 缸先到前限碰觸 b_1 極限開關時，會復歸 M 輔助器。

$A^+ = \mathrm{I}$ 　　　　　　A^+：表 A 缸前進的條件；在第 I 有氣壓信號時，A 缸即前進。

$A^- = \mathrm{II} \cdot (\overline{m} + b_0)$ 　　　A^-：表 A 缸後退的條件；在第 II 組有氣壓信號且 B 退回後限碰觸 b_0 極限開關時，A 缸即後退。

$B^+ = \mathrm{I}$ 　　　　　　B^+：表 B 缸前進的條件；在第 I 有氣壓信號時，B 缸即前進。

$B^- = \mathrm{II} \cdot (m + a_0)$ 　　　B^-：表 B 缸後退的條件；在第 II 組有氣壓信號時，B 缸即後退。

$C^+ = m \cdot b_1 \cdot c_0 \cdot \bar{t}$　　C^+：表 C 缸前進的條件；在第 I 組有氣壓信號、M 輔助器有啓動、B 缸前進碰觸前限 b_1 極限開關、C 缸壓住 c_0 極限開關且計時器計時未到時，C 缸就開始連續前進、後退的反覆運動。

$C^- = m \cdot c_1$　　C^-：表 C 缸後退的條件；在 M 輔助器有啓動、C 缸前進碰觸前限 c_1 極限開關時，C 缸即後退。

$D^+ = \bar{m} \cdot a_1 \cdot \bar{t}$　　D^+：表 D 缸前進的條件；在第 I 組有氣壓信號、M 輔助器沒有啓動、A 缸前進碰觸前限 a_1 極限開關且計時器計時未到時，D 缸就前進。

$D^- = \bar{m} \cdot t$　　D^-：表 D 缸後退的條件；在第 I 組有氣壓信號、M 輔助器沒有啓動、計時器計時已到時，D 缸就後退。

$T = m \cdot b_1 + (d_1 + TR) \cdot \bar{m}$　　T：表計時器開始計時的條件；當 M 輔助器有啓動 B 缸前進至前限碰觸極限開關 b_1，計時器開始計時，或 M 輔助器沒有啓動 D 缸前進至前限碰觸極限開關 d_1 時，計時器開始計時並保持至進入第 II 組。

四、繪製機械－氣壓迴路。運動

(一) 先繪製氣壓缸、主氣閥、組線及換組用回動閥、氣源供應部份，如圖 1-18 (上冊)。

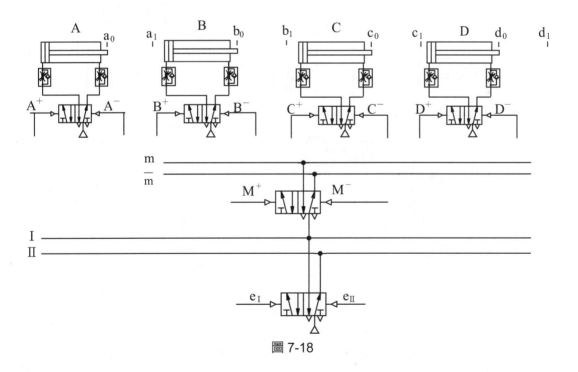

圖 7-18

(二)再把邏輯方程式的信號元件繪入並連接線路,如圖 7-19。

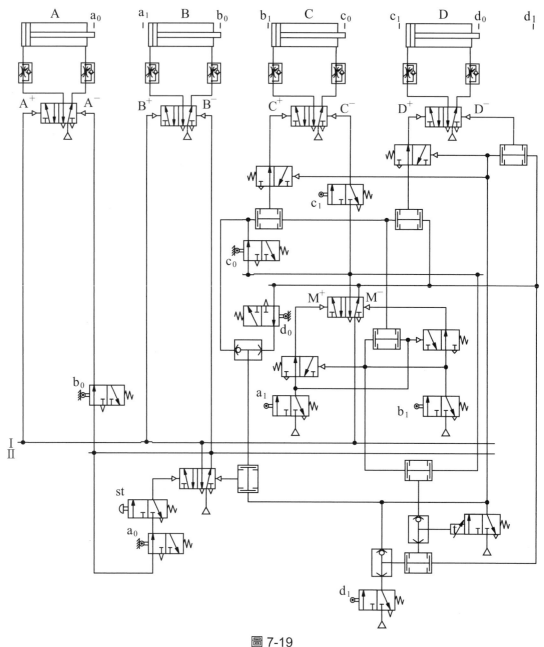

圖 7-19

以上圖 7-19 是 $\dfrac{A^+C^+C^-C^+C^-C^+C^-B^-A^-}{\widehat{B^+}}$ 或 $\dfrac{\widehat{A^+}\ D^+\ \ t\ \ D^-\ B^-\ A^-}{B^+}$ 比較型的機械-氣壓迴路圖。

貳、電氣－氣壓迴路設計

一、列出邏輯方程式 (可參考前面機械－氣壓迴路，適用於雙穩態迴路)

因只分為兩組，分組用繼電器僅使用一個，規劃 R1 分組繼電器的激磁時間為 I 組，另使用 R2、R3 繼電器作為判別 A、B 兩缸快慢之用，故 R1、R2、R3 繼電器之激磁、消磁條件及各氣壓缸驅動條件分別為：

上列之 e_I、e_{II} 由 R1 繼電器取代，其邏輯方程式如下：

$$RM^{(\pm)} = (a_1 \cdot \overline{b_1} + RM) \cdot R1$$

$$A^+C^+C^-C^+C^-C^+C^- \diagup B^- A^-$$
$$\widehat{B^+} \qquad I \qquad\qquad II$$
$$\widehat{A^+}\ D^+\ t\ \ D^-\ \diagup B^-\ A^-$$
$$B^+$$

$$R1^{(\pm)} = (e_I + R1) \cdot \overline{e_{II}}$$
$$= (a_0 \cdot b_0 \cdot st + R1) \cdot \overline{t \cdot (RM \cdot c_0 + \overline{RM} \cdot d_0)}$$
$$= (a_0 \cdot b_0 \cdot st + R1) \cdot$$
$$[\ \overline{t} + (\ \overline{RM} + \overline{c_0}\ )\ (RM + \overline{d_0}\ )\ ]$$

因分組用繼電器如上圖方式規劃，各組通電的條件則分別如下：

Ⅰ = R1(第 Ⅰ 組的信號)

Ⅱ = $\overline{R1}$ · $\overline{a_0}$ (第Ⅱ組的信號)

m = RM (當 A 缸較早到的信號)

$\overline{m}$ = $\overline{RM}$ (當 B 缸較早到的信號)

A^+ = R1	A^+：表 A 缸前進的條件；在第 Ⅰ 組有電氣信號時，A 缸即前進。
A^- = $\overline{R1}$ · b_0 · $\overline{a_0}$	A^-：表 A 缸後退的條件；在第Ⅱ組有電氣信號且 B 退至後限碰觸 b_0 極限開關時，A 缸即後退。
B^+ = R1	B^+：表 B 缸前進的條件；在第 Ⅰ 組有電氣信號時，B 缸即前進。
B^- = $\overline{R1}$ · $\overline{a_0}$	B^-：表 B 缸後退的條件；在第Ⅱ組有電氣信號時，B 缸即後退。
C^+ = RM · a_1 · c_0 · $\bar{t}$	C^+：表 C 缸前進的條件；在 RM 繼電器激磁 (A 缸先到)、A 缸前進至前限碰觸 a_1 極限開關、C 缸在後限碰觸 c_0 極限開關且 T 計時器計時未到時，C 缸即會執行反覆運動之前進動作。
C^- = RM · c_1	C^-：表 C 缸後退的條件；在 RM 繼電器激磁且 C 缸前進至前限碰觸 c_1 極限開關時，C 缸即後退。
D^+ = $\overline{RM}$ · b_1 · $\bar{t}$	D^+：表 D 缸前進的條件；在 RM 繼電器沒激磁 (B 缸先到)、B 缸前進至前限碰觸 b_1 極限開關且 T 計時器計時未到時，D 缸即會前進。
D^- = t	D^-：表 D 缸後退的條件；在 RM 繼電器沒激磁且 T 計時器計時已到時，D 缸即後退。
T = RM · b_1 + (d_1 + TR1) · R1	T：表 T 計時器的計時條件；在 RM 繼電器激磁且 B 缸前進至前限碰觸 b_1 極限開關時，T 計時器即開始計時；或 D 缸前進至前限碰觸 d_1 極限開關時，T 計時器也會開始計時，並保持至 R1 繼電器消磁時才復歸。

二、繪製電路圖和氣壓迴路圖

(一)先繪製控制電路圖

　　逐一把經公式轉換為單穩態之邏輯方程式(控制繼電器用)及每個雙穩態邏輯方程式(驅動氣壓缸用)轉畫為電路圖,如圖 7-20。

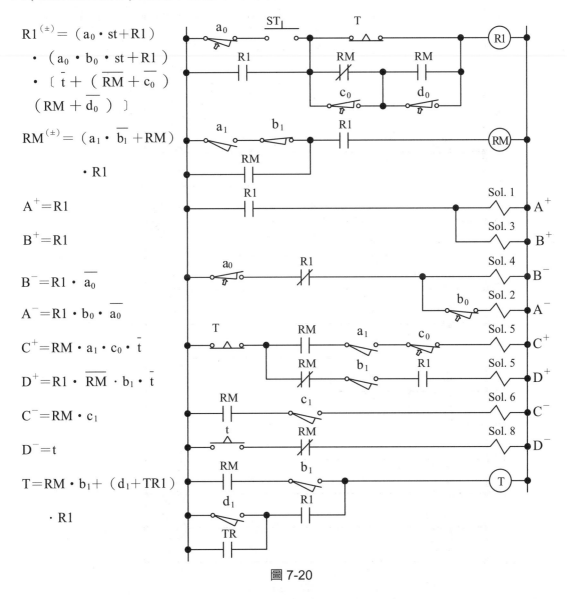

$R1^{(\pm)} = (a_0 \cdot st + R1)$
$\cdot (a_0 \cdot b_0 \cdot st + R1)$
$\cdot [\bar{t} + (\overline{RM} + \overline{c_0})$
$(RM + \overline{d_0})]$

$RM^{(\pm)} = (a_1 \cdot \overline{b_1} + RM)$
$\cdot R1$

$A^+ = R1$

$B^+ = R1$

$B^- = R1 \cdot \overline{a_0}$

$A^- = R1 \cdot b_0 \cdot \overline{a_0}$

$C^+ = RM \cdot a_1 \cdot c_0 \cdot \bar{t}$

$D^+ = R1 \cdot \overline{RM} \cdot b_1 \cdot \bar{t}$

$C^- = RM \cdot c_1$

$D^- = t$

$T = RM \cdot b_1 + (d_1 + TR1)$
$\cdot R1$

圖 7-20

　　在圖 7-20 中 R1、RM、a_1、b_1、c_0、t 等使用點數皆以超出器具接點容量,電路圖需加以調整,才能實際進行配線,如圖 7-21。

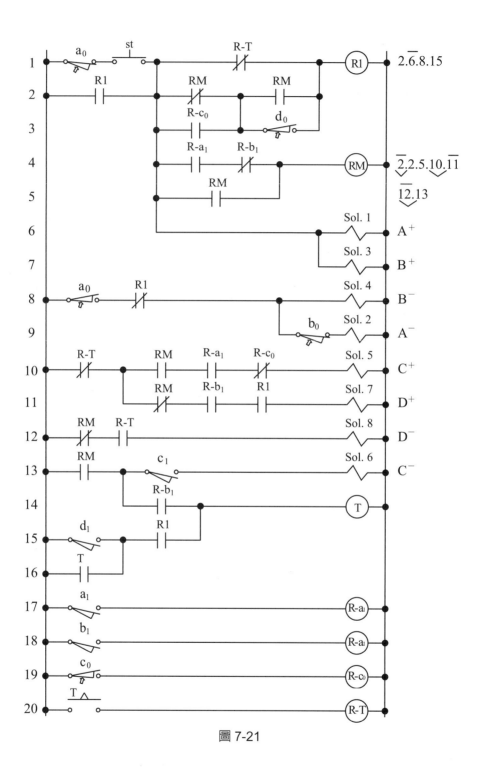

圖 7-21

(二) 繪製氣壓迴路圖

氣壓迴路圖如圖 7-22，A、B、C 三支氣壓缸皆為雙穩態雙頭電磁閥。

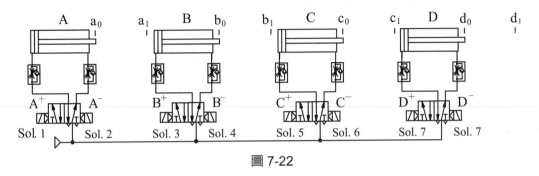

圖 7-22

把圖 7-21 和圖 7-22 結合起來，即可執行 $\overset{A^+C^+C^-C^+C^-C^+C^-B^-A^-}{\widehat{B^+}}$ 或

$\overset{\widehat{A^+}\ D^+\ t\ D^-\ B^-\ A^-}{B^+}$ 比較型迴路動作。

參、電氣－氣壓單穩態迴路設計

一、判別需做自保迴路的氣壓缸

　　分組用繼電器及各組的控制條件和本題前面雙穩態電氣迴路皆相同，可參考前面。各氣壓缸前進、後退的邏輯方程式亦需要轉換為單穩態電磁閥可使用之邏輯方程式。而在轉換的過程中有一些要領可判別出某幾支氣壓缸需做自保迴路，有些就不用做。

　　不需做自保迴路的判斷原則如前面各節所述；本題原則上 A、B、D 三支缸改為單穩態電磁閥控制皆不需要做自保持迴路；但 C 缸因有連續前進、後退的動作，必須再增加一個繼電器，才能正確控制動作，其控制式分別為：

$A^{(\pm)} = R1 + \overline{b_0}$

$A^{(\pm)}$：表 A 缸電磁閥的控制條件；在第 I 組有電氣信號時，A 缸即前進；切換至第 II 組且 B 缸前進至前限碰觸 b_1 極限開關時，A 缸才後退。

$B^{(\pm)} = R1$

$B^{(\pm)}$：表 B 缸電磁閥的控制條件；在第 I 組有電氣信號時，B 缸即前進；切換至第 II 組，B 缸就後退。

$RC^{(\pm)} = (c_0 \cdot \overline{t} + RC) \cdot \overline{c_1} \cdot RM \cdot b_1$

$RC^{(\pm)}$：表 C 缸自保用繼電器的控制條件；啟動條件為 A 缸先到前限 RM 繼電器激磁、B 缸隨後又到前限碰觸 b_1 極限開關、C 缸在後限碰觸 c_0 極限開關且計時器計時未到時，RC 繼電器就激磁；當 C 缸前進至前限碰觸 c_1，就切斷 RC 繼電器的激磁狀態。

$C^{(\pm)} = RC$

$C^{(\pm)}$：表 C 缸電磁閥的控制條件；當 RC 繼電器激磁時，C 缸就前進。當 RC 繼電器消磁時，C 缸就後退。

$D^{(\pm)} = \overline{RM} \cdot a_1 \cdot \overline{t_1}$

$D^{(\pm)}$：表 D 缸電磁閥的控制條件；在 B 缸先到前限 RM 繼電器沒有激磁、A 缸隨後又到前限碰觸 a_1 極限開關且計時器計時未到時，D 缸即前進；切換至第 II 組時，D 缸就後退。

二、繪製電路圖及氣壓迴路圖

(一) 先繪製控制電路圖

　　逐一把經公式轉換為單穩態之邏輯方程式 (控制繼電器用) 及每個單穩態邏輯方程式 (驅動氣壓缸用) 轉畫為電路圖，如圖 7-23。

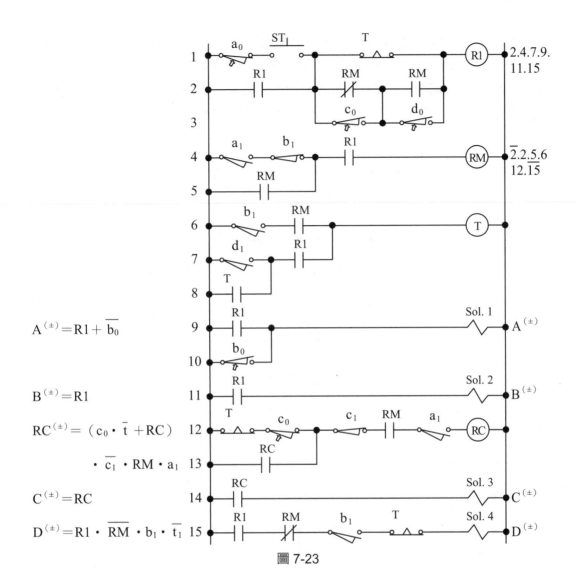

$$A^{(\pm)} = R1 + \overline{b_0}$$

$$B^{(\pm)} = R1$$

$$RC^{(\pm)} = (c_0 \cdot \overline{t} + RC)$$
$$\cdot \overline{c_1} \cdot RM \cdot a_1$$

$$C^{(\pm)} = RC$$

$$D^{(\pm)} = R1 \cdot \overline{RM} \cdot b_1 \cdot \overline{t_1}$$

圖 7-23

　　在圖 7-23 中 R1、RM、a_1、b_1、c_0、t 等使用點數皆以超出器具接點容量，電路圖需加以調整，才能實際進行配線，如圖 7-24。其調整方式如下：

1. R1 繼電器：可將第 4 線 RM 繼電器的斷電條件 R1 "a" 接點調至前面，與第 2 線 R1 的自保接點共用；另 T 計時器不管是 C 缸作反覆動作或是 D 缸的計時動作，皆可以串接 R1 "a" 接點於第 6 線並將其調至前面，也是可和第 2 線 R1 的自保接點共用。這樣 R1 接點就可減少 2 點，R1 繼電器的接點就足夠。

2. RM 繼電器：可將第 12 線 RM 繼電器的斷電條件 RM "a" 接點調至前面，與第 14 線 RM "b" 接點合併成 "c" 接點，這樣 RM 繼電器的接點也就足夠。

3. a_1、b_1、c_0、t 等極限開關或計時器：需要個別驅動一個繼電器，再以相應的繼電器之接點取代原來使用的地方。以上各點調整方式綜合如圖 7-24。

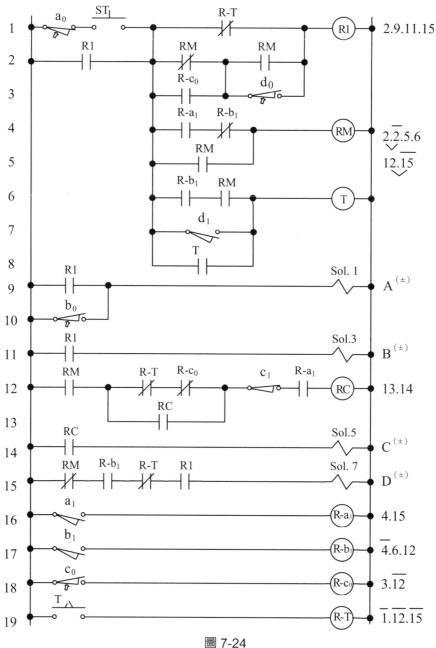

圖 7-24

(二) 繪製氣壓迴路圖

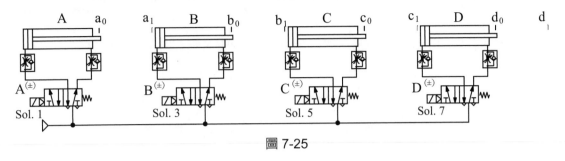

圖 7-25

把圖 7-24 和圖 7-25 結合起來，即可執行 $\widehat{\underset{B^+}{A^+}} C^+ C^- C^+ C^- C^+ C^- B^- A^-$ 或

$\widehat{\underset{B^+}{A^+}} D^+ \ T \ D^- \ B^- \ A^-$ 電氣－氣壓單穩態迴路 A、B、C、D 四支氣壓缸比較型迴路的動作。

比較型迴路綜合設計能力測驗

練習 1 以前面各例題所介紹之方法，設計如圖 7-26 兩支氣壓缸跳躍型迴路之

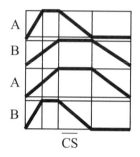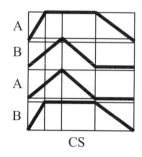

圖 7-26

(1) 機械－氣壓迴路。

(2) 電氣－氣壓雙穩態迴路。

(3) 電氣－氣壓單穩態迴路。

練習 2 以前面各例題所介紹之方法，設計如圖 7-27 三支氣壓缸跳躍型迴路之

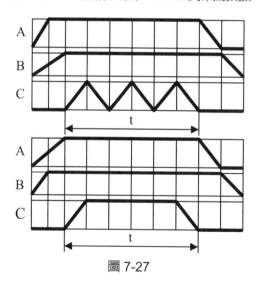

圖 7-27

(1) 機械－氣壓迴路。

(2) 電氣－氣壓雙穩態迴路。

(3) 電氣－氣壓單穩態迴路。

8 邏輯閥步進模組迴路

　　"邏輯閥步進模組迴路"是指應用各大氣壓閥件製造公司所生產的邏輯閥步進模組閥件(內含 Memory、OR、AND 等三個元件)來組裝成的迴路,適用於需要防爆、避免潮濕或有高揮發性的特殊場合。在氣壓迴路設計方式中,有一種設計方式稱之為"循環步進法",可針對各種不同難度的氣壓迴路皆可設計出來,但是在組裝氣壓迴路時需使用較其他設計方法更多的閥件,組裝迴路上不是很方便。因此,各大氣壓閥件製造公司即生產此種邏輯閥步進模組閥件,以方便使用者來採用,而且組裝氣壓迴路時也很方便,動作流程不管是直線式、並進式、選擇式、反覆式、跳躍式等經常用到的方式,皆可以迎刃而解,是目前業界設計機械 - 氣壓迴路最常使用的方式之一。下面首先介紹邏輯閥步進模組閥件,再就前述五種常用的方式各舉一個例子說明。

1. 直線式:$A^+B^+A^-C^+TC^-B^-$

2. 並進式:$A^+ \begin{smallmatrix} B^+B^-B^+B^- \\ C^+ \quad T \quad C^- \end{smallmatrix} A^-$

3. 選擇式:$A^+ \begin{smallmatrix} \overline{CS} \quad B^+B^-B^+B^- \\ CS \quad C^+ \quad T \quad C^- \end{smallmatrix} A^-$

4. 反覆式:$A^+(B^+B^-)_3 \quad A^-C^+C^-$

5. 跳躍式:$A^+ \overset{\overline{CS}}{\underset{CS}{}}(B^+C^+TC^-B^-) A^-$

在圖 8-1 中，邏輯閥步進模組閥件內部都含有記憶閥 (Memory)、梭動閥 (OR)、雙壓閥 (AND) 等三個元件，每個接口也清楚的標示。

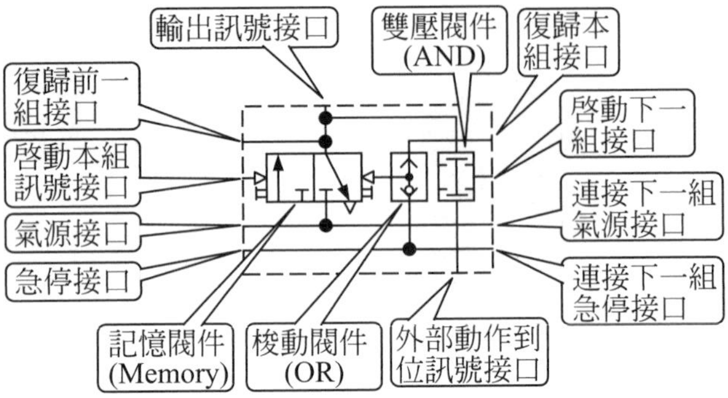

在使用時本組輸出訊號有下列三種功能：

1. 作動本組所驅動氣壓缸動作。
2. 搭配外部氣壓缸動作到位的極限訊號，透過內部雙壓閥串聯起來作為啟動下一組的訊號。
3. 此輸出訊號復歸上一邏輯閥模組訊號。

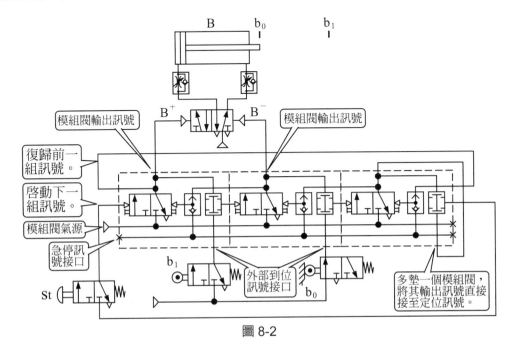

圖 8-1

因此，啟動的下一組及復歸的上一組是同時在進行的，所以對象不能同一組，否則不能正常作動，也就是這樣的原因，在實際迴路裝配上至少需使用三個邏輯閥步進模組閥件才能正常作動。如：例題中反覆式 $A^+(B^+B^-)_3$　$A^-C^+C^-$ 中 B 缸 $(B^+B^-)_3$ 之反覆動作，雖然只有兩個動作，僅需要兩個邏輯閥模組，但因有反覆在執行動作的關係，會形成在啟動下一組及復歸上一組時是相同的模組 (一方面要啟動那個邏輯閥步進模組閥件，就是另一方面要復歸的閥件)，造成相互矛盾的現象，所以需多墊一個邏輯閥模組，將其尷尬的情形錯開，在接線時就將輸出訊號與外部到定位之輸入口直接短路相連接即可，如圖 8-2。

圖 8-2

現在以實際的例子，詳細說明邏輯閥模組在氣壓迴路使用的情形與要領。

例題 8-1　　直線式：$A^+B^+A^-C^+TC^-B^-$

　　本題的動作含計時 (T) 共有 7 個，邏輯閥模組至少要 6(計時器不要用) 或 7 個 (計時器也用 1 個) 皆可。圖 8-3 就以 6 個邏輯閥模組為例所繪製的氣壓迴路圖。

設計方式：

1.　繪製氣壓動力管線部分，如圖 8-3：主氣閥的使用，A 缸 (進料缸急停時需立即復歸) 用單穩態閥件、B 缸 (夾料缸急停時需繼續夾料) 用雙穩態閥件，而 C 缸 (鑽孔缸急停時需立即停止) 用 5/3 中位排氣搭配 2 個引導止回閥，使該缸有中間停止的功能。

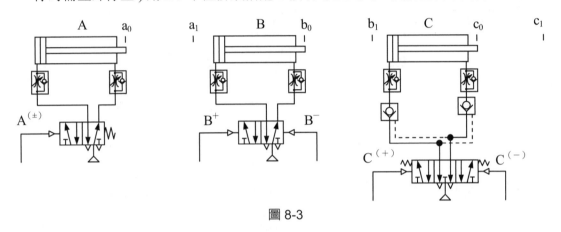

圖 8-3

2.　寫出動作順序並決定每步的驅動訊號閥件，如圖 8-4：

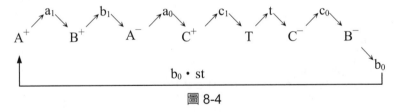

圖 8-4

　　說明：此例為直線式動作，以現有動作流程依序進行即可。

3.　依上圖 8-4 之動作順序編寫順序流程圖 (SFC)，如圖 8-5：

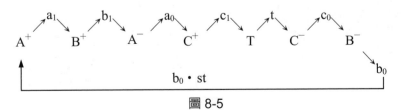

圖 8-5

4. 機械 - 氣壓自動順序迴路設計與繪製，如圖 8-6：以圖 8-5 之順序流程圖為繪製迴路圖的主要參考資料，逐一將每個動作之邏輯閥步進模組迴路繪製出來。

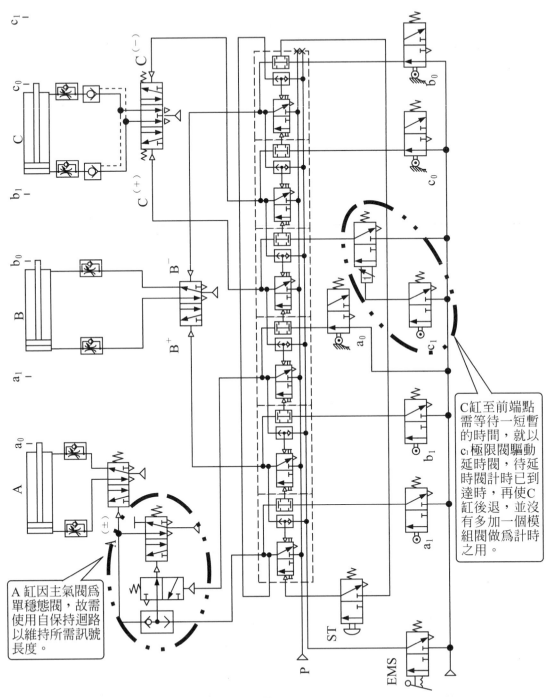

C缸至前端點需等待一短暫的時間，就以 c_1 極限閥驅動延時閥，待延時閥計時已到達時，再使C缸後退，並沒有多加一個模組閥做為計時之用。

A缸因主氣閥為單穩態閥，故需使用自保持迴路以維持所需訊號長度。

圖 8-6

在圖 8-6 中因動作順序為直線式較為單純，整個使用邏輯閥步進模組閥控制的氣壓迴路就比較簡單，僅在 A 缸的主氣閥因為單穩態閥件 (第 2 個模組閥件輸出時就切斷上一個 (第 1 個))，第 1 個步進模組即為訊號輸出，需用自保迴路維持其所需的訊號長度，待第 3 個邏輯閥步進模組輸出訊號時才切斷自保持訊號，使 A 缸後退。另，C 缸至前端點時需等待一個短暫的時間 (T)，在迴路中就以前端極限閥 (c_1) 驅動延時閥 (T)，等延時閥計時到達時再使 C 缸後退。

例題 8-2

並進式：$A^+ \begin{smallmatrix} \to & B^+B^-B^+B^- \\ & C^+ \quad T \quad C^- \end{smallmatrix} \to A^-$

含單一 / 連續操作模式選擇功能

　　一般在繪製邏輯閥步進模組迴路時，幾乎都是用簡化符號來替代，如圖 8-7 所示，如此可降低繪圖的複雜度及節省面積；重點在於設計動作流程邏輯之正確性。另外，單一 / 連續操作模式選擇功能是使用 CS 選擇閥切換，1. 如沒有切下在 $\overline{\text{CS}}$ 時，就執行單一循環操作功能，該循環動作做完自動停止；2. 若已切下在 CS 時，則執行連續循環操作功能，且在動作中切換無效，繼續保持原來的操作模式，連續循環要停止需按下 off 停止閥才能停止。

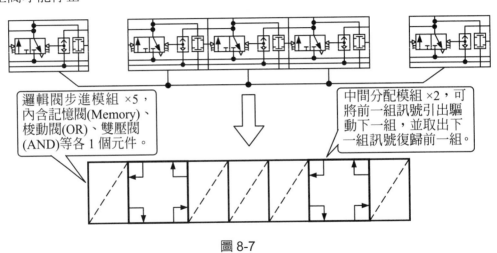

　　邏輯閥步進模組 ×5，內含記憶閥(Memory)、梭動閥(OR)、雙壓閥(AND)等各 1 個元件。

　　中間分配模組 ×2，可將前一組訊號引出驅動下一組，並取出下一組訊號復歸前一組。

圖 8-7

設計方式：

　　本題因在 A 缸碰觸前限 a_1 極限閥時，使 B、C 兩缸同時分別動作，若包含計時動作 (T) 共有 9 個動作，邏輯閥模組要用到 9 個；B 缸有前進、後退的動作兩次，就以 4 個邏輯閥模組設計，不同於反覆型計數迴路僅用 2 個邏輯閥模組；C 缸前進後在前端點 c_1 處有一段時間的等待，此處就以一個邏輯閥模組驅動延時閥，待延時閥計時到再驅動另一個邏輯閥模組，才使 C 缸後退，不同於前一個例題的設計，如圖 8-11。

1. 繪製氣壓動力管線部分，如圖 8-8：主氣閥的使用，A 缸最先前進又最後才後退，主氣閥應該使用雙穩態閥件較為適當，這樣迴路的穩定性較高；B 缸前進、後退連續產生 2 次，故其主氣閥可考慮使用單穩態型式且不需做自保；C 缸因在前端點 c_1 處有延時等待一段時間的關係，主氣閥使用雙穩態閥件較為適當，如圖 8-8。

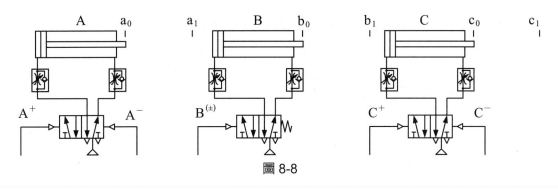

圖 8-8

2. 寫出動作順序並決定每步的驅動訊號閥件，如圖 8-9。

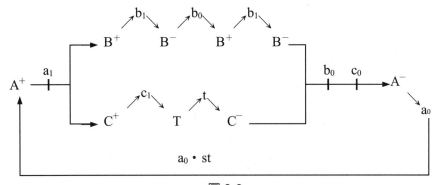

圖 8-9

說明：此例為並進、合流式動作，當 A 缸到前限碰觸 a_1 極限閥時，同使 B、C 兩缸
分別各自動作，直到兩缸各自結束動作，分別碰觸後限 b_0、c_0 極限閥時，才
能進行合流動作使 A 缸後退。

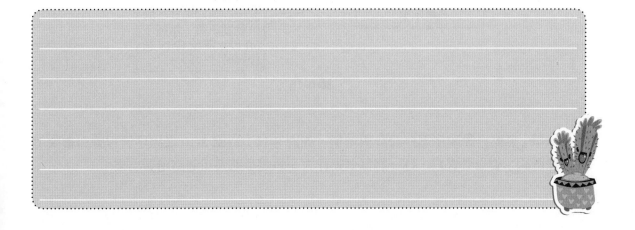

3. 依上圖 8-9 之動作順序編寫順序流程圖 (SFC)，如圖 8-10。

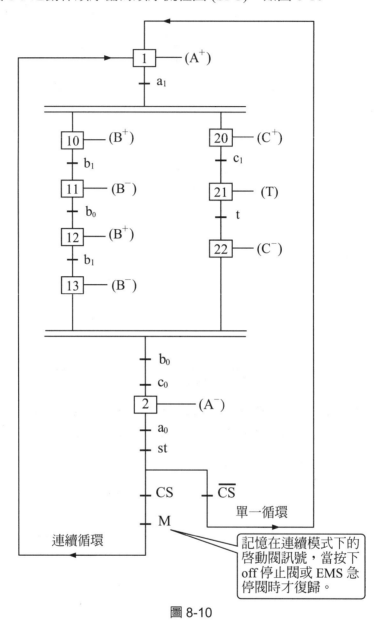

圖 8-10

4. 機械 - 氣壓自動順序迴路設計與繪製，如圖 8-11：以圖 8-10 之順序流程圖為繪製迴路圖的主要參考資料，逐一將每個動作之邏輯閥步進模組迴路繪製出來。

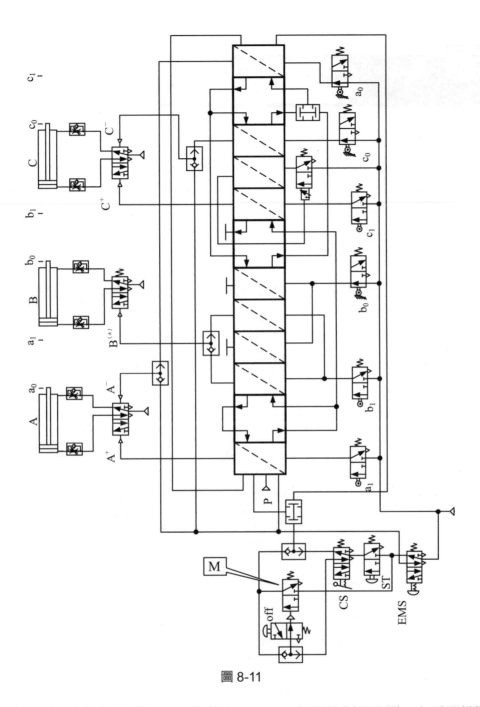

圖 8-11

　　把機械 - 氣壓迴路圖 (圖 8-11) 繪製成 fluid.sim 氣壓控制迴路圖，在電腦模擬觀看 $A^+ \underset{C^+\quad T\quad C^-}{\overset{B^+B^-B^+B^-}{\lessgtr}} A^-$ 之動作順序是否正確 (可確實檢驗出本題目邏輯上的正確性)，然後再上機使用邏輯閥步進模組閥件實際裝配迴路，測試迴路功能是否符合題意要求。

例題 8-3

選擇式：$A^+ \underset{cs}{\overset{\overline{cs}}{\lessgtr}} \begin{matrix} B^+ B^- B^+ B^- \\ C^+ \quad T \quad C^- \end{matrix} \rightarrow A^-$

本題在碰觸 a_1 極限閥時，需視 CS 選擇開關有無切換，再決定 B、C 兩缸的動作，1. 如為 $\overline{CS}$ 表示沒切換，就執行 A、B 兩缸動作；2. 若為 CS 表示已切換，就執行 A、C 兩缸動作，在使用邏輯閥模組設計時，必須將所有動作包含計時 (T) 皆一併計算，共有 9 個動作，邏輯閥步進模組要用 9 個 ((計時器也用 1 個)。圖 8-15 就是以 9 個邏輯閥模組為例所繪製的氣壓迴路圖。

設計方式：

1. 繪製氣壓動力部分，如圖 8-12：主氣閥的使用，A 缸最先前進又最後才後退，主氣閥應該使用雙穩態閥件較為適當，這樣迴路的穩定性較高；B 缸前進、後退連續產生 2 次，故其主氣閥可考慮使用單穩態型式且不需做自保；C 缸因在前端點 c_1 處有延時等待一段時間的關係，主氣閥使用雙穩態閥件較為適當，如圖 8-12。

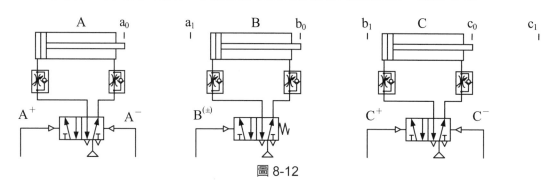

圖 8-12

2. 寫出動作順序並決定每步的驅動訊號閥件，如圖 8-13。

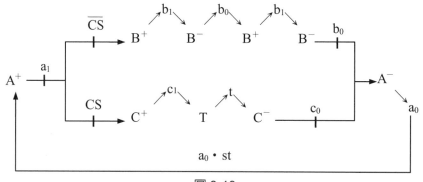

圖 8-13

說明：此例為選擇式動作，當 A 缸到前限碰觸 a_1 極限閥時，視 CS 選擇閥有無切換，
而執行 B 或 C 缸的動作，直到氣壓缸各自結束動作，分別碰觸後限 b_0 或 c_0
極限閥時，才使 A 缸後退。

3. 依上圖 8-13 之動作順序編寫順序流程圖 (SFC)，如圖 8-14。

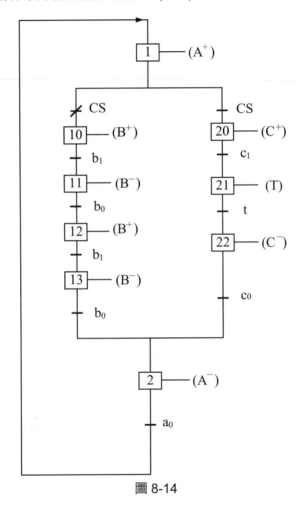

圖 8-14

4. 機械 - 氣壓自動順序迴路設計與繪製，如圖 8-15：以圖 8-14 之順序流程圖為繪製迴路圖的主要參考資料，逐一將每個動作之邏輯閥步進模組迴路繪製出來。

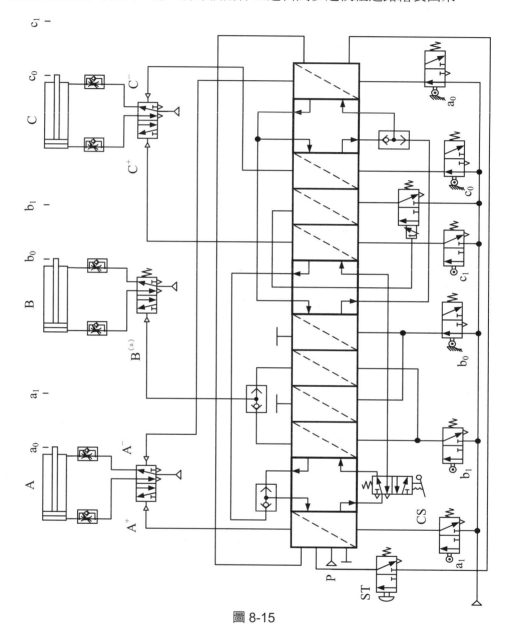

圖 8-15

把機械 - 氣壓迴路圖 (圖 8-15) 繪製成 fluid.sim 氣壓控制迴路圖，在電腦模擬觀看

$$A^+ \overset{\overline{cs}}{\underset{cs}{\rightleftarrows}} \overset{B^+ B^- B^+ B^-}{\underset{C^+ \quad T \quad C^-}{\longrightarrow}} A^-$$

之動作順序是否正確 (可確實檢驗出本題目邏輯上的正確性)，然後再上機使用氣壓元件實際裝配迴路，測試迴路功能是否符合題意要求。

例題 8-4

反覆式：$A^+(B^+B^-)_3\;A^-C^+C^-$，上方有 $\overline{k}$，下方有 k

　　本題的設計重點在 A 缸碰觸 a_1 極限閥後 B 缸的反覆動作，1. 如反覆動作次數未達預定次數時，就執行 B 缸反覆動作；2. 若反覆動作次數已達預定次數時，就執行後續動作；3. 反覆動作次數的計數需使用一個計數器來執行。另外，B 缸前進與後退只有 2 個動作，而且又需要反覆執行，因此，在設計時就需多增加一個邏輯閥模組，以避開啟動及復歸會同一個模組閥件的問題，如圖 8-19。

設計方式：

1. 繪製氣壓動力部分，如圖 8-16：主氣閥的使用，A 缸最先前進、在 B 缸反復動作結束後才後退，主氣閥應該使用雙穩態閥件較為適當；B 缸前進、後退連續產生 3 次，其主氣閥可考慮使用單穩態型式且不需做自保；C 缸的主氣閥使用雙穩態閥件。

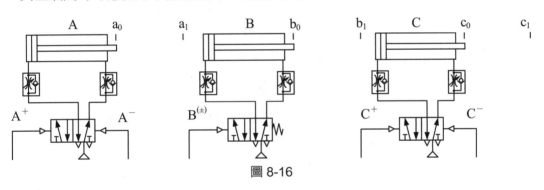

圖 8-16

2. 寫出動作順序並決定每步的驅動訊號閥件，如圖 8-17。

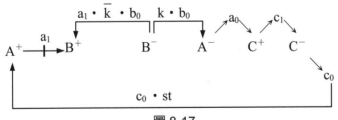

圖 8-17

　　說明：此例為反復式動作，當 A 缸到前限碰觸 a_1 極限閥時，就執行 B 缸的反復動作，直到 B 缸的反復動作結束，才使 A 缸後退，最後 C 缸再前進後退 1 次。

3. 依上圖 8-17 之動作順序編寫順序流程圖 (SFC)，如圖 8-18。

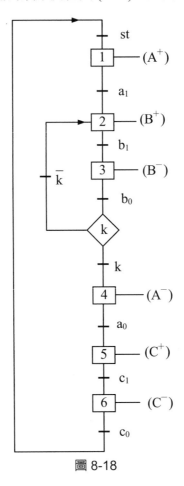

圖 8-18

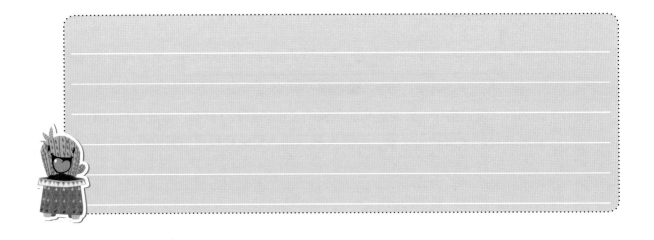

4. 機械 - 氣壓自動順序迴路設計與繪製，如圖 8-19：以圖 8-18 之順序流程圖為繪製迴
　 路圖的主要參考資料，逐一將每個動作之邏輯閥步進模組迴路繪製出來。

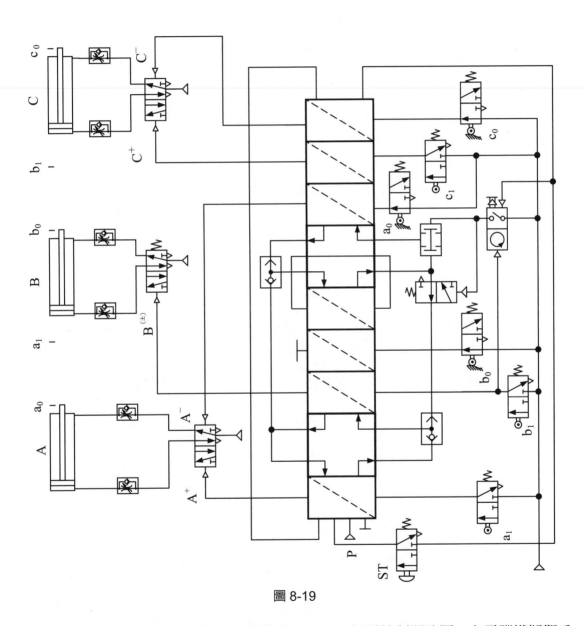

圖 8-19

　　把機械 - 氣壓迴路圖 (圖 8-19) 繪製成 fluid.sim 氣壓控制迴路圖，在電腦模擬觀看
$A^+(B^+\overline{B^-})_3$　$A^-C^+C^-$ 之動作順序是否正確 (可確實檢驗出本題目邏輯上的正確性)，然後
再上機使用氣壓元件實際裝配迴路，測試迴路功能是否符合題意要求。

例題 8-5

跳躍式：$A^+\!\!\overset{\overline{CS}}{\underset{CS}{\longrightarrow}}(B^+\,C^+\,T\,C^-\,B^-)\,A^-$

本題的設計重點在 A 缸碰觸 a_1 極限閥後，需視 CS 選擇開關有無切換，再決定 B、C 兩缸的動作是否執行跳躍，1.如為 $\overline{CS}$ 表示沒切換，就執行 B、C 兩缸動作及計時；2.若為 CS 表示已切換，就表是跳過 B、C 兩缸動作及計時，直接使 A 缸後退。另外，當在執行跳躍功能時，因為 A 缸前進與後退也只有 2 個動作，在設計迴路時就需多增加一個邏輯閥步進模組，以避開啟動及復歸會同一個模組閥件的問題。因此，所有動作不含計時 (T)，邏輯閥步進模組使用數量共需有 7 個之多，如圖 8-22。

1. 繪製氣壓動力部分，如圖 8-20：主氣閥的使用，A 缸最先前進又最後才後退，主氣閥應該使用雙穩態閥件較為適當；B 缸在不跳躍模式下，前進與後退動作當中隔著 C 缸的動作，其主氣閥使用雙穩態閥件；C 缸的主氣閥可考慮使用單穩態型式，且在計時動作不使用單獨一個邏輯閥步進模組時，也就不需做自保。

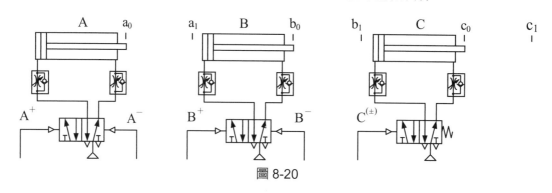

圖 8-20

2. 寫出動作順序並決定每步的驅動訊號閥件，如圖 8-21。

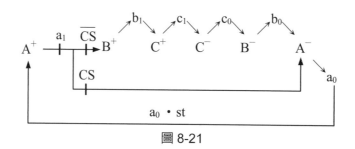

圖 8-21

說明：此例為跳躍式動作，當 A 缸到前限碰觸 a_1 極限閥時，是 CS 選擇閥有無切換，再決定執行一般性動作或跳躍動作，最後 A 缸才後退。

3. 機械 - 氣壓自動順序迴路設計與繪製，如圖 8-22：以圖 8-21 之順序流程圖爲繪製迴路圖的主要參考資料，逐一將每個動作之邏輯閥步進模組迴路繪製出來。

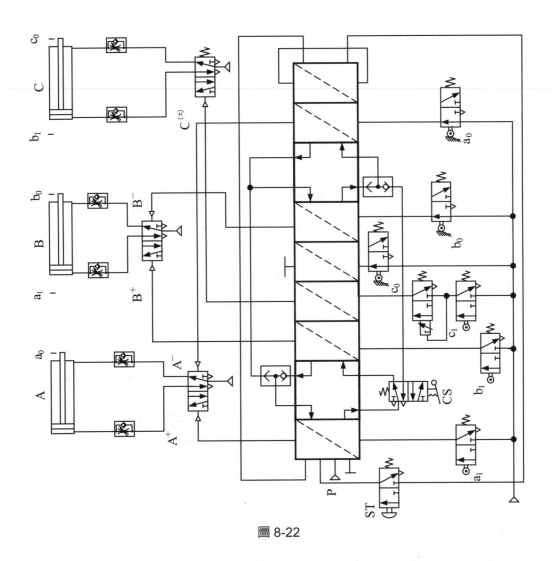

圖 8-22

　　在圖 8-22 中僅繪製正常與跳躍動作，以 CS 選擇閥決定跳躍與否。下一張圖 (如圖 8-23)，再加入緊急停止 (C 缸立即後退) 及解除急停後可依序復歸 (B 缸→A 缸) 功能，因是解除急停鈕後在執行復歸功能，所以需多加一個急停自保閥以保住急停訊號，另使用兩個邏輯閥步進模組做爲 B、A 兩缸依序復歸用。

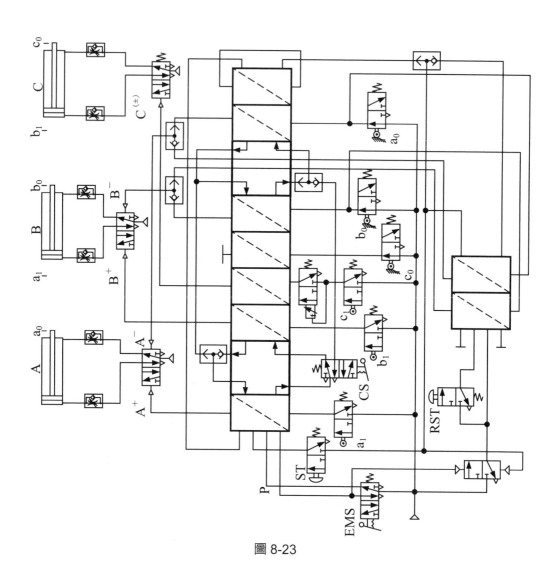

圖 8-23

4. 測試迴路圖功能

把機械 - 氣壓迴路圖 (圖 8-22 及 8-23) 繪製成 fluid.sim 氣壓控制迴路圖，在電腦模擬觀看 $A^{+}\overbrace{\underset{CS}{CS}}(B^{+}C^{+}TC^{-}B^{-})A^{-}$ 之動作順序是否正確 (可確實檢驗出本題目邏輯上的正確性)，然後再上機使用氣壓元件實際裝配迴路，測試迴路功能是否符合題意要求。

邏輯閥步進模組迴路綜合設計能力測驗

練習 1 使用前面各例題所介紹邏輯閥步進模組迴路之設計方法,設計 $A^+B^+B^-TB^+B^-$ A^-兩支氣壓缸之機械 - 氣壓迴路圖。

練習 2 使用前面各例題所介紹邏輯閥步進模組迴路之設計方法,設計 $A^+B^+B^-TB^+B^-$ A^-兩支氣壓缸之機械 - 氣壓迴路圖,並包含有急停及急停解除後依序 (B → A) 復歸等功能。

NOTE

9 氣壓訊號分析設計迴路

　　所謂"氣壓訊號分析設計迴路"係指應用各位置極限閥的訊號相互串連，或將位置極限閥訊號使用氣壓輔助氣加以分割後，以適當符合控制邏輯的方式，組合成可控制各種動作順序的氣壓迴路。本章節所講述的設計方法，是筆者多年來在氣壓教學經驗上所獨創的心得，是在直覺法中對各個位置極限閥之通氣時間的相互關係，加以深入研究後，所獲得獨特的氣壓迴路設計方式。其詳細的設計方法如下所述：

　　氣壓訊號分析設計回路的設計要領：

1.　以現有氣壓缸動作順序，在每個步驟上分別碰觸哪些位置極限閥，記錄各極限閥被碰觸的組合情況 (有碰觸時會有氣輸出，記錄 "1"；沒碰觸時無氣，記錄 "0")，並統計有幾處組合情況是相同的，再決定要使用幾個輔助器 (5/2 雙邊氣導閥) 來分割訊號。

2.　繪製各個位置極限閥的通氣功能圖，決定哪幾個閥件可以與輔助器直接相連接，亦或輔助器要單獨存在。

3.　寫出每支氣壓缸伸出與後退的控制條件 (邏輯方程式)，及每個輔助器的啓動及復歸條件 (邏輯方程式)。

4.　有邏輯方程式後，依邏輯方程式繪製出機械 - 氣壓迴路圖；若要繪製傳統電路圖，則需用轉換公式將邏輯方程式稍做修改。

　　現在舉出幾個例子 (A、B、C 最多 3 支缸、每支缸前進後退最多 2 次的複雜動作)，並將其區分為 4 個層級，如下所述：

1.　第 1 層級：使用 0 個輔助器，$A^+B^+A^-C^+A^+B^-A^-C^-$、$A^+B^+C^+B^-A^-B^+C^-B^-$

2.　第 2 層級：使用 1 個輔助器，$A^+B^+A^-A^+B^-A^-$、$A^+B^+B^-C^+B^+B^-{}^{A^-}_{C^-}$

3.　第 3 層級：使用 2 個輔助器，$A^+B^+B^-A^-A^+A^-$、$A^+B_{1/2}{}^+B^-C^-B^{++}B^{--}C^+A^-$

4.　第 4 層級：使用 3 個輔助器，$A^+B^+B^-A^-B^+A^+A^-$、$A^+B^+B^-B^+B^-A^-A^+A^-$

　　透過上述這些精選例子的說明，應可仔細了解"氣壓訊號分析設計迴路"的設計重點與要領，現在就從第 1 層級 (使用 0 個輔助器) 開始說明：

例題 9-1

以氣壓訊號分析法設計 $A^+B^+A^-C^+A^+B^-A^-C^-$ 動作順序之機械-氣壓迴路

1. 列出各步驟之位置極限閥的訊號關係並建立位移-步驟-訊號分析圖。

先把 $A^+B^+A^-C^+A^+B^-A^-C^-$ 動作順序轉換為位移-步驟圖，並列出各步驟之位置極限閥的訊號關係，如圖 9-1、圖 9-2。

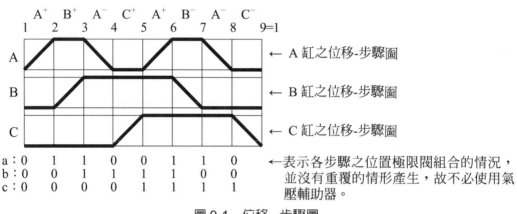

圖 9-1　位移-步驟圖

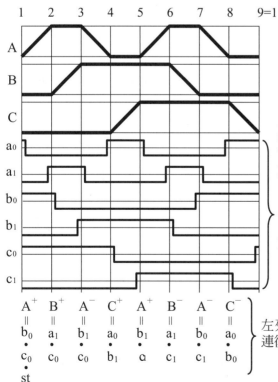

左列各位置極限閥訊號圖的繪製方法，是以極限閥位置決定的，在後限位置均編為 a_0、b_0、c_0 等極限閥，只要氣壓缸一縮回，就會碰觸到使其發出氣壓訊號，所以 a_0 在步驟 $4 \to 5$ 及步驟 $8 \to 9$，因 A 缸在後位碰觸而有訊號輸出；b_0、c_0 也只要 B、C 缸在後位碰觸到，就會有訊號輸出。同樣的道理，前限位置就編為 a_1、b_1、c_1 等極限閥，只要氣壓缸伸出至前位，碰觸到就會使其發出訊號。若有三個極限閥時，則中間的編為〝1〞，而前限編為〝2〞，如：a_0、a_1、a_2。

左列為各步驟點上僅利用極限閥的訊號相互串連後，並沒有任何兩次相同的合成訊號產生。

圖 9-2　移-步驟-訊號分析圖

2. 決定氣壓輔助器的使用數量、及其連結方式，並寫出氣壓缸及氣壓輔助器的邏輯控制式 (每條邏輯控制式在整個循環中，僅能產生一次的訊號，以確保動作的正確性)。因各極限閥相互串連後的合成訊號沒發現有重覆的情形，所以不需要使用氣壓輔助器，就直接列出氣壓缸的邏輯控制式：

$A^+ = b_0 \cdot c_0 \cdot st + b_1 \cdot c_1$ (圖 9-2 中步驟 1 與步驟 5 之串聯後的合成訊號)

$A^- = b_1 \cdot c_0 + b_0 \cdot c_1$ (圖 9-2 中步驟 3 與步驟 7 之串聯後的合成訊號)

$B^+ = a_1 \cdot c_0$ (圖 9-2 中步驟 2 之串聯後的合成訊號)

$B^- = a_1 \cdot c_1$ (圖 9-2 中步驟 6 之串聯後的合成訊號)

$C^+ = a_0 \cdot b_1$ (圖 9-2 中步驟 4 之串聯後的合成訊號)

$C^- = a_0 \cdot b_0$ (圖 9-2 中步驟 8 之串聯後的合成訊號)

3. 繪製機械 - 氣壓迴路圖

(1) 先繪製氣壓缸、主氣閥及與其串接的氣壓極限閥等，如圖 9-3。

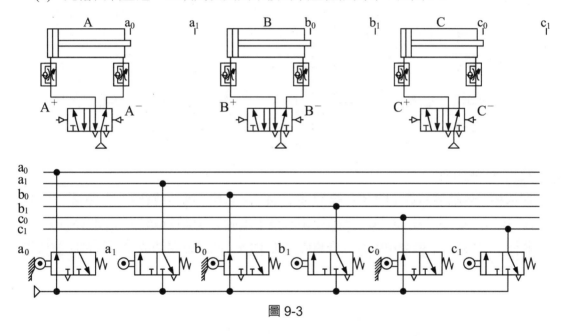

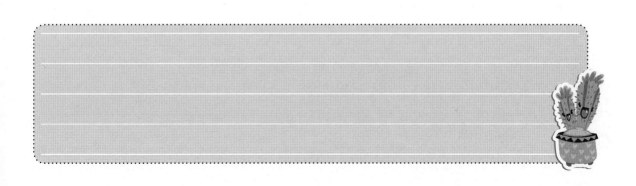

圖 9-3

(2) 再把驅動氣壓缸、氣壓輔助器等邏輯控制式轉化成實體氣壓元件，並連接其相關管線，完成機械 - 氣壓迴路的繪製，圖 9-4。

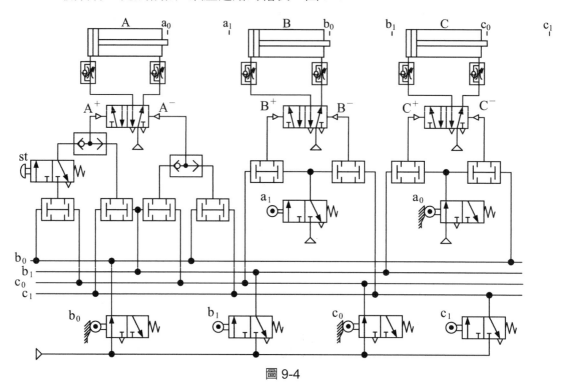

圖 9-4

4. 測試迴路圖功能

把機械 - 氣壓迴路圖 (圖 9-4) 繪製成 fluid.sim 氣壓控制迴路圖，在電腦模擬觀看 $A^+B^+A^-C^+A^+B^-A^-C^-$ 之動作順序是否正確 (可確實檢驗出本題目邏輯上的正確性)，然後再上機使用氣壓元件實際裝配迴路，測試迴路功能是否符合題意要求。

例題 9-2

以氣壓訊號分析法設計 $A^+B^+C^+B^-A^-B^+C^-B^-$ 動作順序之機械 - 氣壓迴路

1. 列出各步驟之位置極限閥的訊號關係並建立位移 - 步驟 - 訊號分析圖。

先把 $A^+B^+C^+B^-A^-B^+C^-B^-$ 動作順序轉換為位移 - 步驟圖，並列出各步驟之位置極限閥的訊號關係，如圖 9-5、圖 9-6。

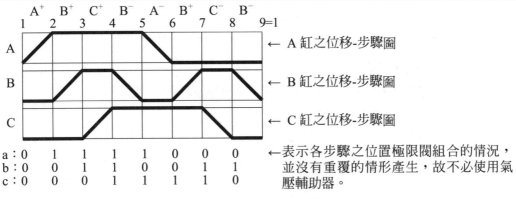

←表示各步驟之位置極限閥組合的情況，並沒有重覆的情形產生，故不必使用氣壓輔助器。

圖 9-5　位移 - 步驟圖

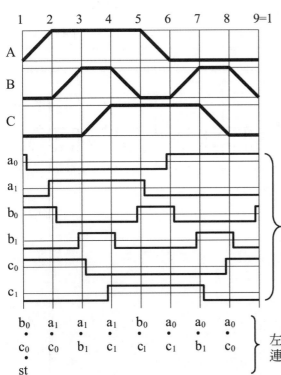

由於 a_0、b_0、c_0 等極限開關裝置在後限位置，只要氣壓缸一縮回，就會碰觸到使其發出氣壓訊號，所以 b_0 在步驟 1→2 及步驟 5→6，因 B 缸在後位碰觸而有訊號輸出；a_0、c_0 也只要 A、C 缸在後位碰觸到，就會有訊號輸出。同樣的道理，a_1、b_1、c_1 等極限開關裝置於前限位置，只要氣壓缸伸出至前位，碰觸到就會使其發出訊號。

左列為各步驟點上僅利用極限閥的訊號相互串連後，並沒有任何兩次相同的合成訊號產生。

圖 9-6　位移 - 步驟 - 訊號分析圖

2. 決定氣壓輔助器的使用數量、及其連結方式，並寫出氣壓缸及氣壓輔助器的邏輯控制式 (每條邏輯控制式在整個循環中，僅能產生一次的訊號，以確保動作的正確性)。因各極限閥相互串連後的合成訊號沒發現有重覆的情形，所以不需要使用氣壓輔助器，就直接列出氣壓缸的邏輯控制式：

$A^+ = b_0 \cdot c_0 \cdot st$ (圖 9-6 中步驟 1 之串聯後的合成訊號)

$A^- = b_0 \cdot c_1$ (圖 9-6 中步驟 5 之串聯後的合成訊號)

$B^+ = a_1 \cdot c_0 + a_0 \cdot c_1$ (圖 9-6 中步驟 2 與步驟 6 之串聯後的合成訊號)

$B^- = a_1 \cdot c_1 + a_0 \cdot c_0$ (圖 9-6 中步驟 4 與步驟 8 之串聯後的合成訊號)

$C^+ = a_1 \cdot b_1$ (圖 9-6 中步驟 3 之串聯後的合成訊號)

$C^- = a_0 \cdot b_1$ (圖 9-6 中步驟 7 之串聯後的合成訊號)

3. 繪製機械 - 氣壓迴路圖

(1) 先繪製氣壓缸、主氣閥及與其串接的氣壓極限閥等，如圖 9-7。

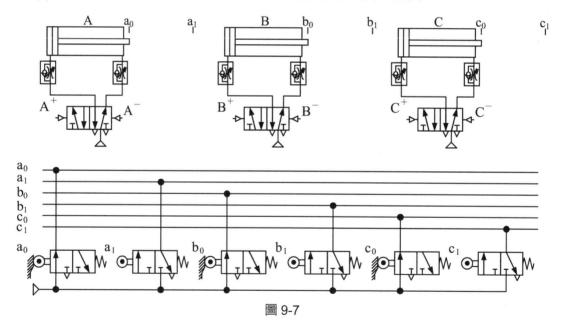

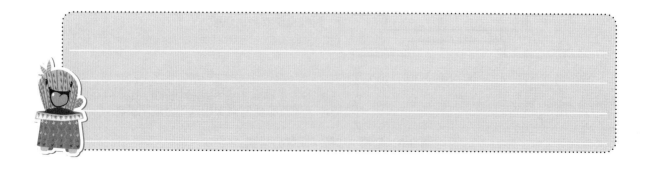

圖 9-7

(2) 再把驅動氣壓缸、氣壓輔助器等邏輯控制式轉化成實體氣壓元件，並連接其相關管線，完成機械 - 氣壓迴路的繪製，圖 9-8。

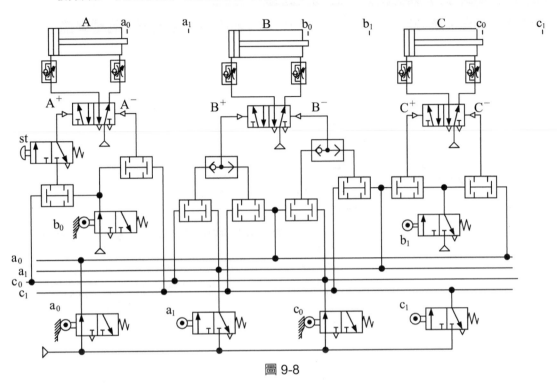

圖 9-8

4. 測試迴路圖功能

把機械 - 氣壓迴路圖 (圖 9-8) 繪製成 fluid.sim 氣壓控制迴路圖，在電腦模擬觀看 $A^+B^+C^+B^-A^-B^-C^-$ 之動作順序是否正確 (可確實檢驗出本題目邏輯上的正確性)，然後再上機使用氣壓元件實際裝配迴路，測試迴路功能是否符合題意要求。

接下來討論使用 1 個氣壓輔助器的迴路，因為從各位置極限閥的組合情形，會發現有 2 次的重覆情況出現，因此需要用 1 個輔助器將其重覆情形區分開來。現在就以 $A^+B^+A^-A^+B^-A^-$ 、 $A^+B^+B^+C^+B^+B^-\dfrac{A^-}{C^-}$ 兩個順序動作詳細說明設計要領。

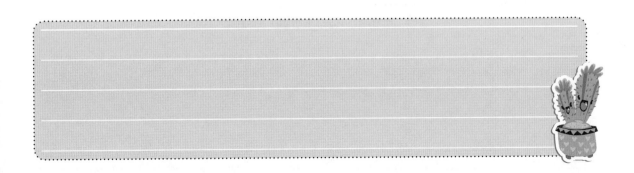

例題 9-3

以氣壓訊號分析法設計 $A^+B^+A^-A^+B^-A^-$ 動作順序之機械 - 氣壓迴路

1. 列出各步驟之位置極限閥的訊號關係並建立位移 - 步驟 - 訊號分析圖，如圖 9-9、圖 9-10。

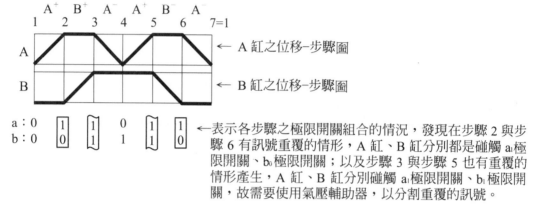

←表示各步驟之極限開關組合的情況，發現在步驟 2 與步驟 6 有訊號重覆的情形，A 缸、B 缸分別都是碰觸 a_1 極限開關、b_0 極限開關；以及步驟 3 與步驟 5 也有重覆的情形產生，A 缸、B 缸分別碰觸 a_1 極限開關、b_1 極限開關，故需要使用氣壓輔助器，以分割重覆的訊號。

圖 9-9　位移 - 步驟圖

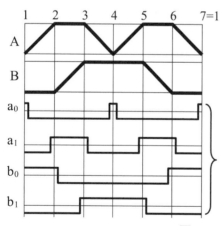

左列為各位置極限閥之訊號圖。由於 A 缸前進、後退各 2 次，a_0、a_1 的訊號就有 2 段，a_0 訊號分別在步驟 1 和步驟 4、a_1 訊號分別在步驟 2→3 和步驟 5→6 輸出訊號。B 缸在步驟 1→2 和步驟 6→7 停於後限碰觸 b_0，使其輸出訊號；步驟 3→5 是 B 缸在前限碰觸 b_1，並使其輸出訊號。

圖 9-10　位移 - 步驟 - 訊號圖

2.　決定氣壓輔助器的使用數量、連結方式並寫出氣壓缸及氣壓輔助器的邏輯控制式，如圖 9-11。

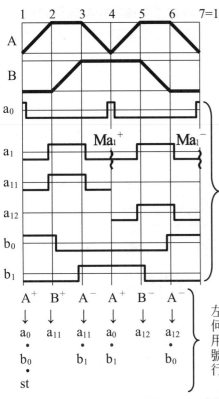

左列為各位置極限閥之訊號圖。由圖 9-9 各極限開關組合的情況就已經知道步驟 2（$a_1 \cdot b_0$）與步驟 6（$a_1 \cdot b_0$）、步驟 3（$a_1 \cdot b_1$）與步驟 5（$a_1 \cdot b_1$）有訊號重覆的情形產生，因訊號重覆的次數各只有 2 次，且都與 a_1 極限開關有關，故可考慮將 a_1 的訊號加以分割，並直接與氣壓輔助器串接，分割後的訊號分別是 a_{11}（輔助啟動前的訊號）、a_{12}（輔助啟動後的訊號），再以分割後的 a_1 訊號與其他極限閥訊號相串聯，即可獲得驅動各氣壓缸所需的控制訊號。另訊號重覆的情形沒有連續在各步驟出現，中間間隔步驟 4，所以綜合以上情況分析而得，可在步驟 4 啟動氣壓輔助器（Ma_1^+），一直到步驟 7 才復歸氣壓輔助器（Ma_1^-），分割後的訊號（a_{11}、a_{12}）如左圖所示。

左列各式子為驅動各氣壓缸所需的控制訊號，不能有任何兩次相同的合成訊號出現（除非兩次的動作相同），用以確保各氣壓缸動作的正確性。每個組合後之合成訊號長度，至多只能保持到該氣壓缸下一次反向動作要執行時必須切斷。

圖 9-11　【例 9-3】位移 - 步驟 - 訊號分析圖

因各極限閥相互串連後的合成訊號發現有 2 次重覆的情形，所以使用 1 個氣壓輔助器與 a_1 極限閥直接串接，編號為 Ma_1 用以分割 a_1 訊號。寫出各氣壓缸及氣壓輔助器的邏輯控制式：

$A^+ = a_0 \cdot b_0 \cdot st + a_0 \cdot b_1$　（圖 9-11 中步驟 1 與步驟 4 之串連後的合成訊號）

$A^- = a_{11} \cdot b_1 + a_{12} \cdot b_0$　（圖 9-11 中步驟 3 與步驟 6 之串連後的合成訊號）

$B^+ = a_{11}$　（圖 9-11 中步驟 2 之串連後的合成訊號）

$B^- = a_{12}$　（圖 9-11 中步驟 5 之串連後的合成訊號）

$Ma_1^+ = a_0 \cdot b_1$　（圖 9-11 中步驟 4 之串連後的合成訊號）

$Ma_1^- = a_0 \cdot b_0$　（圖 9-11 中步驟 7 之串連後的合成訊號）

而輔助器的使用方式有兩種用法：前面所敘述的方式是與某個極限閥直接串接，優點在與該極限閥串接時就不必再使用雙壓閥，可使回路變得較為簡單；但無法再與其他極現閥有串連關係了，在訊號分析設計法當中輔助器與極限閥直接串接的約占使用數量的 80～90% 之多。若輔助器需與多個極限閥有串連關係時，就需要單獨接獨立氣源 (後面例題 9-8 就有)，然後再以雙壓閥與有關係之極限閥相串接，雖然迴路較為複雜，但可使用較少數量的輔助器。

3. 繪製機械 - 氣壓迴路圖

(1) 先繪製氣壓缸、主氣閥、氣壓輔助器 (5/2 雙邊氣導閥) 及與其串接的氣壓極限閥等，如圖 9-12。

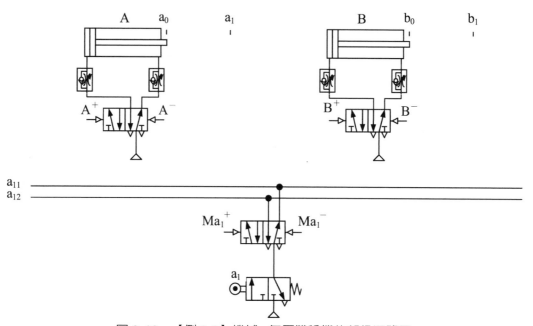

圖 9-12   【例 9-3】機械 - 氣壓雙穩態的部份迴路圖

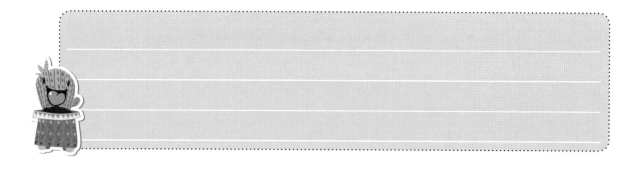

(2) 再把驅動氣壓缸、氣壓輔助器等邏輯控制式轉化成實體氣壓元件，並連接其相關管線，完成機械 - 氣壓迴路的繪製，圖 9-13。

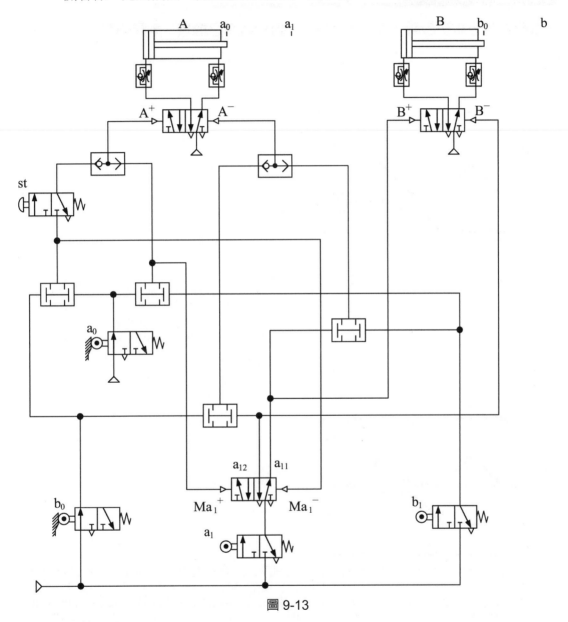

圖 9-13

4. 測試迴路圖功能
把機械 - 氣壓迴路圖 (圖 9-13) 繪製成 fluid.sim 氣壓控制迴路圖，在電腦模擬觀看 $A^+B^+A^-A^+B^-A^-$ 之動作順序是否正確 (可確實檢驗出本題目邏輯上的正確性)，然後再上機使用氣壓元件實際裝配迴路，測試迴路功能是否符合題意要求。

例題 9-4

以氣壓訊號分析法設計 $A^+B^+B^-C^+B^+B^-{}^{A^-}_{C^-}$ 動作順序之機械 - 氣壓迴路

1.　列出各步驟之位置極限閥的訊號關係並建立位移 - 步驟 - 訊號分析圖，如圖 9-14、圖 9-15。

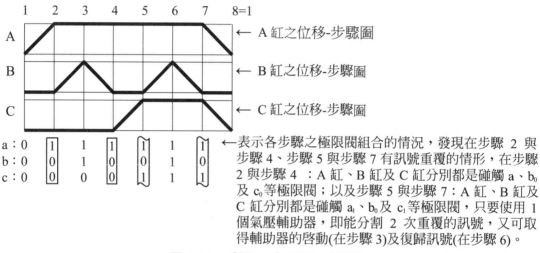

a：0　　　　　　　　　　　　　　　　　　　　　　← 表示各步驟之極限閥組合的情況，發現在步驟 2 與
b：0　　　　　　　　　　　　　　　　　　　　　　步驟 4、步驟 5 與步驟 7 有訊號重覆的情形，在步驟
c：0　　　　　　　　　　　　　　　　　　　　　　2 與步驟 4 ：A 缸、B 缸及 C 缸分別都是碰觸 a_1、b_0
　　　　　　　　　　　　　　　　　　　　　　　　及 c_0 等極限閥；以及步驟 5 與步驟 7：A 缸、B 缸及
　　　　　　　　　　　　　　　　　　　　　　　　C 缸分別都是碰觸 a_1、b_0 及 c_1 等極限閥，只要使用 1
　　　　　　　　　　　　　　　　　　　　　　　　個氣壓輔助器，即能分割 2 次重覆的訊號，又可取
　　　　　　　　　　　　　　　　　　　　　　　　得輔助器的啟動(在步驟 3)及復歸訊號(在步驟 6)。

圖 9-14　【例 9-3】位移 - 步驟圖

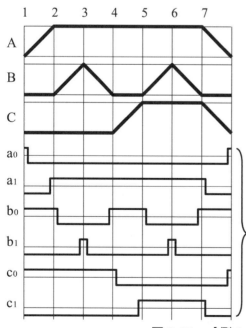

左列為各位置極限閥之訊號圖。A 缸在步驟 1 停於後限碰觸 a_0，使其輸出訊號；步驟 2→7 是 A 缸在前限碰觸 a_1，並使其輸出訊。由於 B 缸前進、後退各 2 次，b_0、b_1 的訊號就有 2 段，b_0 訊號分別在步驟 7→2 和步驟 4→5、b_1 訊號分別在步驟 3 和步驟 6 輸出訊號。C 缸在步驟 1→4 停於後限碰觸 c_0，使其輸出訊號；在步驟 5→7 在前限碰觸 b_1，並使其輸出訊號。

圖 9-15　【例 9-3】位移 - 步驟 - 訊號圖

2.　決定氣壓輔助器的使用數量、連結方式並寫出氣壓缸及氣壓輔助器的邏輯控制式，如圖 9-16。

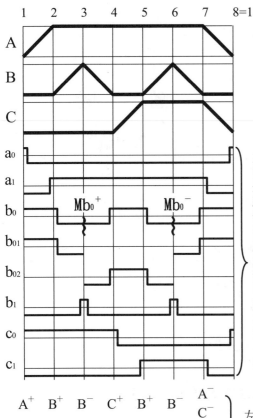

左列為各極限閥之訊號圖。由圖 9-9 各極限開關組合的情況就已經知道步驟 2（$a_1 \cdot b_0 \cdot c_0$）與步驟 4（$a_1 \cdot b_0 \cdot c_0$）、步驟 5（$a_1 \cdot b_0 \cdot c_1$）與步驟 7（$a_1 \cdot b_0 \cdot c_1$）有訊號重複的情形產生，因訊號重覆的次數各只有 2 次，且都與 b_0 極限開關有關，故可考慮將 b_0 的訊號加以分割，並直接與氣壓輔助器串接，分割後的訊號分別是 b_{01}（輔助器啟動前的訊號）、b_{02}（輔助器啟動後的訊號），再以分割後的 b_0 訊號與其他極限開關訊號相串聯，即可獲得驅動各氣壓缸所需的控制訊號。另訊號重覆的情形沒有連續在各步驟出現，中間間隔步驟 3 及步驟 6，所以綜合以上情況分析而得，可在步驟 3 啟動氣壓輔助器（$Mb_0{}^+$），一直到步驟 6 才復歸氣壓輔助器（$Mb_0{}^-$），分割後的訊號（b_{01}、b_{02}）如左圖所示。

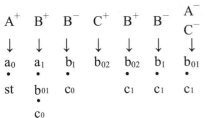

左列各式子為驅動各氣壓缸所需的控制訊號，不能有任何兩次相同的合成訊號出現（除非兩次的動作相同），用以確保各氣壓缸動作的正確性。每個組合後之合成訊號長度，至多只能保持到該氣壓缸下一次反向動作要執行時必須切斷。

圖 9-16　【例 9-3】位移 - 步驟 - 訊號分析圖

因各極限開關相互串連後的合成訊號發現有 2 次重複的情形，所以使用 1 個氣壓輔助器 (Ma_1) 分割 a_1 訊號。寫出各氣壓缸及氣壓輔助器的邏輯控制式：

$A^+ = a_0 \cdot st$ 　（圖 9-11 中步驟 1 之串聯後的合成訊號）

$A^- = b_{01} \cdot c_1$ 　（圖 9-11 中步驟 7 之串聯後的合成訊號）

$B^+ = a_1 \cdot b_{01} \cdot c_0 + b_{02} \cdot c_1$ 　（圖 9-11 中步驟 2 與步驟 5 之串聯後的合成訊號）

$B^- = b_1$ 　（圖 9-11 中步驟 3 與步驟 6 之控制訊號）

$C^+ = b_{02}$ 　（圖 9-11 中步驟 4 之控制訊號）

$C^- = b_{01} \cdot c_1$ 　（圖 9-11 中步驟 7 之串聯後的合成訊號）

$Mb_0{}^+ = b_1 \cdot c_0$ 　（圖 9-11 中步驟 3 之串聯後的合成訊號）

$Mb_0{}^- = b_1 \cdot c_1$ 　（圖 9-11 中步驟 6 之串聯後的合成訊號）

3. 繪製機械 - 氣壓迴路圖

(1) 先繪製氣壓缸、主氣閥、氣壓輔助器 (雙邊氣壓作動 5/2 閥) 及與其串接的氣壓極限閥等，如圖 9-17。

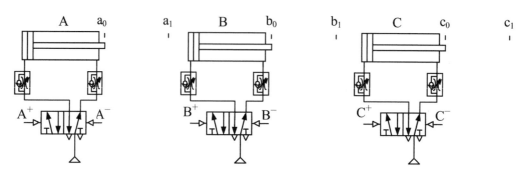

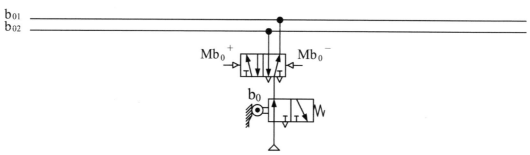

圖 9-17　【例 9-3】機械 - 氣壓雙穩態的部份迴路圖

(2) 再把驅動氣壓缸、氣壓輔助器等邏輯控制式轉化成氣壓元件,並連接其相關管
線完成機械 - 氣壓迴路的繪製,圖 9-18。

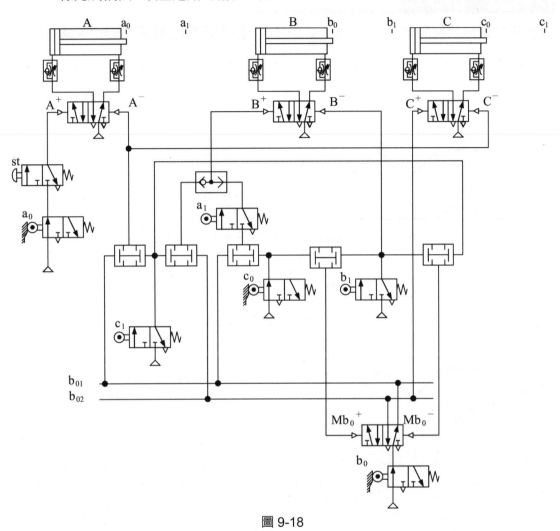

圖 9-18

4. 測試迴路圖功能

把機械 - 氣壓迴路圖 (圖 9-18) 繪製成 fluid.sim 氣壓控制迴路圖,在電腦模擬觀看 A

$^+$B$^+$B$^-$C$^+$B$^+$B$^-\dfrac{A^-}{C^-}$ 之動作順序是否正確 (可確實檢驗出本題目邏輯上的正確性),

然後再上機使用氣壓元件實際裝配迴路,測試迴路功能是否符合題意要求。

討論完使用 1 個氣壓輔助器的迴路,接著介紹 2 個氣壓輔助器的迴路,因為從各
位置極限閥的組合情形,會發現有部分重覆情況在 3 次以上,因此需要用 2 個輔助器
將其重覆情形區分開來。現在就以 A$^+$B$^+$B$^-$A$^-$A$^+$A$^-$、A$^+$B$_{1/2}$$^+B^-C^-$B^{++}B^{--}
C$^+$A$^-$兩個順序動作詳細說明設計要領。

例題 9-5

以氣壓訊號分析法設計 $A^+B^+B^-A^-A^+A^-$ 動作順序之機械 - 氣壓迴路

1. 列出各步驟之位置極限閥的訊號關係並建立位移 - 步驟 - 訊號分析圖，如圖 9-19、圖 9-20。

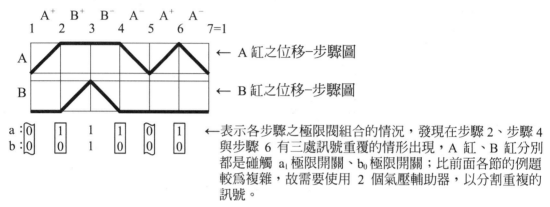

←表示各步驟之極限閥組合的情況，發現在步驟 2、步驟 4 與步驟 6 有三處訊號重覆的情形出現，A 缸、B 缸分別都是碰觸 a_1 極限開關、b_0 極限開關；比前面各節的例題較為複雜，故需要使用 2 個氣壓輔助器，以分割重複的訊號。

圖 9-19　【例 9-5】位移 - 步驟圖

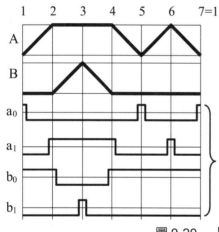

左列為各極限閥之訊號圖。由於 A 缸前進、後退各 2 次，a_0、a_1 的訊號就有 2 段，a_0 訊號分別在步驟 1 和步驟 5、a_1 訊號分別在步驟 2→3 和步驟 6 輸出訊號。B 缸在步驟 1→2 和步驟 4→7 停於後限碰觸 b_0，使其輸出訊號；步驟 3 是 B 缸伸出至前限碰觸 b_1，並使其輸出訊號。

圖 9-20　【例 9-5】位移 - 步驟 - 訊號圖

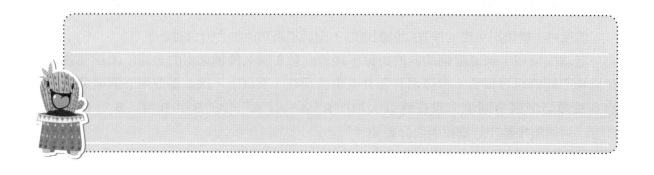

2. 決定氣壓輔助器的使用數量、連結方式並寫出氣壓缸及氣壓輔助器的邏輯控制式，如圖 9-21。

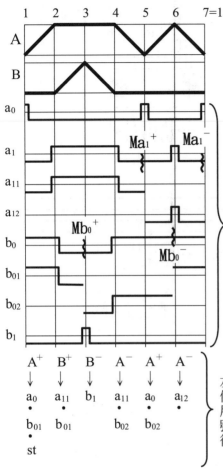

左列為各極限閥之訊號圖。由圖 9-18 各位置極限閥組合的情況就已經知道步驟 2（$a_1 \cdot b_0$）、步驟 4（$a_1 \cdot b_0$）與步驟 6（$a_1 \cdot b_0$）等 3 處訊號重覆，另步驟 1（$a_0 \cdot b_0$）與步驟 5（$a_0 \cdot b_0$）也有訊號重覆的情形產生，因訊號重覆的次數已達 3 次，且訊號重覆的情形沒有連續在各步驟出現，中間間隔步驟 3、5，從理論上來看使用 2 個氣壓輔助器，即能將 3 次的訊號重覆情況完整地分割清楚；而這 3 次的訊號重覆都是與 a_1 極限閥有關，故可先考慮將 a_1 的訊號加以分割，並以直接與氣壓輔助器串接的方式處理，利用 a_0 的訊號分別在步驟 5 啟動 Ma_1 輔助器、在步驟 7 復歸 Ma_1 輔助器，分割後的訊號分別是 a_{11}（輔助器啟動前的訊號）、a_{12}（輔助器啟動後的訊號），再以分割後的 a_1 訊號與其他極限閥訊號相串聯；但會發現步驟 2（$a_{11} \cdot b_0$）與步驟 4（$a_{11} \cdot b_0$）的合成訊號仍是重覆的，需再加入第 2 個氣壓輔助器（Mb_0），與極限閥 b_0 直接串接在一起，於步驟 3 啟動、在步驟 6 復歸，如此，即可區分出步驟 2（$a_{11} \cdot b_{01}$）與步驟 4（$a_{11} \cdot b_{02}$）的合成訊號的不同，這樣即可獲得驅動各氣壓缸所需的控制訊號，如左圖所示。

左列各式子為驅動各氣壓缸所需的控制訊號，不能有任何兩次相同的合成訊號出現（除非兩次的動作相同），用以確保各氣壓缸動作的正確性。每個組合後之合成訊號長度，至多只能保持到該氣壓缸下一次反向動作要執行時必須切斷。

圖 9-21　【例 9-5】位移 - 步驟 - 訊號分析圖

因各極限開關相互串連後的合成訊號發現有 3 次重複的情形，所以使用 2 個氣壓輔助器 (Ma_1) 分割 a_1 訊號及 (Mb_0) 分割 b_0 訊號，寫出各氣壓缸及氣壓輔助器的邏輯控制式：

$A^+ = a_0 \cdot b_{01} \cdot st + a_0 \cdot b_{02}$　（圖 9-21 中步驟 1 與步驟 5 之串聯後的合成訊號）
$A^- = a_{11} \cdot b_{02} + a_{12}$　（圖 9-21 中步驟 4 與步驟 6 之串聯後的合成訊號）
$B^+ = a_{11} \cdot b_{01}$　（圖 9-21 中步驟 2 之串聯後的合成訊號）
$B^- = b_1$　（圖 9-21 中步驟 3 之串聯後的合成訊號）
$Ma_1^+ = a_0 \cdot b_{02}$　（圖 9-21 中步驟 5 之串聯後的合成訊號）
$Ma_1^- = a_0 \cdot b_{01}$　（圖 9-21 中步驟 7 之串聯後的合成訊號）
$Mb_0^+ = b_1$　（圖 9-21 中步驟 3 之串聯後的合成訊號）
$Mb_0^- = a_{12}$　（圖 9-21 中步驟 6 之串聯後的合成訊號）

3. 繪製機械 - 氣壓迴路圖

(1) 先繪製氣壓缸、主氣閥、氣壓輔助器 (5/2 雙邊氣導閥) 及與其串接的氣壓極限
開關等，如圖 9-22。

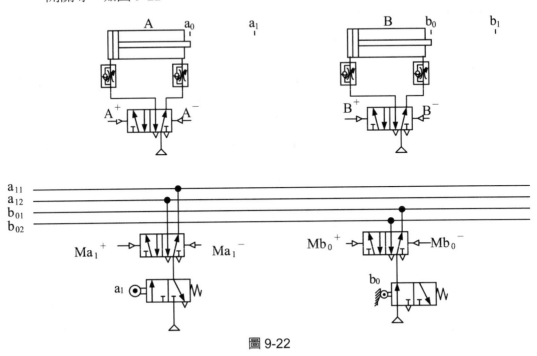

圖 9-22

(2) 再把驅動氣壓缸、氣壓輔助器等邏輯控制式轉化成氣壓元件，並連接其相關管線完成機械 - 氣壓迴路的繪製，圖 9-23。

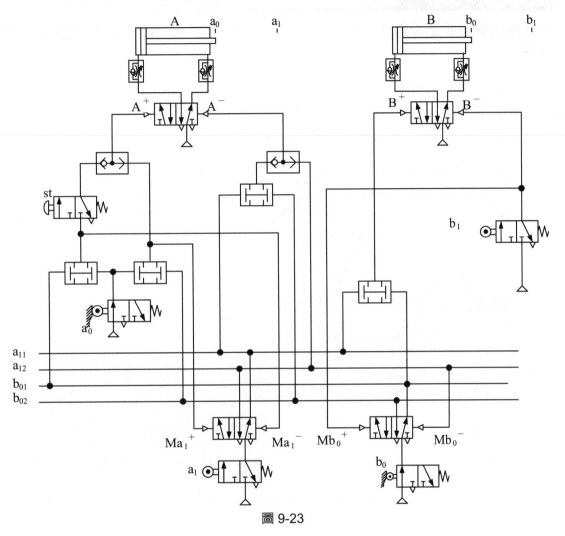

圖 9-23

4. 測試迴路圖功能

把機械 - 氣壓迴路圖 (圖 9-23) 繪製成 fluid.sim 氣壓控制迴路圖，在電腦模擬觀看 $A^+B^+B^-A^-A^+A^-$ 之動作順序是否正確，然後再上機使用氣壓元件實際裝配迴路，測試迴路功能是否符合題意要求。

例題 9-6

以氣壓訊號分析法設計 $A^+B_{1/2}^+B^-C^-B^{++}B^{--}C^+A^-$ 動作順序之機械 - 氣壓迴路

1. 列出各步驟極限開關的訊號關係並建立位移 - 步驟 - 訊號分析圖。

   先把動作順序 $A^+B_{1/2}^+B^-C^-B^{++}B^{--}C^+A^-$ 轉換為位移 - 步驟圖並列出各步驟極限開關的訊號關係，如圖 9-24、圖 9-25。

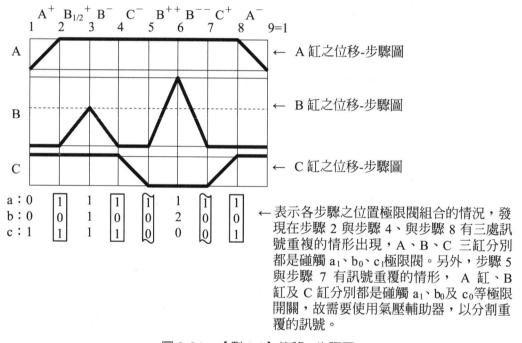

表示各步驟之位置極限閥組合的情況，發現在步驟 2 與步驟 4、與步驟 8 有三處訊號重複的情形出現，A、B、C 三缸分別都是碰觸 a_1、b_0、c_1 極限閥。另外，步驟 5 與步驟 7 有訊號重覆的情形，A 缸、B 缸及 C 缸分別都是碰觸 a_1、b_0 及 c_0 等極限開關，故需要使用氣壓輔助器，以分割重覆的訊號。

圖 9-24　【例 9-6】位移 - 步驟圖

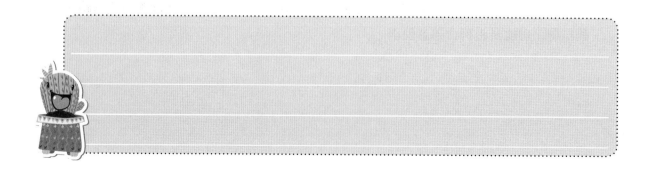

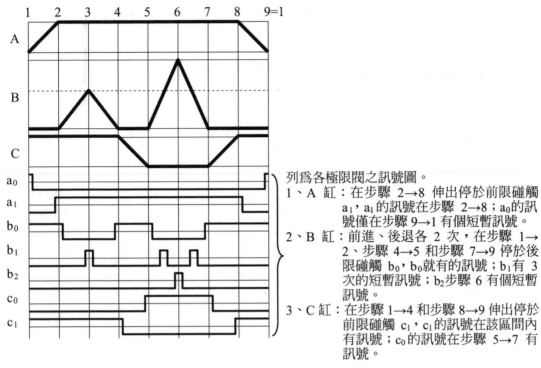

列為各極限閥之訊號圖。

1、A 缸：在步驟 2→8 伸出停於前限碰觸 a_1，a_1 的訊號在步驟 2→8；a_0 的訊號僅在步驟 9→1 有個短暫訊號。

2、B 缸：前進、後退各 2 次，在步驟 1→2、步驟 4→5 和步驟 7→9 停於後限碰觸 b_0，b_0 就有的訊號；b_1 有 3 次的短暫訊號；b_2 步驟 6 有個短暫訊號。

3、C 缸：在步驟 1→4 和步驟 8→9 伸出停於前限碰觸 c_1，c_1 的訊號在該區間內有訊號；c_0 的訊號在步驟 5→7 有訊號。

圖 9-25　【例 9-6】位移 - 步驟 - 訊號圖

2.　列出各步驟極限開關的訊號關係並建立位移 - 步驟 - 訊號分析圖。

先把動作順序 $A^+B_{1/2}^{\ +}B^-C^-B^{++}B^{--}C^+A^-$ 轉換為位移 - 步驟圖並列出各步驟位置極限閥的訊號關係。

3. 決定氣壓輔助器的使用數量、連結方式並寫出氣壓缸及氣壓輔助器的邏輯控制式，如圖 9-26。

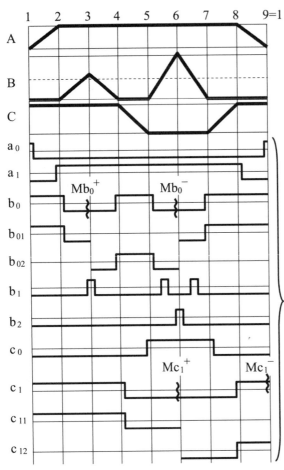

左列為各位置極限閥之訊號圖。由圖9-23各極限閥組合的情況就已經知道步驟 2（$a_1 \cdot b_0 \cdot c_1$）、步驟 4（$a_1 \cdot b_0 \cdot c_1$）與步驟 8（$a_1 \cdot b_0 \cdot c_1$）有 3 次訊號重覆的情形產生；另步驟 5（$a_1 \cdot b_0 \cdot c_0$）與步驟 7（$a_1 \cdot b_0 \cdot c_0$）也有訊號重覆的情形產生，因訊號重覆的次數已達 3 次，且訊號重覆的情形沒有連續在各步驟出現，中間間隔步驟 3、6，從理論上來看使用 2 個氣壓輔助器，即能將 3 次的訊號重覆情況完整地分割清楚；而這 3 次的訊號重覆都是與 b_0 極限開關有關，故可先考慮把 b_0 的訊號加以分割，以 b_0 和氣壓輔助器直接串接的方式處理，分別利用在步驟 3 的訊號（$b_1 \cdot c_1$）啟動 Mb_0 輔助器、在步驟 6 的訊號（b_2）復歸 Ma_1 輔助器，b_0 被分割後的訊號分別是 b_{01}（輔助器啟動前的訊號）、b_{02}（輔助器啟動後的訊號），再以分割後的訊號與其他極限開關訊號相串聯；但會發現 $b_{01} \cdot c_1$ 串聯後在步驟 1、2、8 等處合成訊號都相同。因此，需再加入第 2 個氣壓輔助器（Mc_1），直接和 c_1 極限開關串接以分割 c_1 的訊號，並於步驟 6 啟動、在步驟 9 復歸。如此，即可獲得驅動各氣壓缸所需的控制訊號，如左圖所示。

圖 9-26　【例 9-6】位移 - 步驟 - 訊號分析圖

A^+	$B_{1/2}{}^+$	B^-	C^-	B^{++}	B^{--}	C^+	A^-
↓	↓	↓	↓	↓	↓	↓	↓
a_0	a_1	b_1	b_{02}	b_{02}	b_2	b_{01}	c_{12}
st	b_{01}	c_{11}		c_0			

11

左列各式子為驅動各氣壓缸所需的控制訊號，不能有任何兩次相同的合成訊號出現（除非兩次的動作相同），用以確保各氣壓缸動作的正確性。每個組合後之合成訊號長度，至多只能保持到該氣壓缸下一次反向動作要執行時必須切斷。

因各極限閥在未分割前相互串聯後的合成訊號，發現至多有 3 次重複的情形，所以使用 2 個氣壓輔助器 (Mb_0、Mc_1) 分割 b_0、c_1 訊號，並寫出各氣壓缸及氣壓輔助器的邏輯控制式：

$A^+ = a_0 \cdot st \quad A^- = c_{12}$　　（圖 9-26 中步驟 1、8 之串聯後的合成訊號）

$B^+ = a_1 \cdot b_{01} \cdot c_{11} + b_{02} \cdot c_0$　（圖 9-26 中步驟 2、5 之串聯後的合成訊號）

$B^- = b_1 \cdot c_{11} + b_2$　　（圖 9-26 中步驟 3、6 之串聯後的合成訊號）

$C^+ = b_{01} \quad C^- = b_{02}$　　（圖 9-26 中步驟 4、7 之控制訊號）

$Mb_0^+ = b_1 \cdot c_{11} \quad Mb_0^- = b_2$　（圖 9-26 中步驟 3、6 Mb_0 啟動、復歸的合成訊號）

$Mc_1^+ = b_2 \quad Mc_1^- = a_0$　　（圖 9-26 中步驟 6、9 Mc_1 啟動、復歸的合成訊號）

3.　繪製機械 - 氣壓迴路圖

(1)　先繪製氣壓缸、主氣閥、氣壓輔助器 (5/2 雙邊氣導閥) 及與其串接的氣壓極限閥等，如圖 9-27。

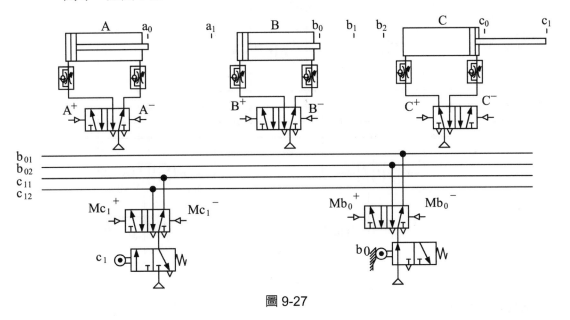

圖 9-27

(2) 再把驅動氣壓缸、氣壓輔助器等邏輯控制式轉化成氣壓元件，並連接其相關管線完成機械 - 氣壓迴路的繪製，圖 9-28。

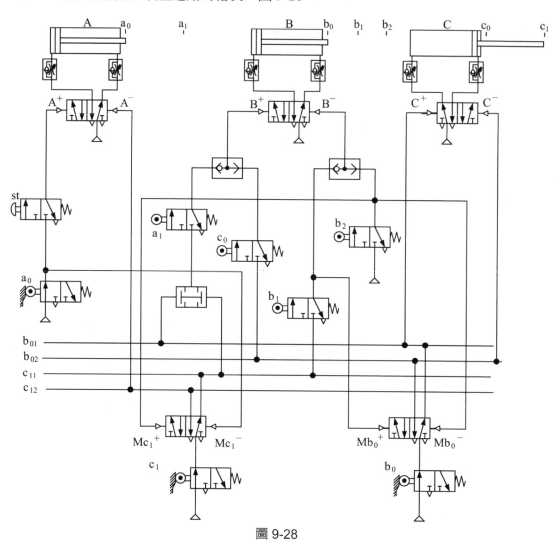

圖 9-28

4. 測試迴路圖功能

把機械 - 氣壓迴路圖 (圖 9-28) 繪製成 fluid.sim 氣壓控制迴路圖，在電腦模擬觀看 $A^+B_{1/2}^+B^-C^-B^{++}B^{--}C^+A^-$ 之動作順序是否正確，然後再上機使用氣壓元件實際裝配迴路，測試迴路功能是否符合題意要求。

最後我們要介紹 3 個氣壓輔助器的迴路，從各位置極限閥的組合情形來觀察，會發現有部分重覆情況在 3 次以上且連續出現，若使用 2 個輔助器雖可將其重覆情況區分開來，但無法找到輔助器適當的啟動或復歸訊號，甚至使用的輔助器要同時解決多種不同重覆的情況，因此這個輔助器須單獨使用，不可與位置極限閥直接串連在一起。現在就以 $A^+B^+B^-A^-B^+B^-A^+A^-$、$A^+B^+B^-B^+B^-A^-A^+A^-$ 兩種順序動作詳細說明 3 個氣壓輔助器設計要領。

例題 9-7

以氣壓訊號分析法設計 $A^+B^+B^-A^-B^+B^-A^+A^-$ 動作順序之機械 - 氣壓迴路

1. 列出各步驟極限開關的訊號關係並建立位移 - 步驟 - 訊號分析圖。

先把動作順序 $A^+B^+B^-A^-B^+B^-A^+A^-$ 轉換為位移 - 步驟圖並列出各步驟極限開關的訊號關係，如圖 9-29、圖 9-30。

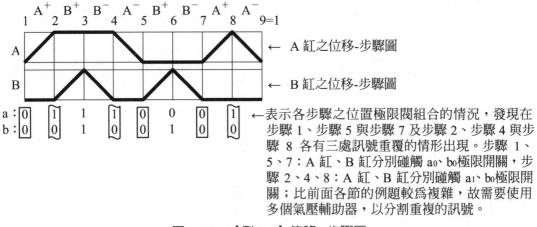

←表示各步驟之位置極限閥組合的情況，發現在步驟 1、步驟 5 與步驟 7 及步驟 2、步驟 4 與步驟 8 各有三處訊號重覆的情形出現。步驟 1、5、7：A 缸、B 缸分別碰觸 a_0、b_0 極限開關，步驟 2、4、8：A 缸、B 缸分別碰觸 a_1、b_0 極限開關；比前面各節的例題較為複雜，故需要使用多個氣壓輔助器，以分割重複的訊號。

圖 9-29　【例 9-7】位移 - 步驟圖

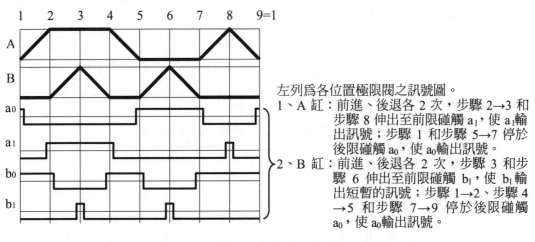

左列為各位置極限閥之訊號圖。
1、A 缸：前進、後退各 2 次，步驟 2→3 和步驟 8 伸出至前限碰觸 a_1，使 a_1 輸出訊號；步驟 1 和步驟 5→7 停於後限碰觸 a_0，使 a_0 輸出訊號。
2、B 缸：前進、後退各 2 次，步驟 3 和步驟 6 伸出至前限碰觸 b_1，使 b_1 輸出短暫的訊號；步驟 1→2、步驟 4→5 和步驟 7→9 停於後限碰觸 a_0，使 a_0 輸出訊號。

圖 9-30　【例 9-7】位移 - 步驟 - 訊號圖

2. 決定氣壓輔助器的使用數量、連結方式並寫出氣壓缸及氣壓輔助器的邏輯控制式，如圖 9-31。

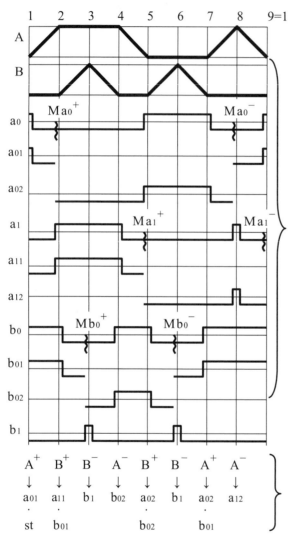

左列為各位置極限閥之訊號圖。由圖9-27各極限閥組合的情況就已經知道步驟 1（$a_0 \cdot b_0$）、步驟 5（$a_0 \cdot b_0$）與步驟 7（$a_0 \cdot b_0$）等 3 處訊號重覆，另步驟 2（$a_1 \cdot b_0$）、步驟 4（$a_1 \cdot b_0$）與步驟 8（$a_1 \cdot b_0$）等 3 處也有訊號重覆的情形產生，因訊號重覆的次數已達 3 次，在深入分析後發現訊號相互串連的情況相當多，導致雙壓閥的使用數量多達 10 個。若多加 1 個氣壓輔助器可減少相當數量之雙壓閥。現在就以 3 個氣壓輔助器來設計迴路。

b_0：首先會發現所有有訊號重覆的均與 b_0 極限開關有關，故可先考慮將 b_0 的訊號加以分割，並與氣壓輔助器直接串接的方式處理，利用 b_1 的訊號分別在步驟 3 啟動 Mb_0 輔助器、在步驟 6 復歸 Mb_0 輔助器，分割後的訊號分別是 b_{01}（輔助器啟動前的訊號）、b_{02}（輔助器啟動後的訊號）。

a_0：步驟 1、5、7 三處訊號重覆與 a_0 極限開關有關，可將 a_0 的訊號加以分割，也是與氣壓輔助器直接串接的方式處理，利用 a_1 的訊號分別在步驟 2 啟動 Ma_0 輔助器、在步驟 8 復歸 Ma_0 輔助器，分割後的訊號分別是 a_{01}（輔助器啟動前的訊號）、a_{02}（輔助器啟動後的訊號）。

a_1：步驟 2、4、8 三處訊號重覆與 a_1 極限開關有關，可將 a_1 的訊號加以分割，還是以直接與氣壓輔助器串接的方式處理，利用 a_0 的訊號分別在步驟 5 啟動 Ma_1 輔助器、在步驟 9 復歸 Ma_1 輔助器，分割後的訊號分別是 a_{11}（輔助器啟動前的訊號）、a_{12}（輔助器啟動後的訊號）。

左列各式子為驅動各氣壓缸所需的控制訊號，不能有任何兩次相同的合成訊號出現（除非兩次的動作相同），用以確保各氣壓缸動作的正確性。每個組合後之合成訊號長度，至多只能保持到該氣壓缸下一次反向動作要執行時必須切斷。

圖 9-31　【例 9-7】位移 - 步驟 - 訊號分析圖

寫出各氣壓缸及氣壓輔助器的邏輯控制式：

$A^+ = a_{01} \cdot st + a_{02} \cdot b_{01}$　A^-　（圖 9-31 中步驟 1、7 及 4、8 之串聯後的合成訊號）
　　　$= b_{02} + a_{12}$

$B^+ = a_{11} \cdot b_{01} + a_{02} \cdot b_{02}$　$B^- = b_1$　（圖 9-31 中步驟 2、5 及 3、6 之串聯後的合成訊號）

$Ma_0^+ = a_{11}$　$Ma_0^- = a_{12}$　（圖 9-31 中 Ma_0 步驟 2 啟動及步驟 8 之復歸訊號）

$Ma_1^+ = a_{02}$　$Ma_1^- = a_{01}$　（圖 9-31 中 Ma_1 步驟 5 啟動及步驟 9 之復歸訊號）

$Mb_0^+ = a_{11} \cdot b_1$　$Mb_0^- = a_{02} \cdot b_1$　（圖 9-31 中 Mb_0 步驟 3 啟動及步驟 6 之復歸訊號）

3. 繪製機械 - 氣壓迴路圖

(1) 先繪製氣壓缸、主氣閥、氣壓輔助器 (5/2 雙邊氣導閥) 及與其串接的氣壓極限閥等，如圖 9-32。

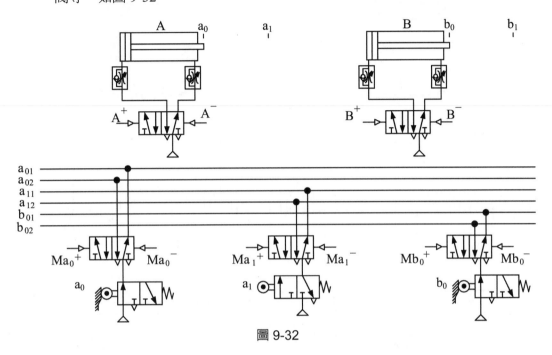

圖 9-32

(2) 再把驅動氣壓缸、氣壓輔助器等邏輯控制式轉化成氣壓元件，並連接其相關管線完成機械 - 氣壓迴路的繪製，圖 9-33。

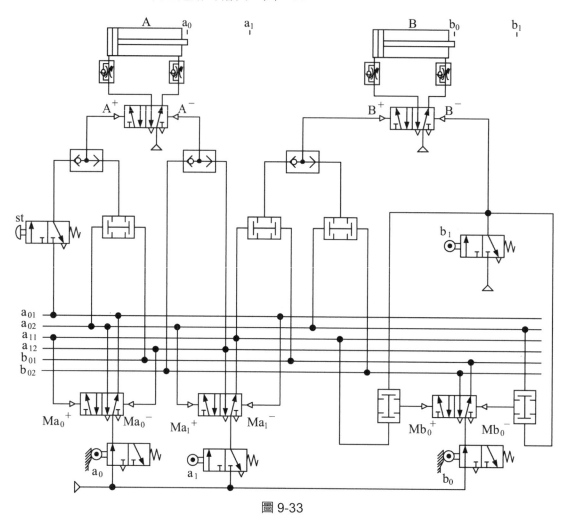

圖 9-33

4. 測試迴路圖功能

把機械 - 氣壓迴路圖 (圖 9-33) 繪製成 fluid.sim 氣壓控制迴路圖，在電腦模擬觀看 $A^+B^+B^-A^-B^+B^-A^+A^-$ 之動作順序是否正確，然後再上機使用氣壓元件實際裝配迴路，測試迴路功能是否符合題意要求。

例題 9-8

以氣壓訊號分析法設計 $A^+B^+B^-B^+B^-A^-A^+A^-$ 動作順序之機械 - 氣壓迴路

1. 列出各步驟極限開關的訊號關係並建立位移 - 步驟 - 訊號分析圖。

先把動作順序 $A^+B^+B^-B^+B^-A^-A^+A^-$ 轉換為位移 - 步驟圖並列出各步驟極限開關的訊號關係，如圖 9-34、圖 9-35。

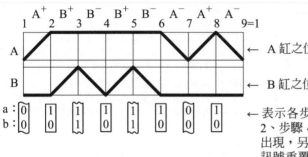

← A 缸之位移-步驟圖

← B 缸之位移-步驟圖

← 表示各步驟之位置極限閥組合的情況，發現在步驟 2、步驟 4、步驟 6 與步驟 8 等 4 處訊號重覆的情形出現，另步驟 1 與步驟 7、步驟 3 與步驟 5 各有 2 處訊號重覆的情形出現。步驟 2、4、6、8：A 缸、B 缸分別碰觸 a_1、b_0 極限開關，共有 4 次；步驟 1、7：A 缸、B 缸分別碰觸 a_0、b_0 極限開關，有 2 次；步驟 3、5：A 缸、B 缸分別碰觸 a_1、b_1 極限開關，有 2 次。本題訊號重覆的情形比前面各例題較為複雜，故需要使用多個氣壓輔助器，以分割重複的訊號。

圖 9-34 【例 12】位移 - 步驟圖

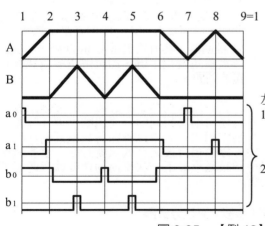

左列為各極限開關之訊號圖。

1、A 缸：前進、後退各 2 次，步驟 2→6 和步驟 8 伸出至前限碰觸 a_1，使 a_1 輸出訊號；步驟 7 和步驟 9=1 停於後限碰觸 a_0，使 a_0 輸出訊號。

2、B 缸：前進、後退各 2 次，步驟 3 和步驟 5 伸出至前限碰觸 b_1，使 b_1 輸出短暫訊號；步驟 1→2 和步驟 6→9=1 停於後限碰觸 b_0，使 b_0 輸出訊號。

圖 9-35 【例 12】位移 - 步驟 - 訊號圖

2. 決定氣壓輔助器的使用數量、連結方式並寫出氣壓缸及氣壓輔助器的邏輯控制式，如圖 9-36。

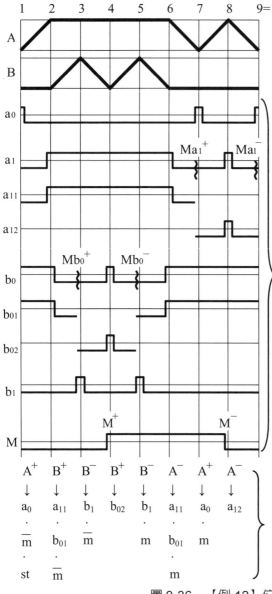

左列爲各位置極限閥之訊號圖。由圖 9-32 各極限閥組合的情況就已經知道步驟 2、4、6、8 等 4 處訊號（$a_1 \cdot b_0$）重覆，另步驟 1、7 訊號（$a_0 \cdot b_0$）及步驟 3、5 訊號（$a_1 \cdot b_1$）等 2 處也有訊號重覆的情形產生，因訊號重覆的次數已達 4 次，且訊號重覆的情形連續在各步驟出現，在深入分析後決定使用 3 個氣壓輔助器，才可將所有訊號重覆的情形分割清楚，以符合各氣壓缸動作及各氣壓輔助器使用。現在就以 3 個氣壓輔助器來設計迴路。

a_1：步驟 2、4、6、8 等 4 處訊號（$a_1 \cdot b_0$）及步驟 3、5 訊號（$a_1 \cdot b_1$）等 2 處訊號重覆的全與 a_1 有關，故可先考慮將 a_1 的訊號加以分割，並與氣壓輔助器直接串接的方式處理，利用 a_0 的訊號分別在步驟 7、9 啓動、復歸 Ma_1 輔助器，分割後的訊號分別是 a_{11}（啓動前的訊號）、a_{12}（啓動後的訊號）。

b_0：步驟 2、4、6、8 等 4 處訊號（$a_1 \cdot b_0$）及步驟 1、7 訊號（$a_0 \cdot b_0$）等 2 處訊號重覆與 b_0 有關，也可將 b_0 的訊號加以分割，仍是與氣壓輔助器直接串接的方式處理，利用 b_1 的訊號分別在步驟 3、5 啓動、復歸 Mb_0 輔助器，分割後的訊號分別是 b_{01}（啓動前的訊號）、b_{02}（啓動後的訊號）。

M：因仍有步驟 1、7 訊號（$a_0 \cdot b_0$），步驟 2、6 訊號（$a_1 \cdot b_0$）及步驟 3、5 訊號（$a_1 \cdot b_1$）等處重覆，要一起解決多處訊號重覆的問題，就需要再加入一個獨立連接氣源之 M 輔助器，其所輸出 $\overline{m}$ 及 m 訊號，可與前述重覆訊號相串聯，即可解決多處訊號重覆的問題。

左列各式子爲驅動各氣壓缸所需的控制訊號，不能有任何兩次相同的合成訊號出現（除非兩次的動作相同），用以確保各氣壓缸動作的正確性。每個組合後之合成訊號長度，至多只能保持到該氣壓缸下一次反向動作要執行時必須切斷。

圖 9-36　【例 12】位移 - 步驟 - 訊號分析圖

寫出各氣壓缸及氣壓輔助器的邏輯控制式：

$A^+ = a_0 \cdot \overline{m} \cdot st + a_0 \cdot m$ 　　（圖 9-36 中步驟 1 與步驟 7 之串聯後的合成訊號）

$A^- = a_{11} \cdot b_{01} \cdot m + a_{12}$ 　　（圖 9-36 中步驟 6 與步驟 8 之串聯後的合成訊號）

$B^+ = a_{11} \cdot b_{01} \cdot \overline{m} + b_{02}$ 　　（圖 9-36 中步驟 2 與步驟 4 之串聯後的合成訊號）

$B^- = b_1$ 　　（圖 9-36 中步驟 3 與步驟 5 之訊號）

$Ma_1^+ = a_0 \cdot m$ 　　（圖 9-36 中步驟 7 Ma_1 之啓動訊號）

$Ma_1^- = a_0 \cdot \overline{m}$ 　　（圖 9-36 中步驟 9 Ma_1 之復歸訊號）

$Mb_0^+ = b_1 \cdot \overline{m}$ 　　（圖 9-36 中步驟 3 Mb_0 之啓動訊號）

$Mb_0^- = b_1 \cdot m$ 　　（圖 9-36 中步驟 5 Mb_0 之復歸訊號）

$M^+ = b_{02}$　$M^- = a_{12}$ 　　（圖 9-36 中步驟 4 與步驟 8 M 之啓動及復歸訊號）

(1)　先繪製氣壓缸、主氣閥、氣壓輔助器 (5/2 雙邊氣導閥) 及與其串接的氣壓極限閥等，如圖 9-37。

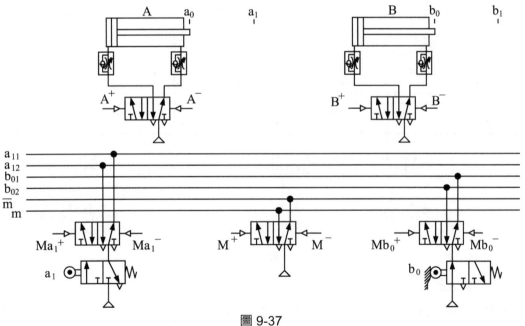

圖 9-37

(2) 再把驅動氣壓缸、氣壓輔助器等邏輯控制式轉化成氣壓元件，並連接其相關管線完成機械 - 氣壓迴路的繪製，圖 9-38。

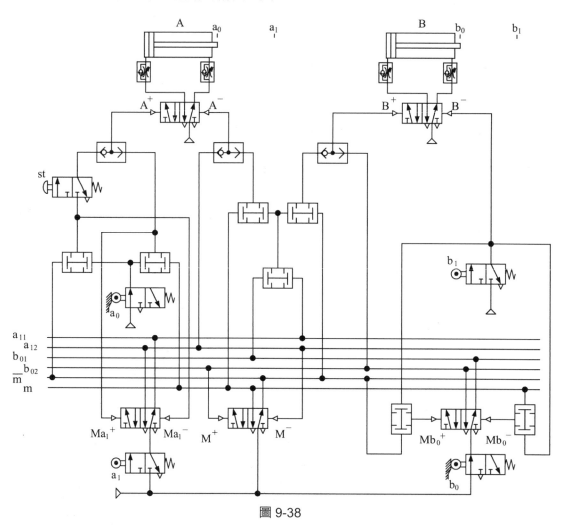

圖 9-38

4. 測試迴路圖功能

把機械 - 氣壓迴路圖 (圖 9-38) 繪製成 fluid.sim 氣壓控制迴路圖，在電腦模擬觀看 $A^+B^+B^-B^+B^-A^-A^+A^-$ 之動作順序是否正確，然後再上機使用氣壓元件實際裝配迴路，測試迴路功能是否符合題意要求。

以上八個例題是針對 "氣壓訊號分析設計法" 在機械 - 氣壓迴路設計的說明，所介紹的全部都是雙穩態迴路。在此為了消除這種設計法好像僅能適用於雙穩態迴路設計的不實印象，特將所獲得的邏輯控制式，透過轉換公式 $A^{(\pm)} = (A^+ + U_A) \cdot \overline{A^-}$（即雙穩態迴路轉換為單穩態迴路的公式）的轉換後，即可以用來繪製有單穩態閥件的機械 - 氣壓迴路圖，現在就以【例 9-8】為例子，詳加說明。

此處將 A 缸以雙穩態閥件、B 缸以單穩態閥件來控制，A 缸的控制式直接可以使用，而 B 缸的控制式就需要經轉換公式轉換後，才能用於繪製單穩態機械-氣壓迴路圖，轉換情況如下：

$B^+ = a_{11} \cdot b_{01} \cdot \overline{m} + b_{02}$　$B^- = b_1$　代入轉換公式後

$B^{(\pm)} = (B^+ + U_B) \cdot \overline{B^-} = (a_{11} \cdot b_{01} \cdot \overline{m} + b_{02} + U_B) \cdot \overline{b_1}$

單穩態機械 - 氣壓迴路圖如圖 9-39。

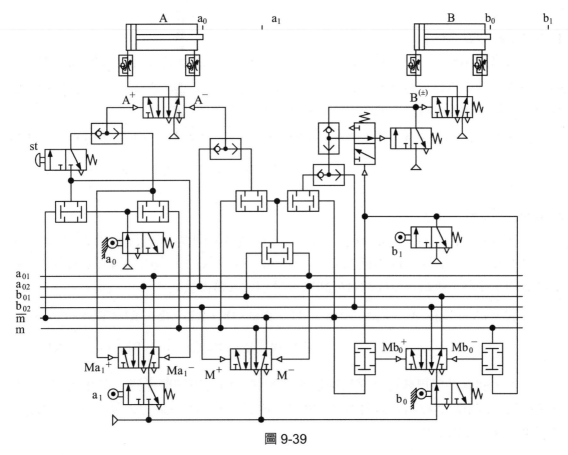

圖 9-39

把單穩態機械 - 氣壓迴路圖 (圖 9-39) 繪製成 fluid.sim 氣壓控制迴路圖，在電腦模擬觀看 $A^+B^+B^-B^+B^-A^-A^+A^-$ 之動作順序是否正確，然後再上機使用氣壓元件實際裝配迴路，測試迴路功能是否符合題意要求。

最後再把【例 9-8】例題改換設計爲電路圖，而在電路圖中所使用的繼電器、單邊電磁閥 (B 缸用) 等元組件皆爲單穩態元件，其所使用的邏輯控制式也都爲單穩態的。因使用訊號分析法所獲得的邏輯控制式爲雙穩態的，都是需要透過轉換公式來轉換邏輯控制式，如 M、Ma_1、Mb_0 等三個輔助器需用三個繼電器 ($R1$、Ra_1、Rb_0) 來取代，而邏輯控制式經轉換式轉換後，分別如下說明：

第 1 個輔助器 (M)

啟動訊號 $M^+ = b_{02} \rightarrow b_0 \cdot Rb_0$、由 b_0 位置極限閥串接 Rb_0 繼電器的 a 接點，所組合而成的合成訊號，復歸訊號 $M^- = a_{12} \rightarrow a_1 \cdot Ra_1$、亦是由 a_1 位置極限閥接 Ra_1 繼電器的 a 接點，所組合而成的合成訊號，分別代入轉換公式

$$A^{(\pm)} = (A^+ + U_A) \cdot \overline{A^-} \quad 得$$
$$R1^{(\pm)} = (b_0 \cdot Rb_0 + R1) \cdot (\overline{a_0 \cdot Ra_1}) = (b_0 \cdot Rb_0 + R1) \cdot (\overline{a_1} + \overline{Ra_1})$$

第 2 個輔助器 (Ma₁)

啟動訊號 $Ma_1^+ = a_0 \cdot m \rightarrow a_0 \cdot R1$、由 a_0 位置極限閥串接 $R1$ 繼電器的 a 接點，所組合而成的合成訊號，歸訊號 $Ma_1^- = a_0 \cdot \overline{m} \rightarrow a_0 \cdot \overline{R1}$、亦是由 a_0 位置極限閥接 $R1$ 繼電器的 b 接點，所組合而成的合成訊號，分別代入轉換公式

$$式\ A^{(\pm)} = (A^+ + U_A) \cdot \overline{A^-}\ 得\ Ra_1^{(\pm)} = (a_0 \cdot R1 + Ra_1) \cdot (\overline{a_0 \cdot \overline{R1}}) = (a_0 \cdot R1 + Ra_1) \cdot (\overline{a_0} + R1)$$

$$(再整理簡化) \Longrightarrow = (a_0 + Ra_1) \cdot (\overline{a_0} + R1)$$

第 3 個輔助器 (Mb₀)

啟動訊號 $Mb_0^+ = b_1 \cdot \overline{m} \rightarrow b_1 \cdot \overline{R1}$、由 b_1 位置極限閥串接 $R1$ 繼電器的 b 接點，所組合而成的合成訊號，歸訊號 $Ma_1^- = b_1 \cdot m \rightarrow b_1 \cdot R1$、亦是由 b_1 位置極限閥接 $R1$ 繼電器的 a 接點，所組合而成的合成訊號，分別代入轉換公式

$$式\ A^{(\pm)} = (A^+ + U_A) \cdot \overline{A^-}\ 得\ Rb_0^{(\pm)} = (b_1 \cdot \overline{R1} + Rb_0) \cdot (\overline{b_1 \cdot R1}) = (b_1 \cdot \overline{R1} + Rb_0) \cdot (\overline{b_1} + \overline{R1})$$

$$(再整理簡化) \Longrightarrow = (b_1 + Rb_0) \cdot (\overline{b_1} + \overline{R1})$$

以上 3 個輔助器已轉換為單穩態邏輯控制式，即可控制繼電器。在 B 缸亦使用單邊電磁閥，也須將其控制式轉換為單穩態可用的式子，其轉換過程如前一小節所描述，其結果的邏輯控制式為：

$$B^{(\pm)} = (B^+ + U_B) \cdot \overline{B^-} = (a_{11} \cdot b_{01} \cdot \overline{m} + b_{02} + U_B) \cdot \overline{b_1}$$

　　另外，各位置極限開關因使用次數較多，也需用繼電器擴增其使用點數。綜合前述各項說明後，所繪製的電路圖，如圖 9-40。

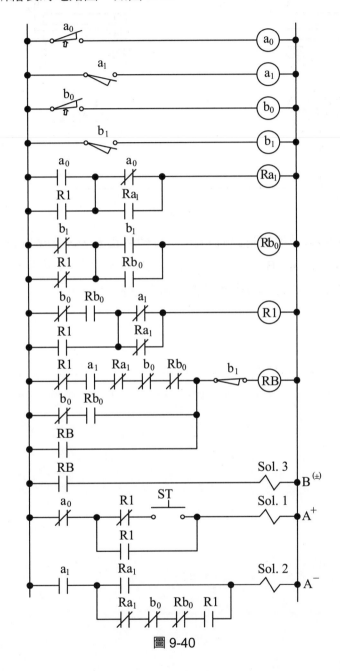

圖 9-40

圖 9-38 電路圖所搭配的氣壓迴路圖，如圖 9-41。

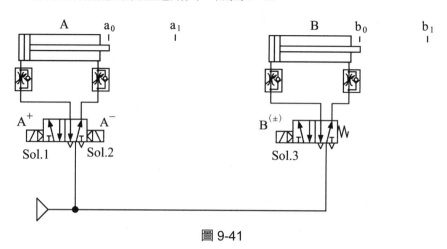

圖 9-41

　　把電路圖 (圖 9-40) 及氣壓迴路圖 (圖 9-41) 結合起來，繪製成 fluid.sim 控制迴路圖，在電腦模擬觀看 $A^+ B^+ B^- B^+ B^- A^- A^+ A^-$ 之動作順序是否正確，然後再上機使用氣壓元件實際裝配迴路，測試迴路功能是否符合題意要求。

氣壓訊號分析設計法綜合設計能力測驗

練習 1 以前面各例題所介紹之氣壓訊號分析方法，設計 $A^+B^+B^-B^+B^-A^-$ 兩支氣壓缸之機械 - 氣壓迴路圖。

練習 2 以前面各例題所介紹之氣壓訊號分析方法，設計 $A^+A^-A^+A^-B^+B^-B^+B^-$ 兩支氣壓缸之機械 - 氣壓迴路圖或電氣 - 氣壓迴路圖。

NOTE

10 氣壓邏輯設計法

　　"氣壓邏輯設計法"係指應用布林代數作為運算的基礎，以求得邏輯控制式，再依邏輯控制式將機械 - 氣壓迴路正確地繪製出來，甚至亦可透過轉換公式經變換後，用來繪製機械 - 氣壓單穩態迴路或電氣 - 氣壓迴路。

　　基本上來說，氣壓迴路係由許多具有"開、關"特性之裝置所構成，這些裝置的狀態正好與邏輯設計法中所使用的"0、1"相符，因此可將邏輯法的設計方式應用於氣壓迴路設計領域。另外在氣壓迴路中，當氣壓閥件 (常閉型) 只有在打開通氣 (即邏輯狀態"0"變為"1") 時，才會對迴路的動作有所影響；若為關閉 (即邏輯狀態"1"變為"0") 狀態，則毫無影響，所以在求解化簡卡諾圖時，對於氣壓閥件為"0"的狀態可以不用處理，這樣可以使卡諾圖的使用變數數量減少一半，也使得在化簡卡諾圖 (在化簡邏輯控制式相當方便的一種圖解方法，不需使用邏輯公式來化簡，可大幅簡化邏輯方程式產出的困難度，卡諾圖組成要件後面會詳加說明) 時，要解出邏輯控制式的工作大為簡化。不像其他領域使用邏輯法設計邏輯電路，當在求解卡諾圖時要面面俱到，就是把屬性相同的全部都刮進來才能正確地解出卡諾圖的結果。

　　依筆者多年來之氣壓教學經驗，在邏輯法設計氣壓迴路過程中，可以整理出如下列設計的程序可供依循的，現在就將其歸納整理，概分為五個步驟，茲說明如下：

1.　先用"0 與 1" (即氣壓缸所碰觸之後限極限閥與前限極限閥) 表示在各步驟上位置極限閥的組合情形，然後判別出整個循環中，各位置極限閥組合後重覆的次數，用以決定需要氣壓輔助器之使用數量，及每個氣壓輔助器之啟動、復歸的時機。

2.　建立卡諾圖：以前面"0 與 1"的組合情況，依動作順序及氣壓輔助器使用數量，詳細填寫出可獲得氣壓迴路邏輯控制式之卡諾圖 (需注意卡諾圖填寫的正確性，可借用前一項 0 與 1 的組合情況相輔助)。

3.　應用卡諾圖的化簡要領 (詳細情形例題中詳述)，解出最精簡的邏輯控制式。

4.　依據前一項最精簡的邏輯控制式，逐一地轉畫成機械 - 氣壓或電氣 - 氣壓迴路圖。

5.　把機械 - 氣壓迴路圖或電氣 - 氣壓迴路圖，繪製成 fluid.sim 控制迴路圖，先在電腦上模擬觀看其動作順序是否正確 (可確實檢驗出本題目邏輯上的正確性)，然後再上機使用氣壓元件實際裝配迴路，測試迴路功能是否符合題意要求。

現在舉出幾個例子 (A、B、C 最多 3 支缸、每支缸前進後退最多 2 次的複雜動作)，並將其區分為 4 個層級，如下所述：

1.　第 1 層級：使用 0 個輔助器，

$$A_1^+ B^+ A_1^- C^+ A_2^+ B^- A_2^- C^- \text{、} A^+ B_1^+ C^+ B_1^- A^- B_2^+ C^- B_2^- \text{。}$$

2.　第 2 層級：使用 1 個輔助器，

$$A_1^+ B^+ A_1^- A_2^+ B^- A_2^- \text{、} A^+ B_1^+ B_1^- C^+ B_2^+ B_2^- {}^{A^-}_{C^-} \text{。}$$

3.　第 3 層級：使用 2 個輔助器，

$$A_1^+ B^+ B^- A_1^- A_2^+ A_2^- \text{、} A^+ B_{1/2}^+ B^- C^- B^{++} B^{--} C^+ A^- \text{。}$$

4.　第 4 層級：使用 3 個輔助器，

$$A_1^+ B_1^+ B_1^- B_2^+ B_2^- A_1^- A_2^+ A_2^- \text{、} A_1^+ A_1^- A_2^+ A_2^- B_1^+ B_1^- B_2^+ B_2^- \text{。}$$

透過上述這些精選例子的說明，應可仔細了解 "氣壓邏輯設計法" 的設計重點與要領，現在就從第 1 層級 (使用 0 個輔助器) 開始說明：

例題 10-1

以氣壓邏輯設計法設計 $A_1^+B^+A_1^-C^+A_2^+B^-A_2^-C^-$ 動作順序之機械 - 氣壓迴路

1. 將動作順序轉換爲位移 - 步驟圖，瞭解各步序點上之位置極限閥的合成狀況，並判別出有幾次重覆的情況及氣壓輔助器的使用數量。

   先把 $A_1^+B^+A_1^-C^+A_2^+B^-A_2^-C^-$ 動作順序轉換爲位移 - 步驟圖，並列出各步驟之位置極限閥的訊號關係，如圖 10-1、圖 10-2。

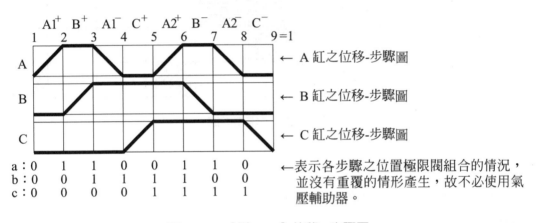

圖 10-1　【例 10-1】位移 - 步驟圖

2. 將各氣壓缸動作順序正確地塡寫入卡諾圖中。

   卡諾圖上面橫排的變數數量，就看氣壓缸有幾支就有幾個，如本題有 3 支缸就有 3 個變數，而變數在卡諾圖格位中是很有規則性的變化 (即在相鄰的格位僅能變化其中一個變數)，現就以圖 10-2 說明卡諾圖的組成要素：

   (1) 橫列格位數量有 2^3 格位所組成，縱向就看有幾個輔助器而定，圖示有 M、N 等 2 個輔助器，所以變數有 5 個，格位總數量即有 2^5 共 32 個格位。

   (2) 圖形具有對稱性。

   (3) 每個格位裏的變數，如下圖 10-2 說明。

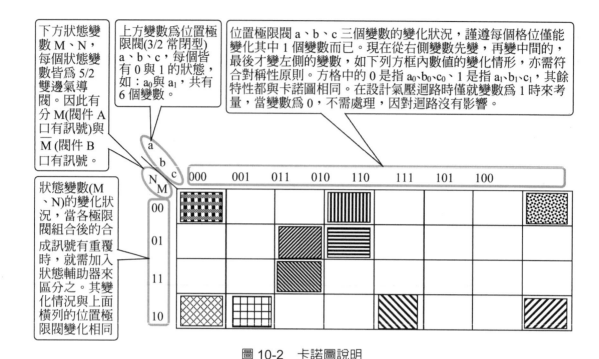

下方狀態變數 M、N，每個狀態變數皆為 5/2 雙邊氣導閥。因此有分 M(閥件 A 口有訊號)與 $\overline{M}$(閥件 B 口有訊號)。

上方變數為位置極限閥(3/2 常閉型) a、b、c，每個皆有 0 與 1 的狀態，如：a_0 與 a_1，共有 6 個變數。

位置極限閥 a、b、c 三個變數的變化狀況，謹遵每個格位僅能變化其中 1 個變數而已。現在從右側變數先變，再變中間的，最後才變左側的變數，如下列方框內數值的變化情形，亦需符合對稱性原則。方格中的 0 是指 $a_0、b_0、c_0$、1 是指 $a_1、b_1、c_1$，其餘特性都與卡諾圖相同。在設計氣壓迴路時僅就變數為 1 時來考量，當變數為 0，不需處理，因對迴路沒有影響。

狀態變數(M、N)的變化狀況，當各極限閥組合後的合成訊號有重覆時，就需加入狀態輔助器來區分之。其變化情況與上面橫列的位置極限閥變化相同

圖 10-2　卡諾圖說明

上圖中有標籤之各方格內的變數分別為：

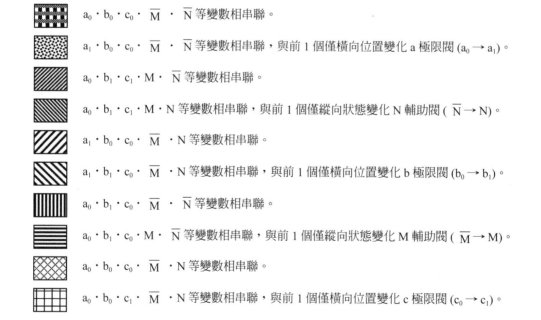

$a_0 \cdot b_0 \cdot c_0 \cdot \overline{M} \cdot \overline{N}$ 等變數相串聯。

$a_1 \cdot b_0 \cdot c_0 \cdot \overline{M} \cdot \overline{N}$ 等變數相串聯，與前 1 個僅橫向位置變化 a 極限閥 ($a_0 \to a_1$)。

$a_0 \cdot b_1 \cdot c_1 \cdot M \cdot \overline{N}$ 等變數相串聯。

$a_0 \cdot b_1 \cdot c_1 \cdot M \cdot N$ 等變數相串聯，與前 1 個僅縱向狀態變化 N 輔助閥 ($\overline{N} \to N$)。

$a_1 \cdot b_0 \cdot c_0 \cdot \overline{M} \cdot N$ 等變數相串聯。

$a_1 \cdot b_1 \cdot c_0 \cdot \overline{M} \cdot N$ 等變數相串聯，與前 1 個僅橫向位置變化 b 極限閥 ($b_0 \to b_1$)。

$a_0 \cdot b_1 \cdot c_0 \cdot \overline{M} \cdot \overline{N}$ 等變數相串聯。

$a_0 \cdot b_1 \cdot c_0 \cdot M \cdot \overline{N}$ 等變數相串聯，與前 1 個僅縱向狀態變化 M 輔助閥 ($\overline{M} \to M$)。

$a_0 \cdot b_0 \cdot c_0 \cdot \overline{M} \cdot N$ 等變數相串聯。

$a_0 \cdot b_0 \cdot c_1 \cdot \overline{M} \cdot N$ 等變數相串聯，與前 1 個僅橫向位置變化 c 極限閥 ($c_0 \to c_1$)。

　　接著先建一個有 a、b、c 三個變數之卡諾圖，再按圖 10-1 中所分析的"0 與 1"組合情形，因為沒有位置極限閥組合後有重覆的情形，所以就不需加入狀態變數，只有上面位置極限的變化，現在就逐一按照順序先後填寫入卡諾圖中，如圖 10-3。

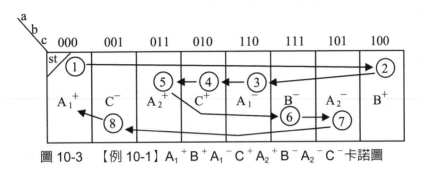

圖 10-3　【例 10-1】$A_1^+ B^+ A_1^- C^+ A_2^+ B^- A_2^- C^-$ 卡諾圖

3.　應用卡諾圖的化簡要領，解出最精簡的邏輯控制式。

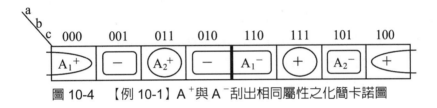

圖 10-4　【例 10-1】A^+ 與 A^- 刮出相同屬性之化簡卡諾圖

卡諾圖的化簡有下列幾點要領：

1.　逐一挑出每支氣壓缸前進及後退的邏輯控制式子來化簡，如 A^+、A^-，以先前建立之卡諾圖基礎，僅針對在建立卡諾圖時，有動作的全部格位標示出 A^+ 和屬性為 "＋" 及 A^- 和屬性為 "－" 的格位即可，另有些空格沒有動作的格位即沒有屬性，就是 "不在意區 (don't care)"，只要是 "不在意區" 於化簡時，在化簡 A^+、A^- 有需要皆可刮進來用。

2.　用前一點所建立有屬性的卡諾圖，刮出由氣壓缸動作為帶頭 (一定要有) 及屬性相同的格子 (可不必全部都要刮到完)，格子數量 (數量需符合卡諾圖組成的原則，數量為 2^n 格，有可能會刮到不在意區的格位，但要符合對稱特性) 越多越能刪除多餘不需的變數數量，如：刮 2 格可刪掉 1 個變數、4 格可刪掉 2 個變數……等等。

　　以 A_1^+ 化簡為例，刮了 2 格 (最左、右邊格子的變數分別為 $\bar{a} \cdot \bar{b} \cdot \bar{c}$、$a \cdot \bar{b} \cdot \bar{c}$) 再將兩者相加 $(\bar{a} \cdot \bar{b} \cdot \bar{c}) + (a \cdot \bar{b} \cdot \bar{c}) = \bar{b} \cdot \bar{c} \cdot (\bar{a} + a)$ 就可提出，所以 $A_1^+ = \bar{b} \cdot \bar{c}$，而在本章節最前面就已說明過變數無訊號時是對氣壓迴路沒有影響，因此在此 $\bar{b}$ 要視同為 b_0、$\bar{c}$ 要視同為 c_0 來看待，那麼 $A_1^+ = \bar{b} \cdot \bar{c}$ 就等於 $A_1^+ = b_0 \cdot c_0$，又因為 A_1^+ 是循環的第 1 個動作，需有啟動按鈕閥 (st)，最後結果式子修正為 $A_1^+ = b_0 \cdot c_0 \cdot ST$。依此化簡原則，可得到下列其他各邏輯控制式子：

$$(\bar{a} \cdot \bar{b} \cdot \bar{c}) + (a \cdot \bar{b} \cdot \bar{c}) = \underline{\underline{\bar{b} \cdot \bar{c}}} \cdot (\underset{\sim}{\bar{a} + a})$$

可提出的公因式

$A_1{}^- = b_1 \cdot c_0$　（第 1 次後退之邏輯控制式子）

$A_2{}^+ = b_1 \cdot c_1$　（第 2 次前進之邏輯控制式子）

$A_2{}^- = b_0 \cdot c_1$　（第 2 次後退之邏輯控制式子）

接著化簡 B^+、B^- 的邏輯控制式：

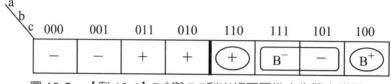

圖 10-5　【例 10-1】B^+ 與 B^- 刮出相同屬性之化簡卡諾圖

在圖 10-5 中 B^+ 所刮的格位為，最右邊 1 格 ($a \cdot \bar{b} \cdot \bar{c}$) 及右邊算過來第 4 格
($a \cdot b \cdot \bar{c}$)，兩者相加可刪去 ($\bar{b} + b$) 的元素，最後得到 $B^+ = a_1 \cdot c_0$，
不需要連左半邊的兩個 "＋" 屬性格位都刮進去；依此化簡原則解得 $B^- = a_1 \cdot c_1$。

$B^+ = a_1 \cdot c_0$　（B 缸前進之邏輯控制式子）

$B^- = a_1 \cdot c_1$　（B 缸後退之邏輯控制式子）

接著化簡 C^+、C^- 的邏輯控制式：

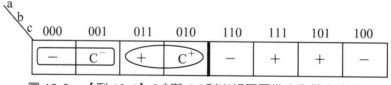

圖 10-6　【例 10-1】C^+ 與 C^- 刮出相同屬性之化簡卡諾圖

在圖 10-6 中 C^+ 所刮的格位為，左邊第 3 格 ($\bar{a} \cdot b \cdot c$) 及左邊第 4 格 ($\bar{a} \cdot b \cdot \bar{c}$)，
兩者相加可刪去 ($c + \bar{c}$) 的元素，最後得到 $C^+ = a_0 \cdot b_1$，不需要連右半邊的兩個
"＋" 屬性格位都刮進去；依此化簡原則解得 $C^- = a_0 \cdot b_0$。

$C^+ = a_0 \cdot b_1$　（C 缸前進之邏輯控制式子）

$C^- = a_0 \cdot b_0$　（C 缸後退之邏輯控制式子）

4. 依據前一項化簡至最精簡的邏輯控制式，逐一地轉畫成機械 - 氣壓迴路圖。

(1) 先繪製氣壓缸、主氣閥及各位置氣壓極限閥等，如圖 10-7。

(2) 再把驅動氣壓缸、氣壓輔助器等邏輯控制式轉化成氣壓迴路圖，並連接其相關
管線，完成機械 - 氣壓迴路的繪製，圖 10-8。

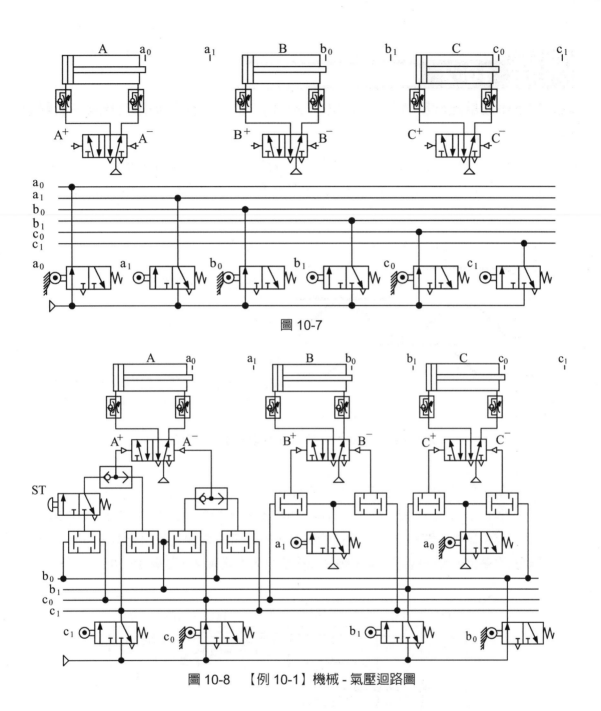

圖 10-7

圖 10-8　【例 10-1】機械 - 氣壓迴路圖

5. 測試迴路圖功能

把機械 - 氣壓迴路圖 (圖 10-8) 繪製成 fluid.sim 氣壓控制迴路圖，在電腦模擬觀看 $A_1{}^+ B^+ A_1{}^- C^+ A_2{}^+ B^- A_2{}^- C^-$ 之動作順序是否正確 (可確實檢驗出本題目邏輯上的正確性)，然後再上機使用氣壓元件實際裝配迴路，測試迴路功能是否符合題意要求。

例題 10-2

以氣壓邏輯設計法設計 $A^+ B_1^+ C^+ B_1^- A^- B_2^+ C^- B_2^-$ 動作順序之機械 - 氣壓迴路

1. 將 $A^+ B_1^+ C^+ B_1^- A^- B_2^+ C^- B_2^-$ 動作順序轉換為位移 - 步驟圖，瞭解各步序點上之位置極限閥的合成狀況，並判別出有幾次重覆的情況及氣壓輔助氣的使用數量，如圖 10-9。

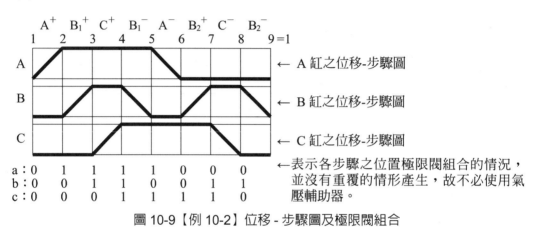

圖 10-9 【例 10-2】位移 - 步驟圖及極限閥組合

2. 將各氣壓缸動作順序正確地填寫入卡諾圖中。

先建一個有 a、b、c 三個變數之卡諾圖，再按圖 10-1 中所分析的"0 與 1"組合情形，因為沒有位置極限閥組合後有重覆的情形，所以就不需加入狀態變數，只有上面位置極限的變化，現在就逐一按照順序先後填寫入卡諾圖中，如圖 10-10。

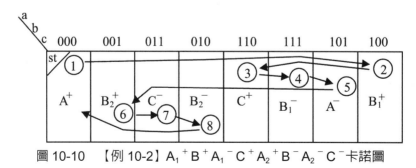

圖 10-10 【例 10-2】$A_1^+ B^+ A_1^- C^+ A_2^+ B^- A_2^- C^-$ 卡諾圖

3. 應用卡諾圖的化簡要領，解出最精簡的邏輯控制式。

(1) 先化簡 A 缸的邏輯控制式

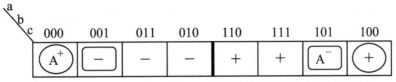

圖 10-11　【例 10-2】A$^+$與 A$^-$刮出相同屬性之化簡卡諾圖

依照前面所敘述之卡諾圖的化簡要領，可得到 A 缸之邏輯控制式子

$A^+ = b_0 \cdot c_0 \cdot st$

$A^- = b_0 \cdot c_1$

(2) 再來化簡 B 缸的邏輯控制式

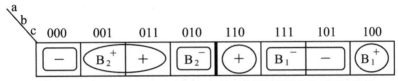

圖 10-12　【例 10-2】B$^+$與 B$^-$刮出相同屬性之化簡卡諾圖

依照前面所敘述之卡諾圖的化簡要領，可得到 B 缸之邏輯控制式子

$B^+ = a_1 \cdot c_0 + a_0 \cdot c_1$

$B^- = a_1 \cdot c_1 + a_0 \cdot c_0$

(3) 最後化簡 C 缸的邏輯控制式

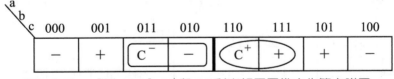

圖 10-13　【例 10-2】C$^+$與 C$^-$刮出相同屬性之化簡卡諾圖

依照前面所敘述之卡諾圖的化簡要領，可得到 C 缸之邏輯控制式子

$C^+ = a_1 \cdot b_1$

$C^- = a_0 \cdot b_1$

4. 依據前一項化簡至最精簡的邏輯控制式，逐一地轉畫成機械-氣壓迴路圖。

(1) 先繪製氣壓缸、主氣閥及各位置氣壓極限閥等，如圖 10-14。

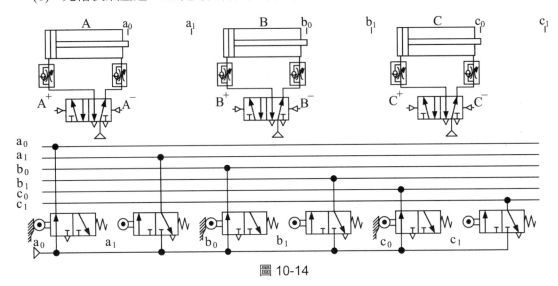

圖 10-14

(2) 再把驅動氣壓缸、氣壓輔助器等邏輯控制式轉化成氣壓迴路圖，並連接其相關管線，完成機械-氣壓迴路的繪製，圖 10-15。

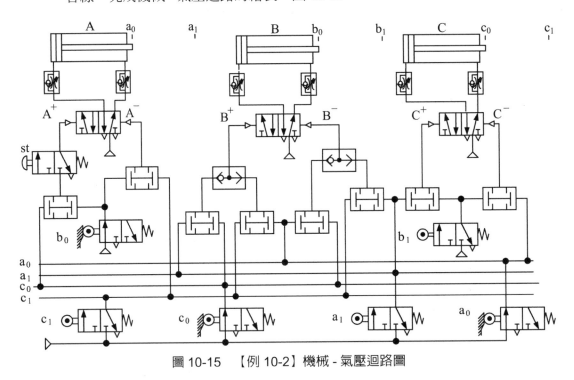

圖 10-15　【例 10-2】機械-氣壓迴路圖

5. 測試迴路圖功能

把機械 - 氣壓迴路圖 (圖 10-15) 繪製成 fluid.sim 氣壓控制迴路圖，在電腦模擬觀看 $A^+B_1{}^+C^+B_1{}^-A^-B_2{}^+C^-B_2{}^-$ 之動作順序是否正確 (可確實檢驗出本題目邏輯上的正確性)，然後再上機使用氣壓元件實際裝配迴路，測試迴路功能是否符合題意要求。

接下來討論使用 1 個氣壓輔助器的迴路，因為從各位置極限閥的組合情形，會發現有 2 次的重覆情況出現，因此需要用 1 個輔助器將其重覆情形區分開來。現在就以 $A_1{}^+B^+A_1{}^-A_2{}^+B^-A_2{}^-$、$A^+B_1{}^+B_1{}^-C^+B_2{}^+B_2{}^-{}_{C^-}^{A^-}$ 兩個順序動作詳細說明設計要領。

例題 10-3

以氣壓邏輯設計法設計 $A_1^+ B^+ A_1^- A_2^+ B^- A_2^-$ 動作順序之機械 - 氣壓迴路

1. 將 $A_1^+ B^+ A_1^- A_2^+ B^- A_2^-$ 動作順序轉換為位移 - 步驟圖，瞭解各步序點上之位置極限閥的合成狀況，並判別出有幾次重覆的情況及氣壓輔助氣的使用數量，如圖 10-16。

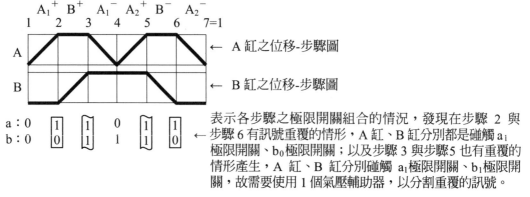

表示各步驟之極限開關組合的情況，發現在步驟 2 與步驟 6 有訊號重覆的情形，A 缸、B 缸分別都是碰觸 a_1 極限開關、b_0 極限開關；以及步驟 3 與步驟 5 也有重覆的情形產生，A 缸、B 缸分別碰觸 a_1 極限開關、b_1 極限開關，故需要使用 1 個氣壓輔助器，以分割重覆的訊號。

圖 10-16　【例 10-3】位移 - 步驟圖

2. 將各氣壓缸動作順序正確地填寫入卡諾圖中。

先建一個有 a、b 兩個位置極限閥變數之卡諾圖，再按圖 10-1 中所分析的 "0 與 1" 組合情形，將卡諾圖上面位置極限閥變化的情形先安排妥當；在圖 10-16 中已發現步驟 2 與步驟 6 有 a_1 極限開關、b_0 極限開關重覆 1 次，步驟 3 與步驟 5 有 a_1 極限開關、b_1 極限開關也重覆 1 次，因此需加入 1 個狀態變數 M(5/2 雙邊氣導閥)，利用該閥未啟動狀態 ($\overline{M}$) B 口有訊號及已啟動狀態 (M) A 口有訊號，可以將重覆的訊號加以區分開來；另外，當在填寫各氣壓缸動作順序時，於同一橫列是不允許同支氣壓缸的前進與後退動作連續出現，必須啟動狀態輔助器，改變狀態換成另外一列，以避開前述情況。現在就按照動作順序之先後逐一填寫入卡諾圖中，如圖 10-17。

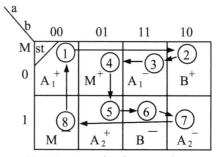

圖 10-17　【例 10-3】$A_1^+ B^+ A_1^- A_2^+ B^- A_2^-$ 卡諾圖

3. 應用卡諾圖的化簡要領，解出最精簡的邏輯控制式。

(1) 先化簡 A 缸的邏輯控制式，如圖 10-18。

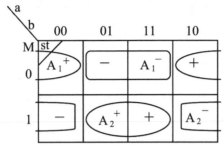

圖 10-18　【例 10-2】A^+ 與 A^- 刮出相同屬性之化簡卡諾圖

依照前面所敘述之卡諾圖的化簡要領，可得到 A 缸之邏輯控制式子

$A_1^+ = \overline{M} \cdot b_0 \cdot st$

$A_1^- = \overline{M} \cdot b_1$

$A_2^+ = M \cdot b_1$

$A_2^- = M \cdot b_0$

(2) 再來化簡 B 缸的邏輯控制式，如圖 10-19。

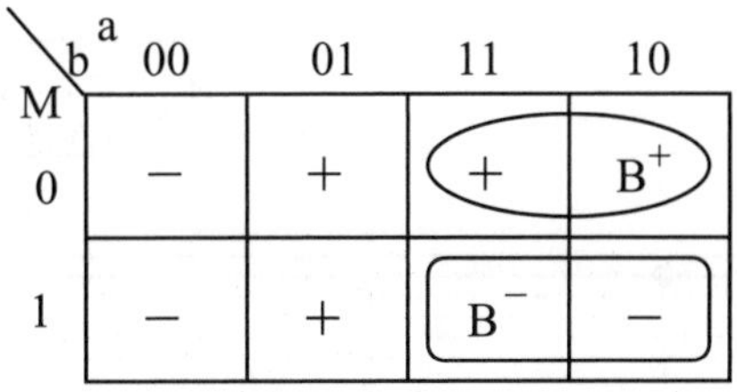

圖 10-19　【例 10-2】B^+ 與 B^- 刮出相同屬性之化簡卡諾圖

化簡 B^+ 時刮起來的區域一定要有 "B^+" 動作的格位，而在左半邊的 "+" 格位不必刮起來，雖然總格位數恰為 4 個，但沒有對稱，因此就不能刮起來化簡。

依前述原則，解得 B^+、B^- 邏輯控制式為：

$B^+ = \overline{M} \cdot a_1$

$B^- = M \cdot a_1$

(3) 最後化簡 M 訊號輔助器的邏輯控制式，如圖 10-20。

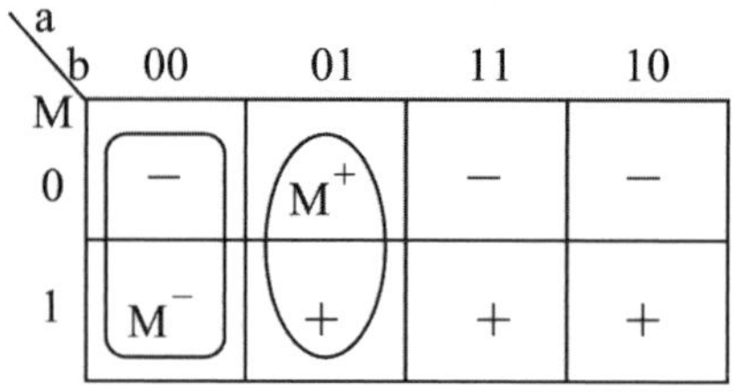

	a\b 00	01	11	10
M 0	$-$	M^{+}	$-$	$-$
1	M^{-}	$+$	$+$	$+$

圖 10-20　【例 10-2】M^{+} 與 M^{-} 刮出相同屬性之化簡卡諾圖

化簡 M^{+} 時刮起來的區域一定要有 "M^{+}" 動作的格位，而在右半邊的 "$+$" 格位不必刮起來，雖然總格位數恰為 4 個，但沒有對稱，因此就不能刮起來化簡。依前述原則，解得 M^{+}、M^{-} 邏輯控制式為：

$M^{+} = a_0 \cdot b_1$

$M^{-} = a_0 \cdot b_0$

4. 依據前一項化簡至最精簡的邏輯控制式，逐一地轉畫成機械 - 氣壓迴路圖。

(1) 先繪製氣壓缸、主氣閥及各位置極限閥、狀態變數氣壓輔助器等，如圖 10-21。

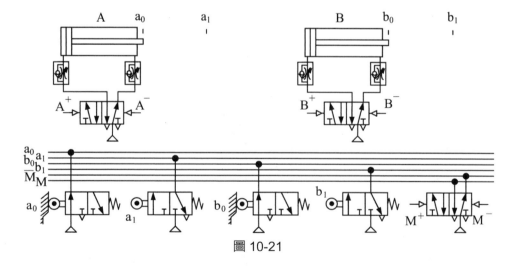

圖 10-21

(2) 再把驅動氣壓缸、氣壓輔助器等邏輯控制式轉化成氣壓迴路圖，並連接其相關管線，完成機械 - 氣壓迴路的繪製，圖 10-22。

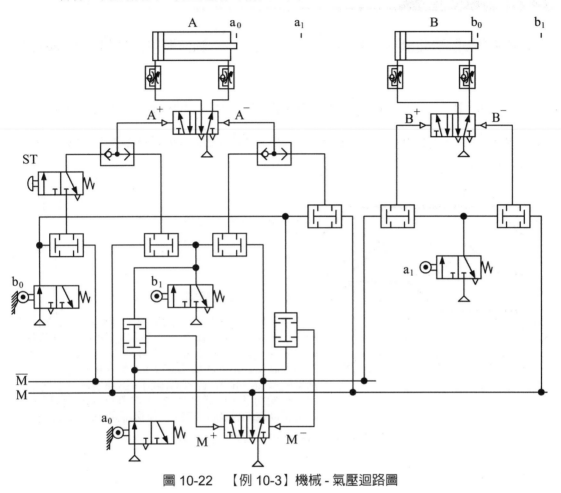

圖 10-22　【例 10-3】機械 - 氣壓迴路圖

5. 測試迴路圖功能

把機械 - 氣壓迴路圖 (圖 10-22) 繪製成 fluid.sim 氣壓控制迴路圖，在電腦模擬觀看 $A_1^+ B^+ A_1^- A_2^+ B^- A_2^-$ 之動作順序是否正確 (可確實檢驗出本題目邏輯上的正確性)，然後再上機使用氣壓元件實際裝配迴路，測試迴路功能是否符合題意要求。

例題 10-4

以氣壓邏輯設計法設計 $A^+B_1^+B_1^-C^+B_2^+B_2^-{}^{A^-}_{C^-}$ 動作順序之機械 - 氣壓迴路

1. 將 $A^+B_1^+B_1^-C^+B_2^+B_2^-{}^{A^-}_{C^-}$ 動作順序轉換爲位移 - 步驟圖，瞭解各步序點上之位置極限閥的合成狀況，並判別出有幾次重覆的情況及氣壓輔助器的使用數量，如圖 10-23。

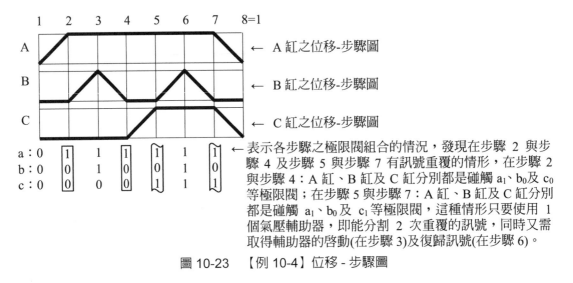

表示各步驟之極限閥組合的情況，發現在步驟 2 與步驟 4 及步驟 5 與步驟 7 有訊號重覆的情形，在步驟 2 與步驟 4：A 缸、B 缸及 C 缸分別都是碰觸 a_1、b_0 及 c_0 等極限閥；在步驟 5 與步驟 7：A 缸、B 缸及 C 缸分別都是碰觸 a_1、b_0 及 c_1 等極限閥，這種情形只要使用 1 個氣壓輔助器，即能分割 2 次重覆的訊號，同時又需取得輔助器的啟動(在步驟 3)及復歸訊號(在步驟 6)。

圖 10-23　【例 10-4】位移 - 步驟圖

2. 將各氣壓缸動作順序正確地填寫入卡諾圖中。

先建一個有 a、b、c 三個位置極限閥變數之卡諾圖，再按圖 10-1 中所分析的 "0 與 1" 組合情形，將卡諾圖上面位置極限閥變化的情形先安排妥當；在圖 10-23 中已發現步驟 2 與步驟 4 有 a_1、b_0、c_0 三個極限開關重覆 1 次，步驟 5 與步驟 7 有 a_1、b_0、c_1 三個極限開關也重覆 1 次，因此需加入 1 個狀態變數 M(5/2 雙邊氣導閥)，利用該閥未啟動狀態 ($\overline{M}$)B 口有訊號及已啟動狀態 (M) A 口有訊號，可以將重覆的訊號加以區分開來。現在就按照動作順序之先後逐一填寫入卡諾圖中，如圖 10-24。

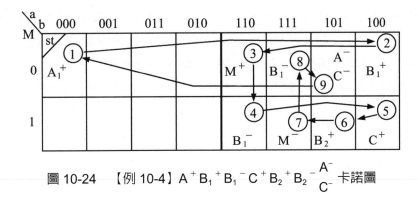

圖 10-24　【例 10-4】$A^+ B_1^+ B_1^- C^+ B_2^+ B_2^- \dfrac{A^-}{C^-}$ 卡諾圖

3.　應用卡諾圖的化簡要領，解出最精簡的邏輯控制式。

(1)　先化簡 A 缸的邏輯控制式，如圖 10-25。

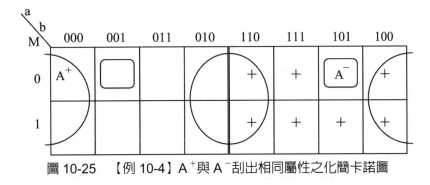

圖 10-25　【例 10-4】A^+ 與 A^- 刮出相同屬性之化簡卡諾圖

依照圖 10-25 可發現 A^+ 所刮的區域共有 8 個格位 (含 3 個不在意區)，可將 4 個變數其中 3 個刪除，僅剩下 8 格中皆有的 c_0 變數；而 A^- 就只能刮兩格位，僅能刪除 1 個，還剩下 3 個變數，最後得到 A 缸之邏輯控制式子。

$A^+ = c_0 \cdot st$

$A^- = \overline{M} \cdot b_0 \cdot c_1$

(2)　接著化簡 B 缸的邏輯控制式，如圖 10-26。

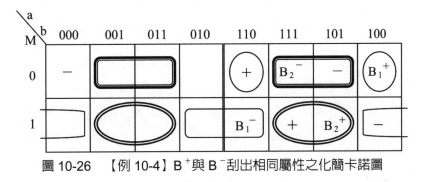

圖 10-26　【例 10-4】B^+ 與 B^- 刮出相同屬性之化簡卡諾圖

化簡 B^+ 時有兩次前進訊號,第 1 次只能刮 2 個格位 (刪除 1 個),剩下 3 個變數,第 2 次可以刮 4 個格位 (刪除 2 個);B^- 也有兩次後退訊號,第 1 次在下面橫列可以刮 4 個格位 (刪除 2 個),剩下 2 個變數,第 2 次在上面橫列可以刮 4 個格位 (刪除 2 個) 剩下 2 個變數。當在化簡 B^+、B^- 的邏輯控制式時,都有適度用到不在意區 (don't care),以獲得最精簡之結果,最後獲得 B^+、B^- 邏輯控制式為:

$B_1{}^+ = \overline{M} \cdot a_1 \cdot c_0$

$B_1{}^- = M \cdot c_0$

$B_2{}^+ = M \cdot c_1$

$B_2{}^- = \overline{M} \cdot c_1$

(3) 再來化簡 C 缸的邏輯控制式,如圖 10-27。

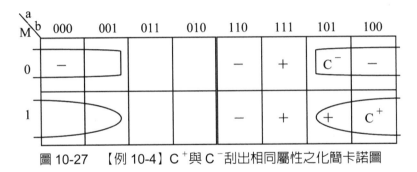

圖 10-27　【例 10-4】C^+ 與 C^- 刮出相同屬性之化簡卡諾圖

化簡 C^+ 時刮起來的區域一定要有 "C^+" 動作的格位,就刮下面橫列,格位數為 4 個,可以刪除 2 個,剩下 2 個變數 ($M \cdot b_0$)。依前述原則,亦可解得 C^-,最後 C^+、C^- 邏輯控制式為:

$C^+ = M \cdot b_0$

$C^- = \overline{M} \cdot b_0$

(4) 最後化簡 M 訊號輔助器的邏輯控制式，如圖 10-28。

M \ a b	000	001	011	010	110	111	101	100
0	−				M⁺	−	−	−
1				+	M⁻	+	+

圖 10-28　【例 10-4】M⁺與 M⁻刮出相同屬性之化簡卡諾圖

由圖 10-28 可看出 M⁺就刮中間 4 個格位，而 M⁻則刮左、右邊個算起第 3 行 4 個格位，所解得的邏輯控制式為：

$M^+ = b_1 \cdot c_0$

$M^- = b_1 \cdot c_1$

4. 依據前一項化簡至最精簡的邏輯控制式，逐一地轉畫成機械 - 氣壓迴路圖。

(1) 先繪製氣壓缸、主氣閥及各位置極限閥、狀態變數氣壓輔助器等，如圖 10-29。

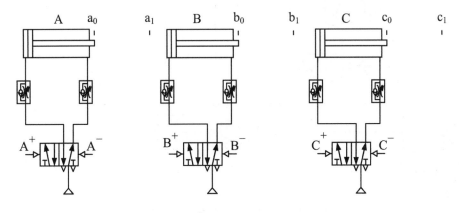

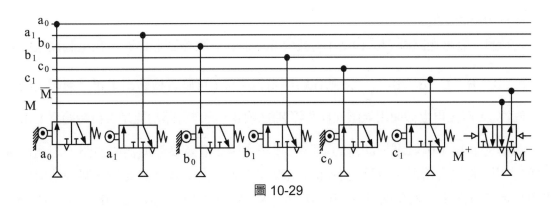

圖 10-29

(2) 再把驅動氣壓缸、氣壓輔助器等邏輯控制式轉化成氣壓迴路圖，並連接其相關
管線，完成機械 - 氣壓迴路的繪製，圖 10-30。

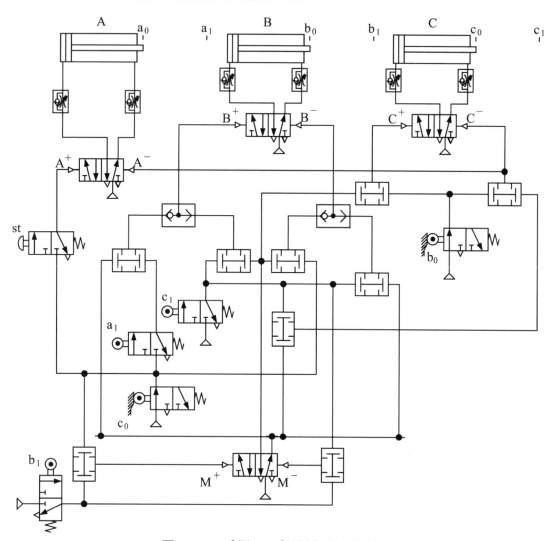

圖 10-30 　【例 10-4】機械 - 氣壓迴路圖

5. 測試迴路圖功能

把機械 - 氣壓迴路圖 (圖 10-29) 繪製成 fluid.sim 氣壓控制迴路圖，在電腦模擬觀看

$A^+B_1{}^+B_1{}^-C^+B_2{}^+B_2{}^-\genfrac{}{}{0pt}{}{A^-}{C^-}$ 之動作順序是否正確 (可確實檢驗出本題目邏輯上的正

確性)，然後再上機使用氣壓元件實際裝配迴路，測試迴路功能是否符合題意要求。

討論完使用 1 個氣壓輔助器的迴路，接著介紹 2 個氣壓輔助器的迴路，因為從各
位置極限閥的組合情形，會發現有部分出現在 3 次以上，因此需要用 2 個輔助器將其
重覆情形區分開來。現在就以 $A^+B^+B^-A^-A^+A^-$、$A^+B_{1/2}{}^+B^-C^-B^{++}B^{--}C^+A^-$
兩個順序動作詳細說明設計要領。

例題 10-5

以氣壓邏輯設計法設計 $A_1{}^+B^+B^-A_1{}^-A_2{}^+A_2{}^-$ 動作順序之機械 - 氣壓迴路

1. 將 $A_1{}^+B^+B^-A_1{}^-A_2{}^+A_2{}^-$ 動作順序轉換爲位移 - 步驟圖，瞭解各步序點上之位置極限閥的合成狀況，並判別出有幾次重覆的情況及氣壓輔助器的使用數量，如圖 10-31。

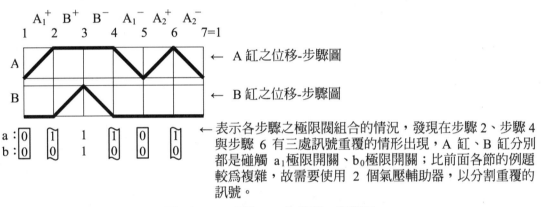

圖 10-31　【例 10-5】位移 - 步驟圖

2. 將各氣壓缸動作順序正確地填寫入卡諾圖中。

先建一個有 a、b 兩個位置極限閥變數之卡諾圖，再按圖 10-1 中所分析的 "0 與 1" 組合情形，將卡諾圖上面位置極限閥變化的情形先安排妥當；在圖 10-30 中已發現步驟 2、步驟 4 與步驟 6 有 a_1、b_0 兩個極限開關重覆 3 次，步驟 1 與步驟 5 有 a_0、b_0 兩個極限開關也重覆 2 次，因此針對 a_1、b_0 兩個極限開關重覆 3 次，就需加入 2 個狀態變數 M、N(5/2 雙邊氣導閥)，利用該閥未啓動狀態 ($\overline{M}$、$\overline{N}$)B 口有訊號及已啓動狀態 (M、N) A 口有訊號，可以將重覆的訊號加以區分開來。現在就按照動作順序之先後逐一填寫入卡諾圖中，如圖 10-32。

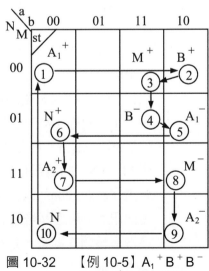

圖 10-32　【例 10-5】$A_1{}^+B^+B^-$ $A_1{}^-A_2{}^+A_2{}^-$ 卡諾圖

3. 應用卡諾圖的化簡要領，解出最精簡的邏輯控制式。

(1) 先化簡 A 缸的邏輯控制式，如圖 10-33。依照圖 10-33 可發現 A_1^+ 及 A_2^+ 可刮的區域各為 4 個格位 (含 3 個不在意區)，將 4 個變數其中 2 個刪除，得到結果如下；而 A_1^- 及 A_2^- 就只能各刮 2 個及 4 個格位，僅能刪除 1～2 個，還剩下 3～2 個變數，最後得到 A 缸之邏輯控制式子。

$$A_1^+ = \overline{M} \cdot \overline{N} \cdot st$$
$$A_2^+ = M \cdot N$$
$$A_1^- = \overline{N} \cdot M \cdot b_0$$
$$A_2^- = \overline{M} \cdot N$$

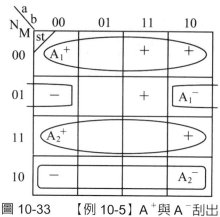

圖 10-33 【例 10-5】A^+ 與 A^- 刮出相同屬性之化簡卡諾圖

(2) 接著化簡 B 缸的邏輯控制式，如圖 10-34。

化簡 B^+ 時只能刮 2 個格位 (刪除 1 個)，剩下 3 個變數；B^- 就能刮到中間 8 個格位 (刪除 3 個)，剩下 1 個變數。當在化簡 B^- 的邏輯控制式時，有適度用到不在意區 (don't care)，以獲得最精簡之結果，最後獲得 B^+、B^- 邏輯控制式為：

$$B^+ = \overline{M} \cdot \overline{N} \cdot a_1$$
$$B^- = M$$

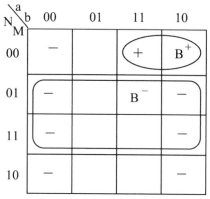

圖 10-34 【例 10-5】B^+ 與 B^- 刮出相同屬性之化簡卡諾圖

(3) 再來化簡狀態變數 M 的邏輯控制式，如圖 10-35。

化簡 M^+ 時可刮 8 個格位 (刪除 3 個)，剩下 1 個變數；M^- 就能刮到右下 4 個格位 (刪除 2 個)，剩下 2 個變數。當在化簡 M^+、M^- 的邏輯控制式時，有適度用到不在意區 (don't care)，甚至有兩格重覆使用 (不在意區是允許重覆使用)，以獲得最精簡之結果，最後獲得 M^+、M^- 邏輯控制式為：

$$M^+ = b_1$$
$$M^- = N \cdot a_1$$

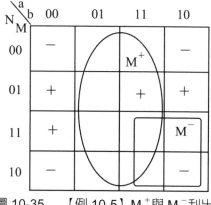

圖 10-35 【例 10-5】M^+ 與 M^- 刮出相同屬性之化簡卡諾圖

(4) 最後化簡狀態變數 N 的邏輯控制式，如
圖 10-36。

化簡 N^+ 時可刮 4 個格位 (刪除 2 個)，
剩下 2 個變數；N^- 就能刮到左上及左下
共 4 個格位 (刪除 2 個)，剩下 2 個變數。
當在化簡 N^+、N^- 的邏輯控制式時，有
適度用到不在意區 (don't care)，以獲得
最精簡之結果，最後獲得 N^+、N^- 邏輯
控制式為：

$N^+ = M \cdot a_0$

$N^- = \overline{M} \cdot a_0$

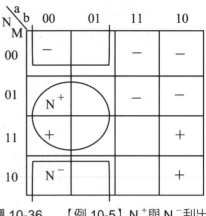

圖 10-36　【例 10-5】N^+ 與 N^- 刮出
相同屬性之化簡卡諾圖

4. 繪製機械 - 氣壓迴路圖

(1) 先繪製氣壓缸、主氣閥及各位置極限閥、狀態變數氣壓輔助器等，如圖 10-37。

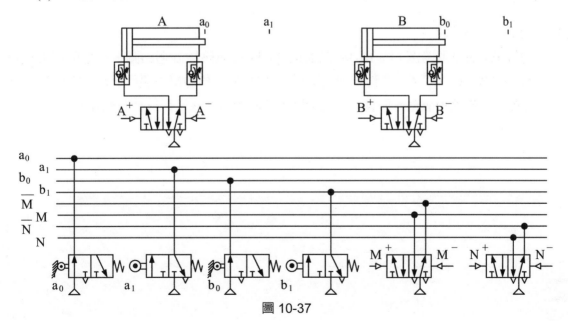

圖 10-37

(2) 再把驅動氣壓缸、氣壓輔助器等邏輯控制式轉化成氣壓元件，並連接其相關管線完成機械 - 氣壓迴路的繪製，圖 10-38。

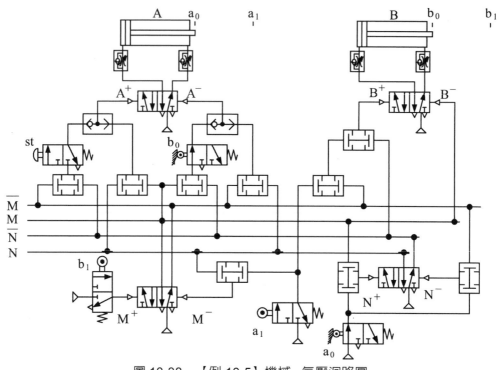

圖 10-38　【例 10-5】機械 - 氣壓迴路圖

5. 測試迴路圖功能

把機械 - 氣壓迴路圖 (圖 10-38) 繪製成 fluid.sim 氣壓控制迴路圖，在電腦模擬觀看 $A_1^+ B^+ B^- A_1^- A_2^+ A_2^-$ 之動作順序是否正確(可確實檢驗出本題目邏輯上的正確性)，然後再上機使用氣壓元件實際裝配迴路，測試迴路功能是否符合題意要求。

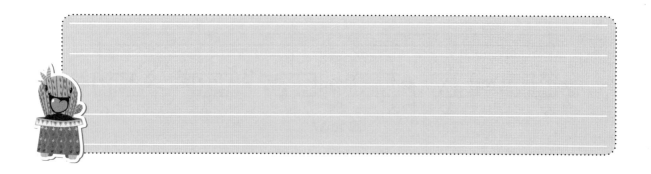

例題 10-6

以氣壓邏輯設計法設計 $A^+B_{1/2}{}^+B^-C^-B^{++}B^{--}C^+A^-$ 動作順序之機械 - 氣壓迴路

1. 　將動作順序 $A^+B_{1/2}{}^+B^-C^-B^{++}B^{--}C^+A^-$ 轉換為位移 - 步驟圖，瞭解各步序點上之位置極限閥的合成狀況，並判別出有幾次重覆的情況及氣壓輔助器的使用數量，如圖 10-39。

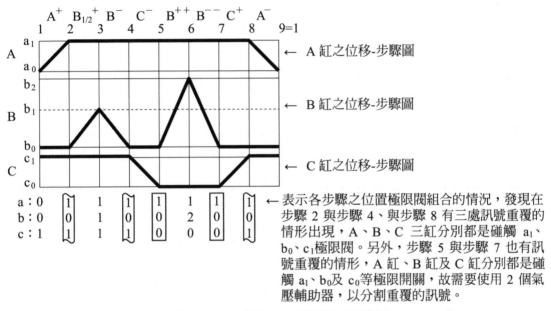

表示各步驟之位置極限閥組合的情況，發現在步驟 2 與步驟 4、與步驟 8 有三處訊號重覆的情形出現，A、B、C 三缸分別都是碰觸 a_1、b_0、c_1 極限閥。另外，步驟 5 與步驟 7 也有訊號重覆的情形，A 缸、B 缸及 C 缸分別都是碰觸 a_1、b_0 及 c_0 等極限開關，故需要使用 2 個氣壓輔助器，以分割重覆的訊號。

圖 10-39　【例 10-6】位移 - 步驟圖

2. 將各氣壓缸動作順序正確地填寫入卡諾圖中。

先建一個有 a、b【0 及 (1 或 2 僅出現 1 個,圖中使用虛線隔開)】、c 三個位置極限閥變數之卡諾圖 (可視為兩個卡諾圖重疊),再按圖 10-1 中所分析的 "0 與 1" 組合情形,將卡諾圖上面位置極限閥變化的情形先安排妥當;在圖 10-38 中已發現步驟 2、步驟 4 與步驟 8 有 a_1、b_0、c_1 三個極限開關出現 3 次,步驟 5 與步驟 7 有 a_1、b_0、c_0 三個極限開關也出現 2 次,因此針對 a_1、b_0、c_1 三個位置極限開關出現 3 次,就需加入 2 個狀態變數 M、N(5/2 雙邊氣導閥),利用該閥未啟動狀態 ($\overline{M}$、$\overline{N}$)B 口有訊號及已啟動狀態 (M、N) A 口有訊號,可以將重覆的訊號加以區分開來。現在就按照動作順序之先後逐一填寫入卡諾圖中,如圖 10-40。

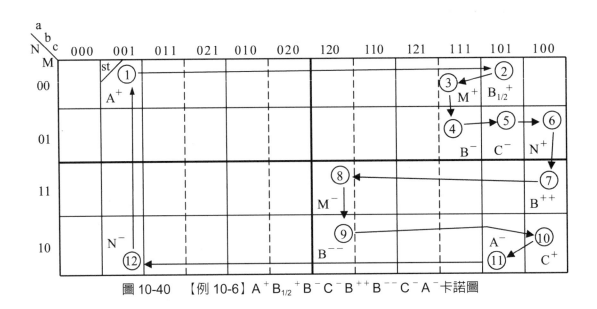

圖 10-40　【例 10-6】$A^+B_{1/2}{}^+B^-C^-B^{++}B^{--}C^-A^-$ 卡諾圖

3. 應用卡諾圖的化簡要領,解出最精簡的邏輯控制式。

(1) 先化簡 A 缸的邏輯控制式,如圖 10-41。

依照圖 10-41 可發現 A^+ 所刮的區域共有上半部所有格位,可將 5 個變數其中 4 個刪除,僅剩下 $\overline{N}$ 1 個變數;而 A^- 就只能刮左下及右下共 8 個格位,能刪除 3 個,還剩下 2 個變數,最後得到 A 缸之邏輯控制式子。

$$A^+ = \overline{N} \cdot st \qquad\qquad A^- = N \cdot c_1$$

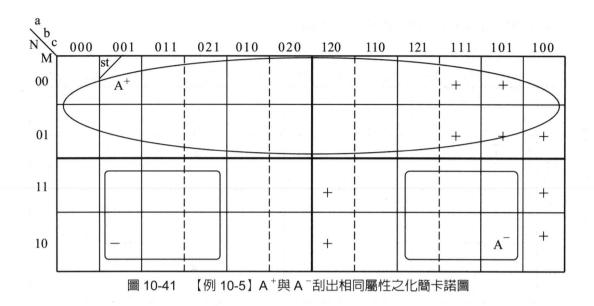

圖 10-41　【例 10-5】A^+與 A^-刮出相同屬性之化簡卡諾圖

(2) 接著化簡 B 缸的邏輯控制式，如圖 10-42。

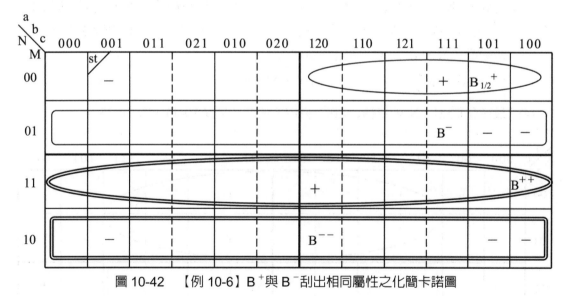

圖 10-42　【例 10-6】B^+與 B^-刮出相同屬性之化簡卡諾圖

化簡 B^+ 時有兩次前進訊號，第 1 次能刮右半邊最上橫列格位 (刪除 2 個)，剩下 3 個變數，第 2 次可刮第 3 橫列格位 (刪除 3 個)；B^- 也有兩次後退訊號，第 1 次可以刮第 2 橫列格位 (刪除 3 個)，剩下 2 個變數，第 2 次可以刮最下面橫列格位 (刪除 3 個) 剩下 2 個變數。當在化簡 B^+、B^- 的邏輯控制式時，都有適度用到不在意區 (don't care)，以獲得最精簡之結果，最後獲得 B^+、B^- 邏輯控制式為：

$$B_1^{\ +} = \overline{M} \cdot \overline{N} \cdot a_1 \qquad\qquad B_1^{\ -} = M \cdot \overline{N}$$

$$B_2^{\ ++} = M \cdot N \qquad\qquad B_2^{\ --} = \overline{M} \cdot N$$

(3) 再來化簡 C 缸的邏輯控制式，如圖 10-43。

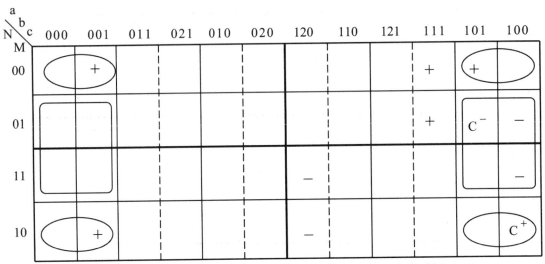

圖 10-43　【例 10-6】C^+ 與 C^- 刮出相同屬性之化簡卡諾圖

化簡 C^+ 時可刮的區域有 4 個角落共 8 個格位，可以刪除 3 個，剩下 2 個變數；
C^- 所刮的區域為第二、三橫列最左及最右共 8 個格位，可以刪除 3 個，剩下 2
個變數，最後 C^+、C^- 邏輯控制式為：

$$C^+ = \overline{M} \cdot b_0 \qquad\qquad C^- = M \cdot b_0$$

(4) 最後化簡 M、N 訊號輔助器的邏輯控制式，如圖 10-44、圖 10-45。

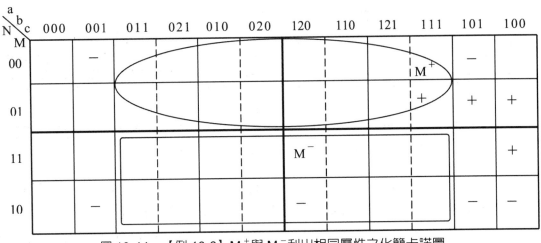

圖 10-44　【例 10-6】M^+ 與 M^- 刮出相同屬性之化簡卡諾圖

由圖 10-44 可看出 M^+（僅用到 b 是 "1" 的格位，"2" 的格位就不看）刮上半
部中間 8 個格位（虛線隔開不算完整格位），可以刪除 3 個，剩下 2 個變數；而

M^-（僅用到 b 是 "2" 的格位，"1" 的格位就不看）就刮下半部中間 8 個格位（虛線隔開不算完整格位），可以刪除 3 個，剩下 2 個變數，所解得的邏輯控制式為：

$$M^+ = \overline{N} \cdot b_1 \qquad\qquad M^- = N \cdot b_2$$

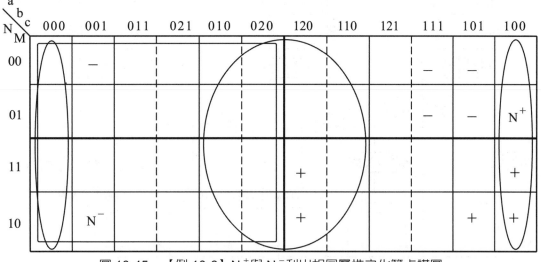

圖 10-45　【例 10-6】N^+ 與 N^- 刮出相同屬性之化簡卡諾圖

由圖 10-45 可看出 N^+ 就刮中間 8 個格位及最左、最右各 4 個，共 16 格位，可以刪除 4 個，剩下 1 個變數；而 N^- 則刮左半邊共 16 個格位，可以刪除 4 個，剩下 1 個變數，所解得的邏輯控制式為：

$$N^+ = c_0 \qquad\qquad N^- = a_0$$

4. 繪製機械 - 氣壓迴路圖

(1) 先繪製氣壓缸、主氣閥及各狀態變數氣壓輔助器等，如圖 10-46。

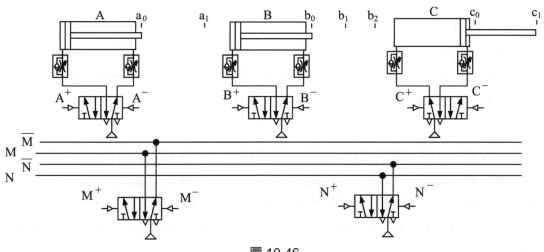

圖 10-46

(2) 再把驅動氣壓缸、氣壓輔助器等邏輯控制式轉化成氣壓元件,並連接其相關管線完成機械-氣壓迴路的繪製,圖10-47。

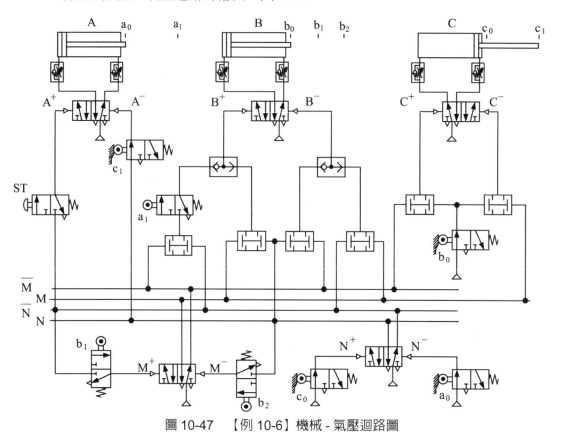

圖 10-47　【例 10-6】機械 - 氣壓迴路圖

5. 測試迴路圖功能

把機械 - 氣壓迴路圖 (圖 10-47) 繪製成 fluid.sim 氣壓控制迴路圖,在電腦模擬觀看 $A^+B_{1/2}{}^+B^-C^-B^{++}B^{--}C^+A^-$ 之動作順序是否正確 (可確實檢驗出本題目邏輯上的正確性),然後再上機使用氣壓元件實際裝配迴路,測試迴路功能是否符合題意要求。

最後我們要介紹 3 個氣壓輔助器的迴路,從各位置極限閥的組合情形來觀察,會發現有部分重覆情況在 2 次以上且連續出現,若使用 2 個輔助器雖可將其重覆情況區分開來,但無法找到輔助器適當的啟動或復歸訊號。現在就以 $A_1{}^+B_1{}^+B_1{}^-A_1{}^-B_2{}^+$ $B_2{}^-A_2{}^+A_2{}^-$、$A_1{}^+B_1{}^+B_1{}^-B_2{}^+B_2{}^-A_1{}^-A_2{}^+A_2{}^-$ 兩種順序動作詳細說明 3 個氣壓輔助器設計要領。

例題 10-7

以氣壓邏輯設計法設計 $A_1{}^+ B^+ B^- B_2{}^+ B_2{}^- A_1{}^- A_2{}^+ A_2{}^-$ 動作順序之機械 - 氣壓迴路

將 $A_1{}^+ B^+ B^- B_2{}^+ B_2{}^- A_1{}^- A_2{}^+ A_2{}^-$ 動作順序轉換為位移 - 步驟圖，瞭解各步序點上之位置極限閥的合成狀況，並判別出有幾次重覆的情況及氣壓輔助器的使用數量，如圖 10-48。

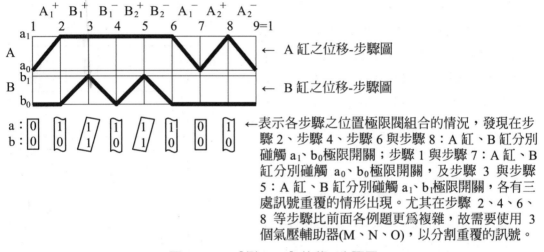

←表示各步驟之位置極限閥組合的情況，發現在步驟 2、步驟 4、步驟 6 與步驟 8：A 缸、B 缸分別碰觸 a_1、b_0 極限開關；步驟 1 與步驟 7：A 缸、B 缸分別碰觸 a_0、b_0 極限開關，及步驟 3 與步驟 5：A 缸、B 缸分別碰觸 a_1、b_1 極限開關，各有三處訊號重覆的情形出現。尤其在步驟 2、4、6、8 等步驟比前面各例題更為複雜，故需要使用 3 個氣壓輔助器(M、N、O)，以分割重覆的訊號。

圖 10-48　【例 10-7】位移 - 步驟圖

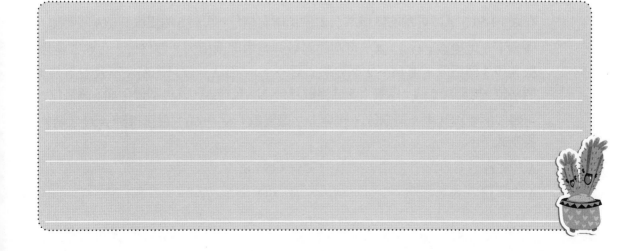

2. 將各氣壓缸動作順序正確地填寫入卡諾圖中。

先建一個有 a、b 兩個位置極限閥變數之卡諾圖，再按圖 10-1 中所分析的 "0 與 1" 組合情形，將卡諾圖上面位置極限閥變化的情形先安排妥當；在圖 10-46 中已發現步驟 2、步驟 4、步驟 6 與步驟 8 有 a_1、b_0 兩個極限閥重覆 4 次，其餘步驟 1、步驟 7 及步驟 3、步驟 5 也有兩個極限閥重覆 2 次的情形，因此針對各極限閥重覆 4 次的情況及考慮各狀態變數之啓動、復歸條件，就需加入 3 個狀態變數 M、N、O (5/2 雙邊氣導閥)，才能有足夠的條件可取得適當的訊號，就是利用該閥未啓動狀態 ($\overline{M}$、$\overline{N}$、$\overline{O}$) B 口有訊號及已啓動狀態 (M、N、O) A 口有訊號，可以將重覆的訊號加以區分開來。現在就按照動作順序之先後逐一填寫入卡諾圖中，如圖 10-49。

在填寫卡諾圖時，左邊爲狀態變數有 3 個 (M、N、O) 之多，其變化情形也比照上面的 3 個位置極限閥 (a、b、c) 的變化情形，如：000、001、011、010、110、111、101、100 等 8 種不同變化，如此才能符合卡諾圖的變化規則。

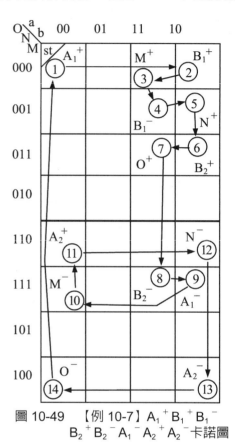

圖 10-49　【例 10-7】$A_1{}^+ B_1{}^+ B_1{}^-$ $B_2{}^+ B_2{}^- A_1{}^- A_2{}^+ A_2{}^-$ 卡諾圖

3. 應用卡諾圖的化簡要領，解出最精簡的邏輯控制式。

(1) 先化簡 A、B 兩缸的邏輯控制式，如圖 10-50、圖 10-51。

在圖 10-50 中 $A_1{}^+$ 可刮的區域共有上半部所有格位，可將 5 個變數其中 4 個刪除，僅剩下 1 個變數 ($\overline{O}$)；$A_2{}^+$ 可刮的區域共有中間兩橫列 8 個格位，可將 5 個變數其中 3 個刪除，僅剩下 2 個變數 ($\overline{M}$ ・N)。而 $A_1{}^-$ 就只能刮左下及右下共 4 個格位，能刪除 2 個，還剩下 3 個變數 (M・N・b_0)，$A_2{}^-$ 就可刮最下面 8 個格位，可將 5 個變數其中 3 個刪除，僅剩下 2 個變數 ($\overline{N}$ ・O)。最後得到 A 缸之邏輯控制式子。

$A_1{}^+ = \overline{O} \cdot st$ 　　　　　$A_1{}^- = M \cdot O \cdot b_0$

$A_2{}^+ = \overline{M} \cdot N$ 　　　　　$A_2{}^- = \overline{N} \cdot O$

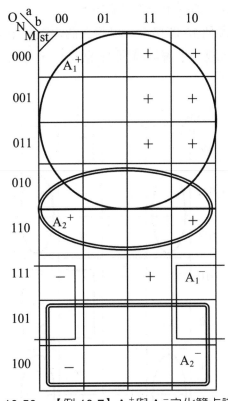

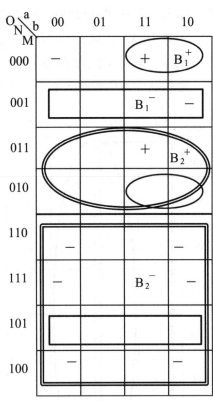

圖 10-50　【例 10-7】A$^+$與 A$^-$之化簡卡諾圖　圖 10-51　【例 10-7】B$^+$與 B$^-$之化簡卡諾圖

在圖 10-51 中 B$_1^+$可刮的區域有第 1 及第 4 橫列右邊 4 個格位，可將 5 個變數其中 2 個刪除，剩下 3 個變數 ($\overline{M} \cdot \overline{O} \cdot a_1$)；B$_2^+$可刮的區域共有第 3、4 兩橫列 8 個格位，可將 5 個變數其中 3 個刪除，僅剩下 2 個變數 (N $\cdot \overline{O}$)。而 B$_1^-$可刮第 2 及第 7 兩橫列共 8 個格位，能刪除 3 個，還剩下 2 個變數 (M $\cdot \overline{N}$)，B$_2^-$就可刮最下面 16 個格位，可將 5 個變數其中 4 個刪除，僅剩下 1 個變數 (O)。最後得到 B 缸之邏輯控制式子。

B$_1^+$ = $\overline{M} \cdot \overline{O} \cdot a_1$　　　　B$_1^-$ = M $\cdot \overline{N}$

B$_2^+$ = N $\cdot \overline{O}$　　　　　　B$_2^-$ = O

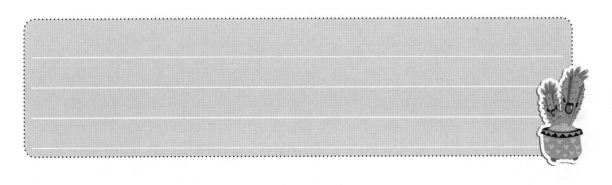

(2) 再來化簡狀態變數 (M、N) 的邏輯控制式，如圖 10-52、圖 10-53。

在圖 10-52 中 M^+ 可刮的區域有中間兩縱列 16 個格位，可將 5 個變數其中 4 個刪除，剩下 1 個變數 (b_1)；M^- 可刮的區域左半邊兩縱列 16 個格位，可將 5 個變數其中 4 個刪除，剩下 1 個變數 (a_0)。

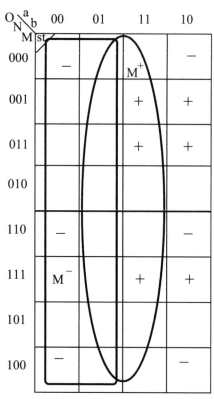

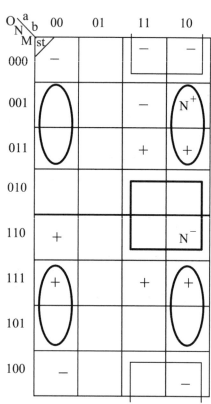

圖 10-52　【例 10-7】M^+ 與 M^- 之化簡卡諾圖　　圖 10-53　【例 10-7】N^+ 與 N^- 之化簡卡諾圖

在圖 10-51 中 N^+ 可刮的區域有左上、右上、左下、右下 8 個格位，可將 5 個變數其中 3 個刪除，剩下 2 個變數 ($M \cdot b_0$)；N^- 可刮的區域右半邊的上、中、下 8 個格位，可將 5 個變數其中 3 個刪除，剩下 2 個變數 ($\overline{M} \cdot a_1$)。

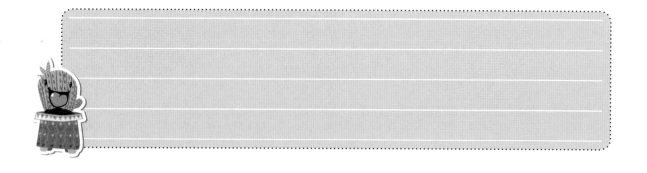

(3) 最後化簡另一個狀態變數 (O) 的邏輯控制式，如圖 10-54。

在圖 10-54 中 O^+ 可刮的區域有正中間 8 個格位，可將 5 個變數其中 3 個刪除，剩下 2 個變數 ($N \cdot b_1$)；O^- 可刮的區域左半邊的上、下 8 個格位，可將 5 個變數其中 3 個刪除，剩下 2 個變數 ($\overline{N} \cdot a_0$)。

$$M^+ = b_1 \qquad N^+ = M \cdot b_0 \qquad O^+ = N \cdot b_1$$
$$M^- = a_0 \qquad N^- = \overline{M} \cdot a_1 \qquad O^- = \overline{N} \cdot a_0$$

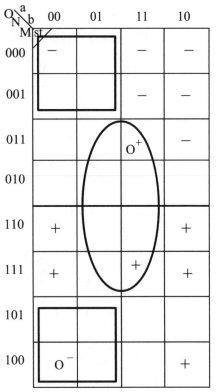

圖 10-54 【例 10-7】N^+ 與 N^- 之化簡卡諾圖

4. 繪製機械 - 氣壓迴路圖

(1) 先繪製氣壓缸、主氣閥及各狀態變數氣壓輔助器等，如圖 10-55。

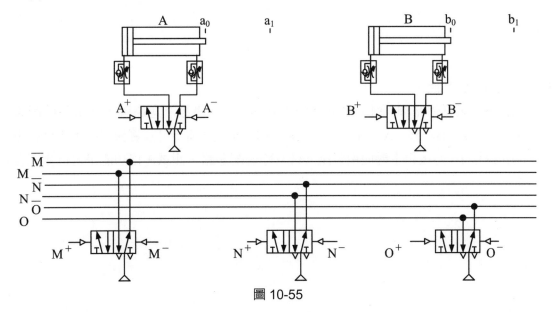

圖 10-55

(2)　再把驅動氣壓缸、位置極限閥、氣壓輔助器等邏輯控制式轉化成氣壓元件,並
連接其相關管線完成機械 - 氣壓迴路的繪製,圖 10-56。

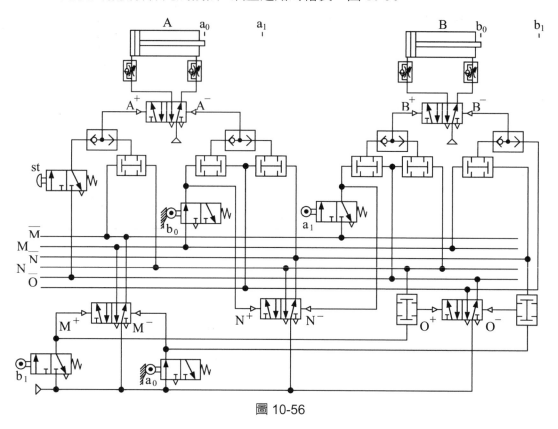

圖 10-56

5.　測試迴路圖功能

把機械 - 氣壓迴路圖 (圖 10-56) 繪製成 fluid.sim 氣壓控制迴路圖,在電腦模擬觀看
$A_1^+ B_1^+ B_1^- B_2^+ B_2^- A_1^- A_2^+ A_2^-$ 之動作順序是否正確 (可確實檢驗出本題目邏輯上
的正確性),然後再上機使用氣壓元件實際裝配迴路,測試迴路功能是否符合題意要
求。

例題 10-8

以氣壓邏輯設計法設計 $A_1{}^+A_1{}^-A_2{}^+A_2{}^-B_1{}^+B_1{}^-B_2{}^+B_2{}^-$ 動作順序之機械 - 氣壓迴路

1. 將 $A_1{}^+A_1{}^-A_2{}^+A_2{}^-B_1{}^+B_1{}^-B_2{}^+B_2{}^-$ 動作順序轉換爲位移 - 步驟圖，瞭解各步序點上之位置極限閥的合成狀況，並判別出有幾次重覆的情況及氣壓輔助器的使用數量，如圖 10-57。

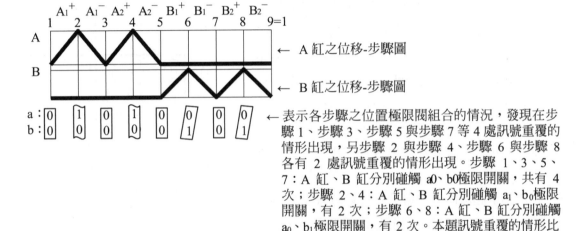

← A 缸之位移-步驟圖

← B 缸之位移-步驟圖

← 表示各步驟之位置極限閥組合的情況，發現在步驟 1、步驟 3、步驟 5 與步驟 7 等 4 處訊號重覆的情形出現，另步驟 2 與步驟 4、步驟 6 與步驟 8 各有 2 處訊號重覆的情形出現。步驟 1、3、5、7：A 缸、B 缸分別碰觸 a0、b0極限開關，共有 4 次；步驟 2、4：A 缸、B 缸分別碰觸 a1、b0極限開關，有 2 次；步驟 6、8：A 缸、B 缸分別碰觸 a0、b1極限開關，有 2 次。本題訊號重覆的情形比前面各例題較爲複雜，故需要使用多個氣壓輔助器，以分割重複的訊號。

圖 10-57　【例 12】位移 - 步驟圖

2.　將各氣壓缸動作順序正確地填寫入卡諾圖中。

先建一個有 a、b 兩個位置極限閥變數之卡諾圖，再按圖 10-1 中所分析的 "0 與 1" 組合情形，將卡諾圖上面位置極限閥變化的情形先安排妥當；在圖 10-57 中已發現步驟 1、步驟 3、步驟 5 與步驟 7 有 a_0、b_0 兩個極限閥重覆 4 次，其餘步驟 2、步驟 4 及步驟 6、步驟 8 也有兩個極限閥重覆 2 次的情形，因此針對各極限閥重覆 4 次的情況及考慮各狀態變數之啓動、復歸條件，就需加入 3 個狀態變數 M、N、O (5/2 雙邊氣導閥)，才能有足夠的條件可取得適當的訊號，就是利用該閥未啓動狀態 ($\overline{M}$、$\overline{N}$、$\overline{O}$) B 口有訊號及已啓動狀態 (M、N、O) A 口有訊號，可以將重覆的訊號加以區分開來。現在就按照動作順序之先後逐一填寫入卡諾圖中，如圖 10-58。

在填寫卡諾圖時，左邊爲狀態變數有 3 個 (M、N、O) 之多，其變化情形也比照上面的 3 個位置極限閥 (a、b、c) 的變化情形，如：000、001、011、010、110、111、101、100 等 8 種不同變化，如此才能符合卡諾圖的變化規則。

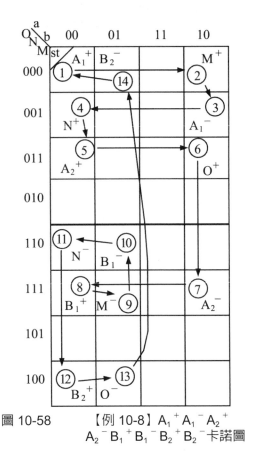

圖 10-58　【例 10-8】 A_1^+ A_1^- A_2^+ A_2^- B_1^+ B_1^- B_2^+ B_2^- 卡諾圖

3.　應用卡諾圖的化簡要領，解出最精簡的邏輯控制式。

(1)　先化簡 A、B 兩缸的邏輯控制式，如圖 10-59、圖 10-60。

在圖 10-59 中 A_1^+ 可刮的區域共有上半部的 4 個角落格位，可將 5 個變數其中 2 個刪除，剩下 3 個變數 ($\overline{M}$ · $\overline{O}$ · b_0) 及啓動鈕；A_2^+ 可刮的區域爲第 3 及第 4 兩橫列 8 個格位，可將 5 個變數其中 3 個刪除，僅剩下 2 個變數 (N · $\overline{O}$)。而 A_1^- 就只能刮第 2 及第 7 兩橫列 8 個格位，能刪除 3 個，還剩下 2 個變數 (M · $\overline{N}$)，A_2^- 就可刮最下面 16 個格位，可將 5 個變數其中 4 個刪除，僅剩下 1 個變數 (O)。最後得到 A 缸之邏輯控制式子。

$A_1^+ = \overline{M} \cdot \overline{O} \cdot b_0 \cdot st$　　　　$A_1^- = M \cdot O \cdot b_0$

$A_2^+ = \overline{M} \cdot N$　　　　　　　$A_2^- = \overline{N} \cdot O$

$A_1^+ = \overline{M} \cdot \overline{O} \cdot b_0 \cdot st$ $\qquad\qquad$ $A_1^- = M \cdot O \cdot b_0$

$A_2^+ = \overline{M} \cdot N$ $\qquad\qquad\qquad$ $A_2^- = \overline{N} \cdot O$

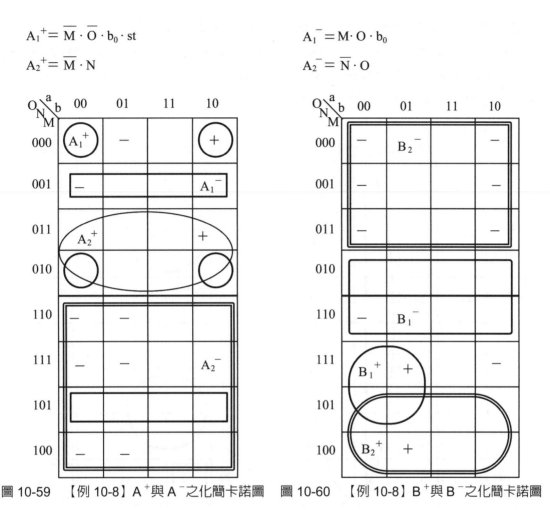

圖 10-59　【例 10-8】A$^+$與 A$^-$之化簡卡諾圖　　圖 10-60　【例 10-8】B$^+$與 B$^-$之化簡卡諾圖

在圖 10-60 中 B_1^+ 可刮的區域有第 6 及第 7 橫列左邊 4 個格位，可將 5 個變數其中 2 個刪除，剩下 3 個變數 ($M \cdot O \cdot a_0$)；B_2^+ 可刮的區域共有第 7、8 兩橫列 8 個格位，可將 5 個變數其中 3 個刪除，僅剩下 2 個變數 ($\overline{N} \cdot O$)。而 B_1^- 可刮中間 2 橫列共 8 個格位，能刪除 3 個，還剩下 2 個變數 ($\overline{M} \cdot N$)，B_2^- 就可刮最上面 16 個格位，可將 5 個變數其中 4 個刪除，僅剩下 1 個變數 ($\overline{O}$)。最後得到 B 缸之邏輯控制式子。

$B_1^+ = M \cdot O \cdot a_0$ $\qquad\qquad$ $B_1^- = \overline{M} \cdot N$

$B_2^+ = \overline{N} \cdot O$ $\qquad\qquad$ $B_2^- = \overline{O}$

(2) 再來化簡狀態變數 (M、N) 的邏輯控制式，如圖 10-61、圖 10-62。

在圖 10-61 中 M^+ 可刮的區域有右邊兩縱列 16 個格位，可將 5 個變數其中 4 個刪除，剩下 1 個變數 (a_1)；M^- 可刮的區域為中間兩縱列 16 個格位，可將 5 個變數其中 4 個刪除，剩下 1 個變數 (b_1)。

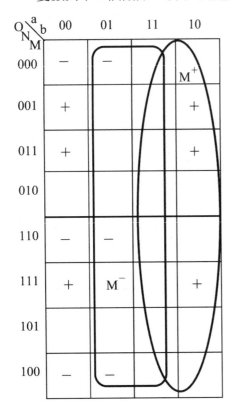

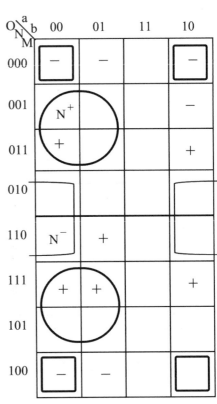

圖 10-61　【例 10-8】M^+ 與 M^- 之化簡卡諾圖　　圖 10-62　【例 10-8】N^+ 與 N^- 之化簡卡諾圖

$$M^+ = a_1 \qquad\qquad M^- = b_1$$
$$N^+ = M \cdot a_0 \qquad\qquad N^- = \overline{M} \cdot b_0$$

在圖 10-62 中 N^+ 可刮的區域為左半邊的上、下 8 個格位，將 5 個變數其中 3 個刪除，剩下 2 個變數 ($\overline{M} \cdot b_0$)；N^- 可刮的區域，可左上、右上、左下、右下及中間兩側共 8 個格位，可將 5 個變數其中 3 個刪除，剩下 2 個變數 ($M \cdot b_0$)。

(3) 最後化簡另一個狀態變數 (O) 的邏輯控制式，如圖 10-63。

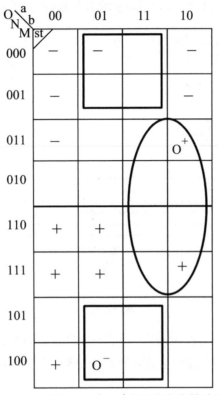

圖 10-63 　【例 10-7】N^+ 與 N^- 之化簡卡諾圖

$$O^+ = N \cdot a_1 \qquad\qquad O^- = \overline{N} \cdot b_1$$

在圖 10-63 中 O^+ 可刮的區域有右邊中間 8 個格位，可將 5 個變數其中 3 個刪除，剩下 2 個變數 $(N \cdot a_1)$；O^- 可刮的區域中間的上、下 8 個格位，可將 5 個變數其中 3 個刪除，剩下 2 個變數 $(\overline{N} \cdot b_1)$。

3. 繪製機械 - 氣壓迴路圖

(1) 先繪製氣壓缸、主氣閥及各狀態變數氣壓輔助器等，如圖 10-64。

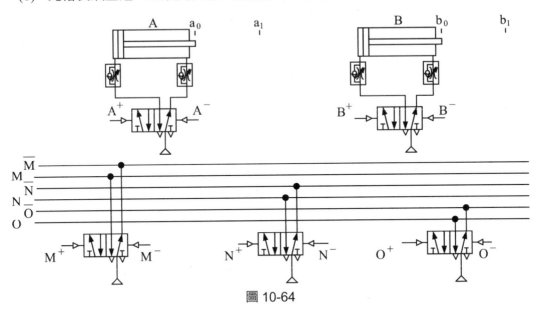

圖 10-64

(2) 再把驅動氣壓缸、位置極限閥、氣壓輔助器等邏輯控制式轉化成氣壓元件，並連接其相關管線完成機械 - 氣壓迴路的繪製，圖 10-65。

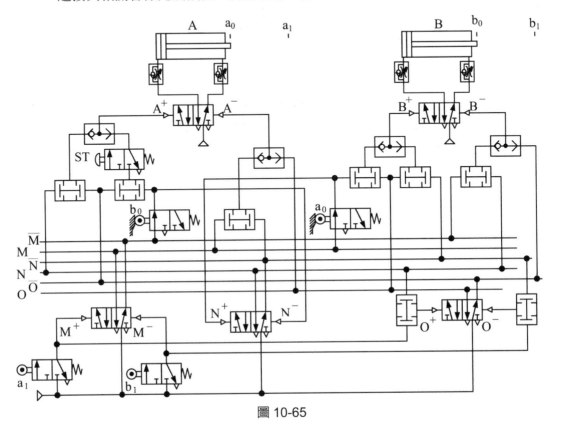

圖 10-65

4.　測試迴路圖功能

把機械 - 氣壓迴路圖 (圖 10-65) 繪製成 fluid.sim 氣壓控制迴路圖，在電腦模擬觀看 $A_1{}^+ A_1{}^- A_2{}^+ A_2{}^- B_1{}^+ B_1{}^- B_2{}^+ B_2{}^-$ 之動作順序是否正確，然後再上機使用氣壓元件實際裝配迴路，測試迴路功能是否符合題意要求。

以上八個例題是針對 "氣壓邏輯設計法" 在機械 - 氣壓迴路設計時的說明，所介紹的例題全部都是雙穩態迴路。在此為了消除這種設計法好像僅適用於雙穩態迴路設計的不實印象，特將所獲得的邏輯控制式，透過轉換公式 $A^{(\pm)} = (A^+ + U_A) \cdot \overline{A^-}$ (即雙穩態迴路轉換為單穩態迴路的公式) 的轉換後，即可以用來繪製有單穩態閥件的機械 - 氣壓迴路圖，現在就以【例 10-8】為例子，詳加說明。

此處將 A 缸以雙穩態閥件、B 缸以單穩態閥件來控制，A 缸的控制式直接可以使用，而 B 缸的控制式就需要經轉換公式轉換後，才能用於繪製單穩態機械 - 氣壓迴路圖，轉換情況如下，代入轉換公式後，$B^{(\pm)} = (M \cdot a_0 \cdot O + \overline{N} \cdot O) \cdot \overline{(M \cdot N + \overline{O})}$，B 缸在此處不需做自保迴路，單穩態及雙穩態機械 - 氣壓迴路圖如圖 10-66。

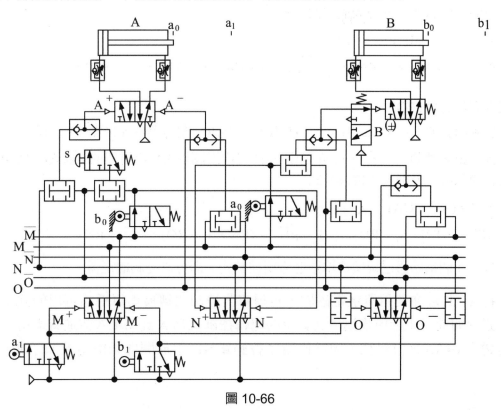

圖 10-66

把單穩態機械 - 氣壓迴路圖 (圖 10-66) 繪製成 fluid.sim 氣壓控制迴路圖，在電腦模擬觀看 $A_1{}^+ A_1{}^- A_2{}^+ A_2{}^- B_1{}^+ B_1{}^- B_2{}^+ B_2{}^-$ 之動作順序是否正確，然後再上機使用氣壓元件實際裝配迴路，測試迴路功能是否符合題意要求。

最後再把【例 10-8】之例題改換設計為電路圖，而在電路圖中所使用的繼電器、單邊電磁閥 (B 缸用) 等零組件皆為單穩態元件，其所使用的邏輯控制式也都需為單穩態的。因使用邏輯設計法所獲得的邏輯控制式為雙穩態的，都是需要透過轉換公式來改換邏輯控制式，如 M、N、O 等三個輔助器需用三個繼電器 (RM、RN、RO) 來取代，而邏輯控制式經轉換式轉換後，分別如下說明：

▌第 1 個輔助器 (RM)

啟動訊號 $M^+ = a_1$、復歸訊號 $M^- = b_1$，分別代入轉換公式

$$A^{(\pm)} = (A^+ + U_A) \cdot \overline{A^-}$$ 得

$$RM^{(\pm)} = (a_1 + RM) \cdot \overline{b_1} \; \text{。}$$

▌第 2 個輔助器 (RN)

啟動訊號 $N^+ = M \cdot a_0$ 由 a_0 位置極限閥串接 RM 繼電器的 a 接點，所組合而成的合成訊號；復歸訊號 $N^- = \overline{M} \cdot b_0$ 亦是由 b_0 位置極限閥接 RM 繼電器的 b 接點，所組合而成的合成訊號；分別代入轉換公式

$$A^{(\pm)} = (A^+ + U_A) \cdot \overline{A^-}$$ 得

$$RN^{(\pm)} = (RM \cdot a_0 + RN) \cdot \overline{(b_0 \infty \overline{RM})} = (RM \cdot a_0 + RN) \cdot (\overline{b_0} + RM) \; \text{。}$$

▌第 3 個輔助器 (RO)

啟動訊號 $O^+ = N \cdot a_1$ 由 a_1 位置極限閥串接 RN 繼電器的 a 接點,，所組合而成的合成訊號；歸訊號 $O^- = \overline{N} \cdot b_1$ 亦是由 b_1 位置極限閥接 RN 繼電器的 b 接點，所組合而成的合成訊號；分別代入轉換公式

$$A^{(\pm)} = (A^+ + UA) \cdot \overline{A^-}$$ 得

$$RO^{(\pm)} = (RN \cdot a_1 + RO) \cdot \overline{(b_1 \infty \overline{RN})} = (RN \cdot a_1 + RO) \cdot (\overline{b_1} + RN) \; \text{。}$$

以上 3 個輔助器已轉換為單穩態邏輯控制式，即可以控制繼電器。

在 A、B 缸亦使用單邊電磁閥，也須將其控制式轉換為單穩態可用的式子，其轉換過程如前一小節所描述，其結果的邏輯控制式為 A 缸第 1 次前進時需用一個自保繼電器 (RA$_1$) 來自住，因為使用了啟動鈕 ST(手放開即切斷訊號) 的關係，第

二次前進就不必了，因此 $RA_1^{(\pm)} =$ $(A^+ + U_A) \cdot \overline{A^-} = (\overline{RO} \cdot a_0 \cdot ST + RA_1) \cdot \overline{RM}$，所以 A 缸兩次的前進後退邏輯控制式為 $A^{(\pm)} = RA_1 + RN \cdot \overline{RO}$。而 B 缸就都不必加自保繼電器了：$B^{(\pm)} = RM \cdot RO \cdot a_0 + \overline{RN} \cdot RO = (RM \cdot a_0 + \overline{RN}) \cdot RO$。

　　此外，各位置極限開關因使用次數較多，也需用繼電器擴增其使用點數。綜合前述各項說明後，所繪製的電路圖，如圖 10-67。

　　與圖 10-67 電路圖所搭配的氣壓迴路圖，如圖 10-68，只要把兩個圖搭配起來即可驗證氣壓邏輯設計法亦可設計出單穩態的迴路。

　　把電路圖 (圖 10-67) 及氣壓迴路圖 (圖 10-68) 結合起來，繪製成 fluid. sim 控制迴路圖，在電腦模擬觀看 $A_1{}^+$ $A_1{}^- A_2{}^+ A_2{}^- B_1{}^+ B_1{}^- B_2{}^+ B_2{}^-$ 之動作順序是否正確，然後再上機使用氣壓元件實際裝配迴路，測試迴路功能是否符合題意要求。

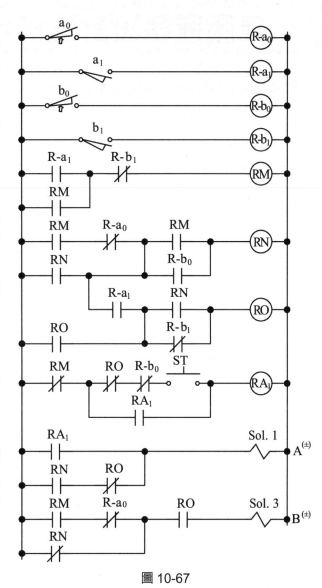

圖 10-67

圖 10-68

氣壓邏輯設計法綜合設計能力測驗

練習 1 以前面各例題所介紹之氣壓訊號分析方法，設計 $A^+B^+B^-B^+B^-A^-$ 兩支氣壓缸之機械 - 氣壓迴路圖。

練習 2 以前面各例題所介紹之氣壓訊號分析方法，設計 $A^+A^-B^+B^-B^+B^-A^+A^-$ 兩支氣壓缸之機械 - 氣壓迴路圖或電氣 - 氣壓迴路圖。

11 氣壓特定功能迴路介紹

　　氣壓特定功能迴路有下列常見幾種迴路：1、平衡迴路 2、常壓鎖固迴路 3、眞空鎖固迴路 4、衝擊迴路及蓄氣筒選用 5、變速迴路 6、釋壓迴路 7、高低壓迴路等不同迴路的介紹，針對各種不同迴路使用於何種條件或設定細節之技術詳加說明。

例題 11-1　平衡迴路

所謂 "平衡迴路" 就是在氣壓缸裝置成鉛錘方向，而所驅動的負載 (受地心引力牽引向下) 必須能於行程內的任何位置可停止，如圖 11-1、圖 11-2。

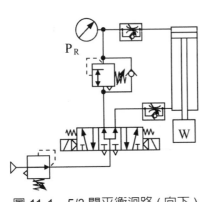
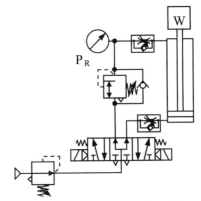

圖 11-1　5/3 閥平衡迴路 (向下)　　　圖 11-2　5/3 閥平衡迴路 (向上)

當負載物要停止於任何位置時，氣壓缸內部活塞兩側的作用力 (向下作用力：調壓閥壓力 × 活塞上方面積 + 負載物重量，向上作用力：氣源壓力 × 活塞下方面積) 需相等，即可獲得平衡的狀態。

圖 11-1 及圖 11-2 兩圖中若負載物重量相同，則調壓閥所設定的壓力 (P_R：Pressure of Regulator Valve) 是不會相同的，圖 11-1 的負載物向下，P_R 壓力是作用於上方活塞側的全部面積，所需的壓力就比較小；圖 11-2 的負載物向上，P_R 壓力是作用於上方活塞桿側的環狀面積，所需的壓力就比較大些；甚至在技能檢定時需要檢查平衡迴路現象是否有按標準完成，其檢查方式就是將 5/3 電磁閥停放於中間位置，讓氣源空氣進到活塞兩側，如向上及向下力量若相等，則可使負載物停止於行程內任何位置，當以手動方式去碰觸，破壞其平衡狀態，就會使負載物滑動，手離開後又恢復平衡狀態而停止。

因此，所使用的調壓閥需是精密型的 (若裝配於雙向流動管線上，需並接 1 個止回閥，以方便反向流動)，附有一個排氣孔以利二次側壓力超壓時排氣，若二次側壓力上升超壓時可立即排放，以隨時保持平衡狀態；如果是使用一般型調壓閥無法立即排氣，測試平衡迴路時，手一離開負載物就會反彈滑回 (因二次側壓力異常升高無法立即排放) 原先位置一短暫距離，這就代表平衡的效果不甚理想。

　　至於在業界裝配平衡迴路時，要找到一個 5/3 中位進氣型的閥件，是有點困難的，這時可使用替代方案，應用 2 個常通型 3/2 閥件來替代之，如圖 11-3、圖 11-4(調壓閥裝於主氣閥之後，需並接止回閥) 及圖 11-5、圖 11-6(調壓閥裝於主氣閥之前，不需止回閥)，只要掌握平衡迴路的要領，即可取代之，不過閥件的作動方式是不同於 5/3 閥件。

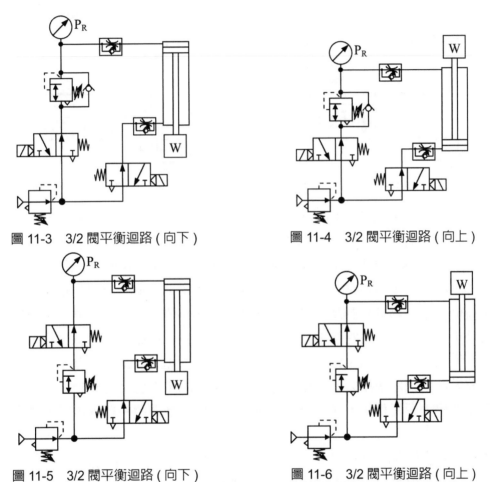

圖 11-3　3/2 閥平衡迴路 (向下)　　　　圖 11-4　3/2 閥平衡迴路 (向上)

圖 11-5　3/2 閥平衡迴路 (向下)　　　　圖 11-6　3/2 閥平衡迴路 (向上)

　　在圖 11-3、圖 11-4 中是將調壓閥裝置於 3/2 電磁閥之後，因為該管線為雙向流動的管線，為了使空氣能反方向順暢的流過調壓閥，所以需並接一個止回閥來達成其目的；而圖 11-5、圖 11-6 中所使用的調壓閥，是位於單方向流動的管線上，因此，就不需再並接止回閥。

　　然而在業界最方便拿到的閥件卻是 5/2 單邊電磁閥，如要使用兩個 5/2 單邊電磁閥做出平衡迴路時，就需要把 5/2 單邊電磁閥的 A、B 接口按功能的需求，加以改裝之，如圖 11-7、圖 11-8。

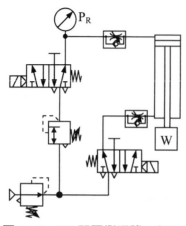

圖 11-7　5/2 閥平衡迴路 (向下)

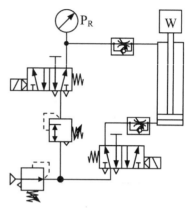

圖 11-8　5/2 閥平衡迴路 (向上)

　　在圖 11-7、圖 11-8 中是將 5/2 單邊電磁閥的 A 口塞住，迴路管線接到 B 口 (變成常通型) 以保持線圈在不激磁時，氣壓缸活塞兩側會有空氣作動住；而調壓閥就裝置於 5/2 單邊電磁閥之前，因該處為單向流動的管線，所以就不需再並接止回閥了。

　　另外，所有的平衡迴路於氣源處全部都需要再加裝一個一般型調壓閥，其目的在同一系統的其他氣壓缸作動時，仍然能保持平衡迴路的穩定性；主要作法是以一般型調壓閥將供應給平衡迴路的氣壓源壓力給降低約 0.5 ～ 1 bar 左右 (就是比來源的氣壓源系統壓力低約 0.5 ～ 1 bar)，當來源系統內其他氣壓缸在作動時，就不會影響到供應平衡迴路系統的氣壓源壓力，因比來源系統內氣壓源壓力已低約 0.5 ～ 1 bar，只要供應氣壓源的壓力源能穩定，在各條件調定好之後的平衡迴路系統就可以很穩定的運轉了。

　　不過也有人組裝成如圖 11-9，這樣在活塞側 (右邊的) 調壓閥仍然要稍減一點壓力，否則會因來源系統其他油壓缸作動，而影響供應平衡迴路壓力的一致性，平衡迴路的運轉狀態就會不穩定。

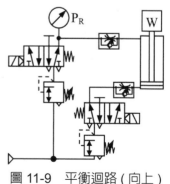

圖 11-9　平衡迴路 (向上)

例題 11-2　常壓鎖固迴路

　　所謂"常壓鎖固迴路"就是在氣壓缸裝置成鉛錘方向所驅動的負載物 (受地心引力牽引向下)，或安裝成其他方向時，需在行程內的任何位置，可長時間停止又不會滑動，如圖 11-10、圖 11-11、圖 11-12。圖 11-10 的迴路只能在短時間內有鎖固的功能而已，因長時間要鎖固，會因 5/3 中位常閉型電磁閥的微量漏氣而失效；為了達到長時間停止又不會滑動的鎖固效果，如圖 11-11、圖 11-12。管線上必須有防止漏氣現象發生，就需要用到錐狀結構閥件，如止回閥之類，而該止回閥件係使用於雙向流動的管線上，有順向與反向兩方向流動，在順向流動只要作動壓大於開啟壓力就能流通；而反向流動時，需以引導壓力將止回閥強制打開止回擋塊，才能使空氣順利流動，因此，就需要使用到引導型止回閥，而引導壓力需接到對方的管線上，如此就可使氣壓缸動作進行順暢。

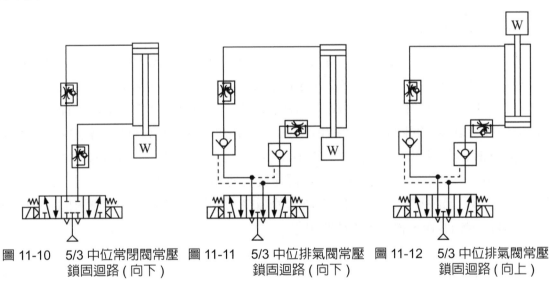

圖 11-10　5/3 中位常閉閥常壓
鎖固迴路 (向下)　圖 11-11　5/3 中位排氣閥常壓
鎖固迴路 (向下)　圖 11-12　5/3 中位排氣閥常壓
鎖固迴路 (向上)

　　鎖固迴路能長時間將負載物固定於某個位置，端賴於管線不能漏氣所賜。在使用引導型止回閥也必須遵守不漏氣之原則，而引導型止回閥不漏氣的作法，就是一次側 (P)及引導壓接口 (pp) 必須沒有殘壓存在，所以當要長時間鎖固時，5/3 閥中位就需將空氣排空，因此與引導止回閥搭配的方向閥件，就要使用中位排氣型的閥件。

　　至於在業界裝配鎖固迴路時，要找到一個 5/3 中位排氣型的閥件，是有點困難的，這時只要掌握鎖固迴路的要領，即可使用替代方案，應用 2 個常閉型 3/2 閥件來取代，如圖 11-13、圖 11-14。線圈不激磁時閥件會排氣沒有殘存壓力，符合鎖固迴路的需求。

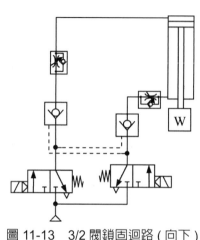
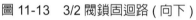
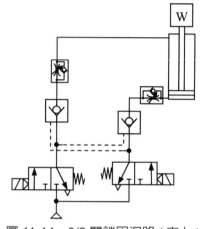

圖 11-13　3/2 閥鎖固迴路 (向下)　　　　圖 11-14　3/2 閥鎖固迴路 (向上)

　　然而在業界最方便拿到的閥件卻是 5/2 單邊電磁閥，假如要使用兩個 5/2 單邊電磁閥來組裝鎖固迴路時，就需要把 5/2 單邊電磁閥的接口按功能的需求加以改裝之，如圖 11-15、圖 11-16。改裝後需保持兩電磁閥的線圈在不激磁時有排放空氣的功能，其中 A 口就需連接至引導止回閥的一次側 (P)，並以三通接頭連接至另一個引導止回閥的引導壓口 (pp)、B 口就用塞子加以堵塞。引導止回閥的引導壓口及一次側都需直接連接 5/2 電磁閥，不能有殘壓存在，也就是不可再連接其他閥件，否則會造成鎖固不確實的現象。若在引導止回閥及 5/2 電磁閥間裝置其他閥件，就會有殘壓存在，影響鎖固的效果，如圖 11-17、圖 11-18，會有鎖不住的現象。

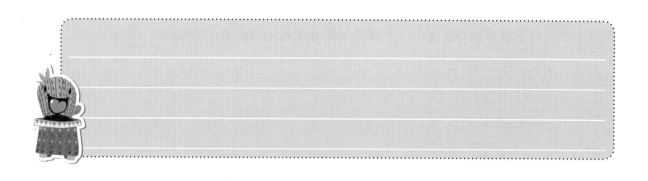

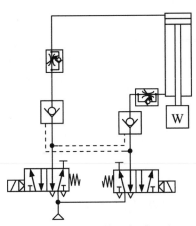

圖 11-15　5/2 閥鎖固迴路 (向下)

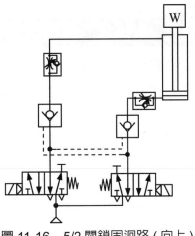

圖 11-16　5/2 閥鎖固迴路 (向上)

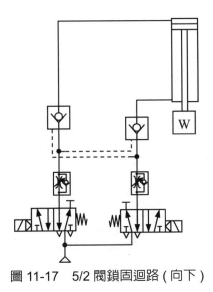

圖 11-17　5/2 閥鎖固迴路 (向下)

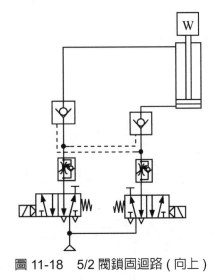

圖 11-18　5/2 閥鎖固迴路 (向上)

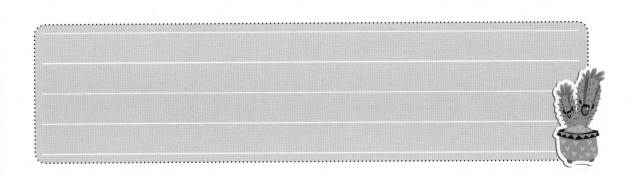

例題 11-3　真空鎖固迴路

　　所謂"真空鎖固迴路"就是在真空系統中，當真空吸盤正在吸住料件而真空產生器突然不作動時，卻須維持真空吸盤持續吸住料件一段時間的鎖固迴路，以方便操作者做出相應的安全措施，如圖 11-19、圖 11-20。在圖 11-19 的迴路中沒有使用真空破壞閥，當在進行真空吸、排動作時，需要各一個 3/2 常閉及常開型直動式電磁閥一起相互協調動作，才能順利的運作。而真空產生器不作動真空消失時，要有鎖住固定工件的功能，就是以 3/2 常閉型直動式電磁閥關閉，讓外界大氣壓力不能進來，3/2 常開型直動式電磁閥打開，讓真空蓄氣筒內的真空可到料件吸入之真空管線中，因而延長保持真空繼續吸住料件的時間，至於時間的長短，就看真空管線有否洩漏而定。在圖 11-20 的迴路中有用到真空破壞閥，只要在吸取料件的真空管線上加裝一個止回閥即可解決鎖固問題，這種方式可將真空迴路的複雜度降低了；在真空要吸取料件時，真空產生器抽取真空，空氣流動方向對止回閥是順向，可順利地吸取料件；如真空產生器不作動時，真空將止回閥吸住關閉真空，止回閥的氣密性又非常高，即可快速鎖固料件；當要排料時，就需靠真空破壞閥消除真空，料件才會快速掉落。

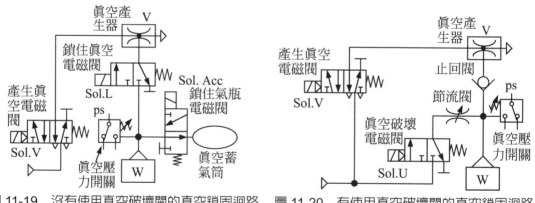

圖 11-19　沒有使用真空破壞閥的真空鎖固迴路　　圖 11-20　有使用真空破壞閥的真空鎖固迴路

　　在圖 11-19 迴路的真空管線中，使用兩個直動式方向閥的主要原因為，當電磁閥線圈作動時閥體即能切換，不會受到使用負壓壓力的影響，若用引導型的閥件需用外引導型，可導入正壓壓力的空氣，即能正常作動。

例題 11-4　衝擊迴路及蓄氣筒選用

　　所謂"衝擊迴路"就是在氣壓系統中，利用氣壓缸的活塞桿超快速移動而獲得較大的動能，以動能做為衝擊能量，動能愈大衝擊能力就愈大，一般使用於小型沖壓床之用，如圖 11-21、圖 11-22。

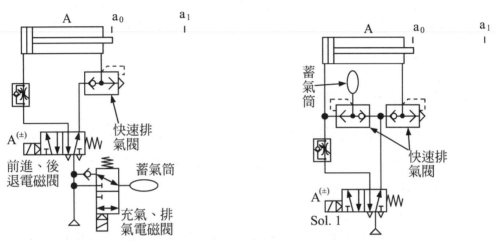

圖 11-21　衝擊迴路 (蓄氣筒安裝於電磁閥一次側)　圖 11-22　衝擊迴路 (蓄氣筒安裝於電磁閥二次側)

　　衝擊迴路氣壓缸的移動速度均是非常快速的，因動能 (KE) 愈大衝擊能力就愈強，

而動能的公式 $KE = \dfrac{1}{2} mV^2$，其中 V 就是氣壓缸移動速度，且以平方倍方式增加衝擊能量，所以加快移動速度是最有效之方式，而加快氣壓缸之移動速度，就有下列幾點方式可以提升：

1. 降低排氣側壓力：以快速排氣閥將排氣側壓力迅速排除，如圖 11-21、圖 11-22 中都有裝置快速排氣閥，以增加排氣速度。

2. 加大進氣側進氣量：如以前一項方式仍無法達到要求者，就需以本項之方法再追加，用以提升氣壓缸的移動速度，這種方法就需要借助蓄氣筒來相助，而使用方式有圖 11-21 及圖 11-22 兩種不同方式。

　　先說明圖 11-21 方式，當氣壓缸要前進時，除 5/2 單邊電磁閥激磁外，3/2 單邊電磁閥也要激磁，這種接管方式氣壓源的氣及蓄氣筒的氣，都要經過 5/2 單邊電磁閥，因此通過的氣體流量就會比較大，電磁閥選用時要加大一號，蓄氣筒在供氣時 3/2 單邊電磁閥是激磁，氣由 P 口供應，當消磁後由 R 口經止回閥的順向對蓄氣筒充氣。假如，使用圖 11-22 的接管方式，在氣壓缸前進時，就只有氣壓源的氣要經過電磁閥，因此通過的氣體流量就會比較少，電磁閥可選用小一號的；但是，蓄氣筒裝置於電磁閥之後，且僅能在氣壓缸前進時才可供氣，所以再多使用一個快速排氣閥以控制蓄氣筒的供氣時機，如此即可達到前進時，才可供氣的目標，另在氣壓缸後退時才對蓄氣筒充氣，如圖 11-22。

蓄氣筒容積大小的選用：蓄氣筒容積需要經過計算，再依據計算後的參考容積加以選用。以下例進行說明。

圖 11-22 的方式供氣，一支氣壓缸（$\phi 32 \times \phi 18 \times 150$）在 0.1 秒內完成衝擊動作，若假設蓄氣筒供應衝擊缸用氣量的 1/2，另 1/2 量由氣壓源供應，則蓄氣筒需要多大的容積。

解

1. 先計算出衝擊缸的容積。

   氣壓缸活塞側內部的容積，由公式 $V = A \times S = \dfrac{\pi}{4} \times 3.2^2 \times 15 = 120.5 \ cm^3$，

   從假設條件得知，蓄氣筒供應一半的用氣量，為 $120.5/2 = 60.25 \ cm^3$

2. 求出蓄氣筒的容積。

   (2-1) 說明使用公式：

   應用熱力學公式 $P_1 V_1^n = P_2 V_2^n$（膨脹狀況為絕熱過程，因此 n = 1.4)，

   P_1（最高壓力）$= 6 + 1.033 \ kgf/cm^2$，

   P_2（膨脹後壓力，允許下降 0.5 kgf/cm^2) $= 5.5 + 1.033 \ kgf/cm^2$，

   V_1（蓄氣筒容積）cm^3，V_2（膨脹後氣體容積）$= V_1 + 60.25 \ cm^3$。

   (2-2) 使用公式寫出計算過程：

   由熱力學公式 $P_1 V_1^n = P_2 V_2^n \Rightarrow \left(\dfrac{V_2}{V_1} \right)^{1.4} = \left(\dfrac{V_1 + 60.25}{V_1} \right)^{1.4} = \dfrac{P_1}{P_2} = \dfrac{6 + 1.033}{5.5 + 1.033}$

   $\qquad\qquad\qquad\qquad = 1.0765$

   令 $\dfrac{V_1 + 60.25}{V_1} = X$ 代入上式得 $\Rightarrow X^{1.4} = 1.0765 \Rightarrow X = 1.054$ 再代回上式

   $\dfrac{V_1 + 60.25}{V_1} = 1.054$

   可求得蓄氣筒的容積 $V_1 = 1115.7 \ cm^3$ ← 此數據即為選擇蓄氣筒的重要參考數據。

以上的計算式是應用熱力學中氣體壓力與容積關係，在絕熱過程下變化的情形，頗具有參考價值。

例題 11-5　變速迴路

　　所謂 "變速迴路" 即是氣壓缸的活塞桿在移動的過程中，其移動速度有隨需求而改變之意，例如從慢速變爲快速，或是由快速轉爲較慢速度等，這些都是變速迴路應用的例子。而其做法一般均是使用單向流量控制閥搭配旁通閥 (2/2 常閉型，一般會用 3/2 常閉閥改裝) 組裝出變速迴路，如圖 11-23、圖 11-24。

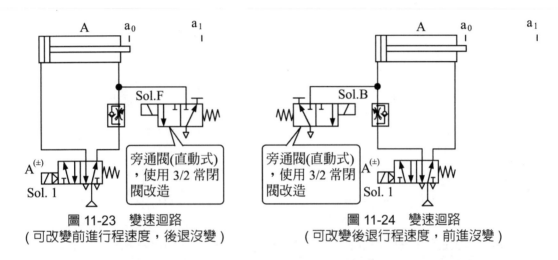

圖 11-23　變速迴路
(可改變前進行程速度，後退沒變)

圖 11-24　變速迴路
(可改變後退行程速度，前進沒變)

　　使用方式爲當要慢速時，旁通閥不激磁，所有排氣全部都是從單向流量控制閥通過，就會受到流量控制閥節流限制，所以氣壓缸的移動速度就變慢，即是所謂的慢速移動；若旁通閥有激磁，大部分的排氣幾乎是從旁通閥通過，就會快速的排掉空氣，這樣背壓降低，氣壓缸的移動速度就大幅提升，就是所謂的快速移動。

　　當在快速排掉空氣時，排氣側的背壓非常小 (經常低於 $1 \ kgf/cm^2$)，若旁通閥使用間接作動閥，有可能在電磁線圈激磁時，閥體會開開關關不穩定的跳動，所以爲獲得電磁線圈激磁時，保證閥體會確實切換，因此旁通閥就使用直接作動式的閥件，以避免閥件切換不正常，其目的是在電磁線圈有激磁時，閥體就會切換，不受到該閥內部供應引導壓力高低的影響。

例題 11-6　釋壓迴路

　　所謂"釋壓迴路"就是氣壓缸在停止時,能夠得到活塞桿在行程範圍內自由的移動,即需要將動力管線內之壓縮空氣排放掉,使氣壓缸成釋放壓力的狀態,這樣就是所謂的釋壓迴路;機械-氣壓迴路圖:如圖 11-25、圖 11-26,而電氣-氣壓迴路圖:如圖 11-27、圖 11-28。

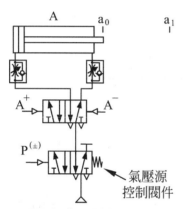

圖 11-25　釋壓迴路(機械-氣壓迴路,當氣壓源控制閥件有引導壓時,動力管線就有氣壓源;若引導壓消失時,動力管線即為釋壓狀態)。

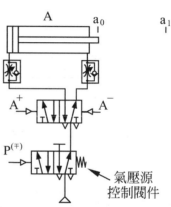

圖 11-26　釋壓迴路(機械-氣壓迴路,當氣壓源控制閥件無引導壓時,動力管線就有氣壓源;若有引導壓時,動力管線即為釋壓狀態)。

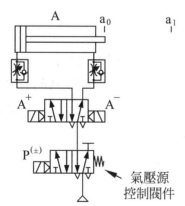

圖 11-27　釋壓迴路(電氣-氣壓迴路,當氣壓源控制閥件有引導壓時,動力管線就有氣壓源;若引導壓消失時,動力管線即為釋壓狀態)。

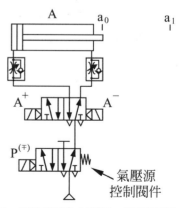

圖 11-28　釋壓迴路(電氣-氣壓迴路,當氣壓源控制閥件無引導壓時,動力管線就有氣壓源;若有引導壓時,動力管線即為釋壓狀態)。

　　在圖 11-25 與圖 11-26 機械 - 氣壓迴路，使用的氣壓源控制閥件，一個是常閉型，另一個則是常開的，剛好是相反的。因圖 11-25 所用的為常閉型閥件，動力管線要有氣壓源，氣壓源控制閥件就需有引導壓，若沒有引導壓則無氣壓源，動力管線即成為釋壓狀態，即跟一般電氣馬達相同的作動方式，電磁接觸器作動，馬達即轉動，電磁接觸器消磁，馬達即停止。而圖 11-26 所用的為常開型閥件，動力管線一開始就有氣壓源，氣壓源控制閥件不需有引導壓，若是有了引導壓，則氣壓源控制閥件就切換，動力管線變為無氣壓源，氣壓缸即成為釋壓狀態。在圖 11-27 與圖 11-28 電氣 - 氣壓迴路，使用的氣壓源控制閥件情形和圖 11-25 與圖 11-26 相較也是同樣的情形。只是圖 11-25 至圖 11-28 的迴路中所使用的流量控制閥皆為排氣節流控制 (meter-out control) 方式，當要釋壓時，因空氣要通過節流閥，排放速度較慢，可能會延遲個 3 ～ 5 秒鐘，若要有較佳的反應時間，則可將迴路中所使用的流量控制閥，改換為進氣節流控制 (meter-in control) 方式，如此即會加快排氣速度 (是順向通過止回閥)，如下面所列圖 11-29 ～圖 11-32。

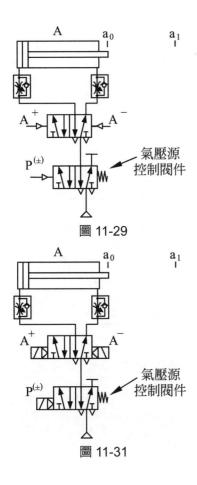

圖 11-29

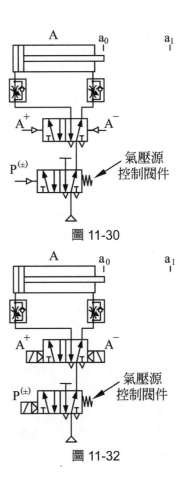

圖 11-30

圖 11-31

圖 11-32

　　圖 11-25 至圖 11-32 的迴路圖當動力管線從無氣壓源變爲有氣壓源時，因爲主氣閥是兩位置的，所以氣壓缸是不會亂跑。若是主氣閥是三位置中位進氣型 (中位加壓型) 的，如圖 11-33 至圖 11-38，在重新送氣時，穿透式氣壓缸 (活塞往兩邊伸出的) 就會往行程的中間點移動。

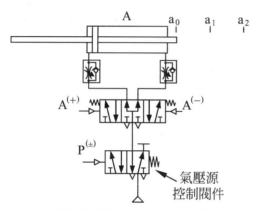

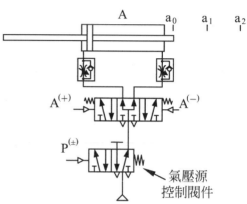

圖 11-33　釋壓迴路 (機械 - 氣壓迴路，主氣閥為 5/3 中位加壓型，當氣源控制閥件沒有引導壓時，動力管線就沒有氣了；若重新再送氣時，動力管線有了氣壓源，氣壓缸活塞會往中間移動。

圖 11-34　釋壓迴路 (機械 - 氣壓迴路，主氣閥為 5/3 中位加壓型，當氣源控制閥件有了引導壓時，動力管線就沒有氣了；若重新再送氣時，動力管線有了氣壓源，氣壓缸活塞會往中間移動。

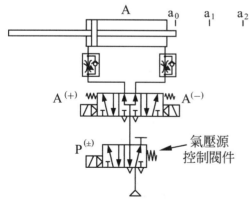

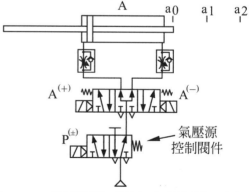

圖 11-35　釋壓迴路 (電氣 - 氣壓迴路，主氣閥為 5/3 中位加壓型，當氣源控制閥件沒有引導壓時，動力管線就沒有氣了；若重新再送氣時，動力管線有了氣壓源，氣壓缸活塞會往中間移動。

圖 11-36　釋壓迴路 (電氣 - 氣壓迴路，主氣閥為 5/3 中位加壓型，當氣源控制閥件有了引導壓時，動力管線就沒有氣了；若重新再送氣時，動力管線有了氣壓源，氣壓缸活塞會往中間移動。

　　當氣壓缸的活塞位置離中間點愈遠就移動愈明顯，因氣源管制閥件釋壓閥在重新送氣時，壓縮空氣到氣壓缸活塞兩側時，會因兩側空間不一樣大，空間大的那一邊壓縮空氣膨脹現象較明顯，所以空氣壓力下降很明顯；而空間小的那一邊壓縮空氣膨脹現象不明顯，空氣壓力下降有限，因此活塞兩側受空氣作用面積雖相同，但空氣壓力卻因膨脹後便不同了，所以作用的力量就不一樣大小，都會往行程中間 (空氣壓力較低側) 靠攏。針對此種往中間點靠攏的現象，有可能會在有驅動外部負載時而消失，假若無法消失時，則可以採用刹車式氣壓缸加以改善，因刹車氣壓缸之刹車力約有活塞移動力量之 1.5 倍以上，可排除重新送氣會再偷跑的問題。

例題 11-7 高低壓迴路

所謂"高低壓迴路"就是在常壓 (3 ～ 8 bar) 系統中,動力管線供應氣壓缸使用之氣體壓力有高壓及低壓之分,隨著氣壓缸出力大小之需求,適度改換供應氣體的壓力,這樣就是所謂的高低壓迴路;高低壓迴路中的高壓即是氣源直接供應的正常壓力,如 5 ～ 7 bar 的壓力,而低壓就是將所供應之氣源的正常壓力 (5 ～ 7 bar) 用減壓閥適度的降低一些,如 2 ～ 5 bar 等,機械 - 氣壓迴路圖:如圖 11-37,而電氣 - 氣壓迴路圖:如圖 11-38。

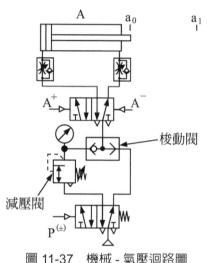

圖 11-37 機械 - 氣壓迴路圖

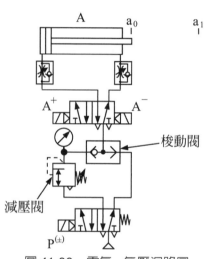

圖 11-38 電氣 - 氣壓迴路圖

當要使用高壓 (5 ～ 7 bar) 時,氣源供應之閥件在常態位置,平常通氣的接口 (B) 即將氣源送給氣壓缸之主氣閥,就是高壓 (5 ～ 7 bar) 的壓縮空氣;若要使用低壓 (2 ～ 5 bar),則氣源供應之閥件就激磁,閥位轉換為左側位置,接口 (A) 提供氣源之壓縮空氣經減壓閥降低壓力,即是供應低壓的氣源空氣。前述之氣源供應方式係用一個閥件有無作動,來決定低壓或高壓,動力管線需使用一個梭動閥連接。

一般動力管線的供氣量需隨著氣壓缸的耗氣量而調整,若氣壓缸較大缸徑時,供氣量就需加大,此時梭動閥可能無法滿足需求,這時候就需改變供氣方式,在機械 - 氣壓迴路圖:如圖 11-39,而電氣 - 氣壓迴路圖:如圖 11-40。這種高低壓氣源的供應方式,需用兩個氣源閥件 (3/2 位閥) 來供應,並為了避免雙方在供氣時有從對方漏氣的現象,於氣源供應之減壓閥件的出口處接一個止回閥,以阻止氣體洩漏。

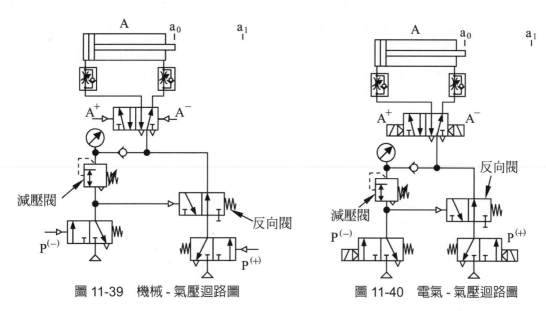

圖 11-39　機械 - 氣壓迴路圖　　　　　圖 11-40　電氣 - 氣壓迴路圖

　　在圖 11-39 及圖 11-40 中都為 3/2 位閥，而 3/2 常開閥 (反向閥) 需將排氣口塞住改為 2/2 閥，才能阻止使用低壓氣源時洩漏，若按以上修改，即能滿足實際上所需要的要求。而在業界現場應用上幾乎都是使用 5/2 閥件居多，所以可將圖 11-39 及圖 11-40兩個圖改換為圖 11-41 及圖 11-42，其中的氣源供應閥件是使用 5/2 閥，所多出來的接口 B 口就用塞子塞住，僅保留 A 接口接通管線，在有氣壓引導壓或電磁線圈作動時，A 口才會有氣源的空氣過去；在沒有氣壓引導壓或電磁線圈不作動時，則無氣源。

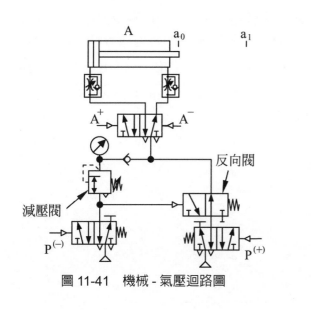

圖 11-41　機械 - 氣壓迴路圖

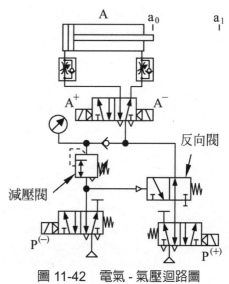

圖 11-42　電氣 - 氣壓迴路圖

　　在圖 11-41 及圖 11-42 中皆已使用 5/2 閥件，非常方便現場使用。然而不管高壓或低壓都是要有引導訊號才可以，或是兩邊都有引導訊號時，會有只供應低壓無高壓氣源的現象出現，有不方便之處。若能改換成圖 11-43 及圖 11-44 的迴路，只要有引導壓或線圈激磁，就會供應低壓氣源空氣；在引導壓消失或線圈不激磁時，就改換成供應高壓氣源空氣，也不會有高低壓不分的現象出現，較方便使用。

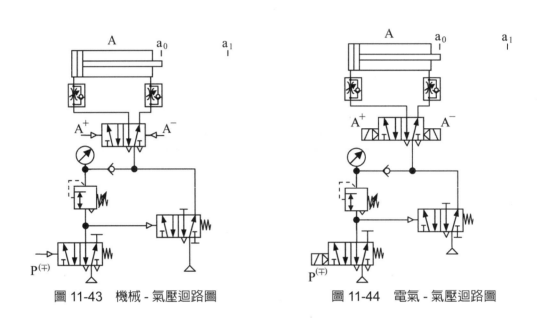

圖 11-43　機械 - 氣壓迴路圖　　　　　圖 11-44　電氣 - 氣壓迴路圖

　　亦可將圖 11-43 及圖 11-44 中的減壓閥改換至氣源供應閥件的 P 口之前，如圖 11-45 及圖 11-46，若是使用此種方式，需注意經過減壓閥在減壓後之空氣壓力，是否能夠滿足電磁閥有充足的切換壓力 (3 bar 以上較穩定)。為了確保低壓氣源在供氣時，電磁閥能在線圈有激磁確實保證閥位會切換，可將該電磁閥改換為直動式電磁閥，如此就不會受到供氣氣源壓力高低的影響，如圖 11-47。亦可將氣源供應之 5/2 單邊電磁閥的引導壓，改換為外引導型之電磁閥，當在低壓供應時，因有外部充足的引導壓，就不會影響電磁閥的切換了，如圖 11-48。

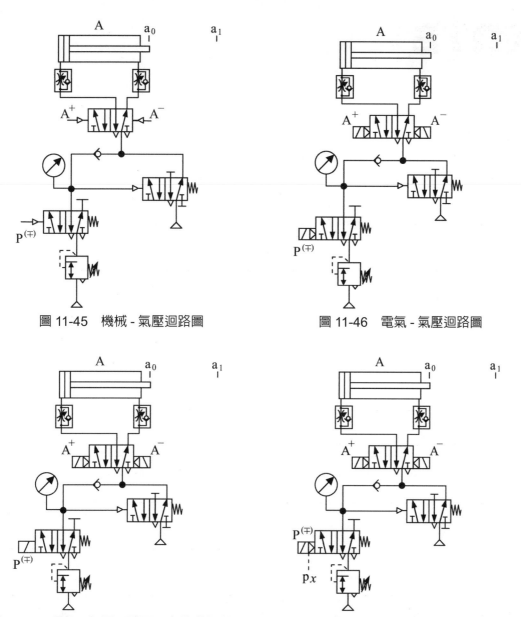

圖 11-45　機械 - 氣壓迴路圖　　　　　圖 11-46　電氣 - 氣壓迴路圖

圖 11-47　電氣 - 氣壓迴路圖 (直動式電磁閥)　圖 11-48　電氣 - 氣壓迴路圖 (外導式電磁閥)

NOTE

12 氣壓各種相關主題的計算與選用

有關氣壓各種相關主題：1.氣壓缸選用、2.耗氣量計算、3.電磁閥選用、4.調壓閥選用、5.真空吸盤選用、6.真空產生器選擇、7.衝擊缸選用、8.小型儲氣筒計算……等問題的計算與選用，特舉出一個例題來說明之。

例如：有一台小型氣壓式衝壓床，在0.08秒內要帶著15 kgf重量的模具向下完成衝壓的動作，且在下方模具中安裝一支可向上頂出料件的短行程氣壓缸，以方便吸盤吸取料件；該機台旁配備有氣壓式設備(迴轉氣壓缸、真空吸盤及相關機構)用來自動上下料，而週邊架設有一支氣壓缸($\phi80\times25\times200$)，應用平衡方式驅動一支有5倍放大倍率的槓桿機構，以方便更換模具時使用，詳細情形如圖12-1、圖12-2所示。

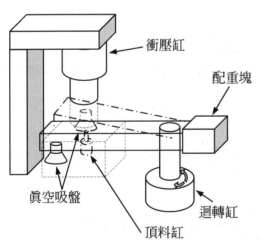

圖12-1　氣壓式沖壓床及上下料機構

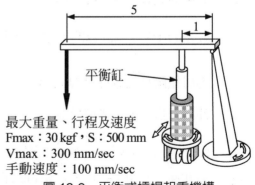

最大重量、行程及速度
Fmax：30 kgf，S：500 mm
Vmax：300 mm/sec
手動速度：100 mm/sec

圖12-2　平衡式槓桿起重機構

例題 12-1　氣壓缸選用

現在就以頂料缸為例，選出符合頂料缸條件的氣壓缸。

已知條件：頂出料件最大出力約為 30 kgf，

最大頂出速度 20 cm/sec，

頂出距離 50 mm，

就以前列條件選擇最適當的頂料缸。

在正常情況下選用氣壓缸時，最大理論推 (拉) 力需大於實際的負載，且有相當程度的量之上，除非有特殊的條件 (會針對該項條件另行計算處理) 外，幾乎都是以負荷率 ($\eta = \dfrac{F_p}{F_{th}}$，$F_p$：實際負載、$F_{th}$：理論出力) 的方式處理之，一般情形負荷率 (η) 選定在 0.5 ～ 0.7，但如果氣壓缸移動速度更快，如在 30 ～ 50 cm/sec 之間，可再往下修正至 0.3；若移動速度快至 50 cm/sec 以上，那就需針對產生加速度的慣性力大小另行計算，後再加上實際的負載，以選用超快速移動使用之氣壓缸的大小。

本例題的已知條件：移動速度 20 cm/sec 為普通條件，

負荷率 (η) 選擇 0.5，

氣壓工作壓力使用 6 kgf/cm^2，

最大負荷 F_P = 30 kgf 垂直向上安裝。

解

1. 驅動該負荷之活塞參考面積 $A = \dfrac{F_P}{\eta \times P} = \dfrac{30}{0.5 \times 6} = 10 \text{ cm}^2$

2. 驅動該負荷之氣壓缸為垂直向上安裝，且在缸徑未知的情形下，活塞桿徑先以缸徑的 1/3 作為計算的標準，計算時以活塞側為準，使用公式 $D = \sqrt{\dfrac{4 \times A}{\pi}}$ 。

   選用氣壓缸之缸徑計算式 $D = \sqrt{\dfrac{4 \times A}{\pi}} = \sqrt{\dfrac{4 \times 10}{\pi}} = 3.57 \text{(cm)}$ 選用 $\phi 40$ mm

3. 伸出行程之最大衝擊能量

$$KE = \frac{1}{2} \times m \times V^2 = \frac{1}{2} \times \frac{W}{g} \times V^2 = \frac{1}{2} \times \frac{30}{980} \times 20^2 = 6.12 \text{ kgf-cm} = 0.6 \text{ N-m}$$

4. 安裝型式選用 FB 方式 (後法蘭式)。

例題 12-2　壓縮空氣消耗量計算

現在就以頂料缸為例，計算出頂料缸各項不同情形的耗氣量多寡。已知條件：頂出缸的尺寸為 $\phi40 \times \phi16 \times 50$，最大頂出速度 20 cm/sec，試計算出頂料缸瞬間最大空氣消耗量及往復一次所需之空氣消耗量。

解

1. 由已知條件氣壓缸的速度 20 cm/sec，可求得最大瞬間耗氣量 (Q_{MAX})

$$Q_{MAX} = A \times V \times e = \frac{\pi}{4} \times 4^2 \times 20 \times \frac{6+1.033}{1.033} \times 60 \times 10^{-3} = 102.67 \ \ell/min \ 【ANR】$$

   求得氣壓缸瞬間最大耗氣量 (Q_{MAX})，即可了解如何選用氣壓缸用電磁閥的最大額定流量需為多大。

2. 氣壓缸往復一次空氣消耗量

$$q = (A_1 + A_2) \times S \times e = \frac{\pi}{4} \times \left[4^2 + (4^2 - 1.6^2) \right] \times 20 \times \frac{6+1.033}{1.033} = 3147.6 \ cc \ 【ANR】$$

   能求得氣壓缸往復一次空氣耗氣量，若需加裝小型儲氣筒時，儲氣筒的容積需要多大。

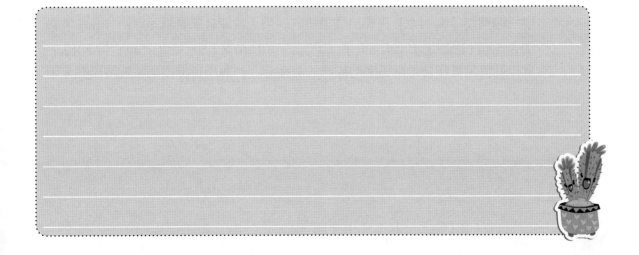

例題 12-3　電磁閥選用

現在以供應頂料缸之耗氣量為例,如何挑選出最適當的電磁閥。

已知條件:頂出缸 (方向由下往上頂出) 的尺寸為 $\phi40\times16\times50$,
　　　　　最大頂出速度 20 cm/sec,最大的負載為 30 kgf。

解

1.　由已知條件最大的負載為 30 kgf,

即可求得電磁閥二次側 (出口處) 最大的壓力 $P_2 = \dfrac{30}{\dfrac{\pi}{4}\times 4^2} = 2.39\ \text{kgf/cm}^2$,

再由一次側與二次側的絕對壓力比,判別出是屬於音速區流動

【比值≥1.893, $Q = 11.1 \times S \times (P_1 + 1.033)$】或

次音速區流動【比值<1.893, $Q = 22\times S\times\sqrt{(P_1 - P_2)\times(P_2 + 1.033)}$ 】。

本題的一次側壓力 $P_1 = 6\ \text{kgf/cm}^2$,一次側與二次側的絕對壓力比為

$e = \dfrac{6+1.033}{2.39+1.033} = 2.056 \geq 1.893$,此流動方式屬音速區流動,

計算流量的公式就用前一個 $Q(\ \ell/\text{min}$ 【ANR】 $) = 11.1\times S$ 【mm】 $\times(P_1+1.033)$ 。

2.　前面已判別出是屬於音速區的流動,另外挑選電磁閥的額定流量,需把氣壓缸的最大瞬間流量再加大 50% (超過 100 ℓ/min) ～ 100% (小於 100 ℓ/min) 的安全裕量做為挑選電磁閥的使用標準。

前一個例題【例 11-2】已算出該頂料缸的最大瞬間耗氣量為 102.67 ℓ/min ,若加大 50% (因超過 100 ℓ/min),即 $Q_{SOL} = 102.67\times 1.5 = 154(\ \ell/\text{min}$ 【ANR】 $)$,就以此流量當作挑選電磁閥的標準,並參考下列圖型選擇出適當的電磁閥來使用。

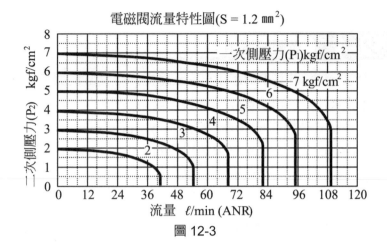

圖 12-3

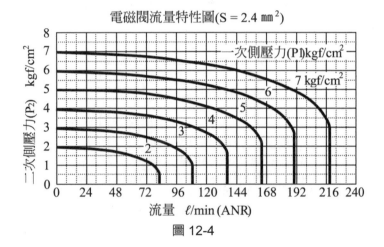

圖 12-4

當 P_1 = 6 kgf/cm^2、P_2 = 2.39 kgf/cm^2，從圖 12-3 中僅有最大流量 Q = 96 ℓ/min (ANR)，無法找到足夠的流量，要再大一號 (S = 2.4 mm^2) 才能滿足最大的需求，查表該條件為 192 ℓ/min (ANR) > 實際需求 154 ℓ/min (ANR)，固能滿足最大流量的需求。因此，S = 2.4 mm^2 是該頂料缸最小需求的有效斷面積；若比這個 (S = 2.4 mm^2) 大當然可滿足需求，但購買成本可能會較高些。

例題 12-4　調壓閥選用

　　一般平衡缸皆要配合調壓閥來使用，甚至為提高平衡缸的靈敏度，需要挑選精密型調壓閥 (有配備排氣孔，可快速排除超高壓空氣) 搭配。

　　已知條件：從平衡式槓桿起重機構 (如圖 12-5) 條件得知，

平衡缸的最大出力 (是末端出力的 5 倍)：30 kgf × 5 = 150 kgf，而

最大行程 (是末端行程的 1/5 倍)：$500\,mm \times \dfrac{1}{5} = 100\,mm$，

速度 (則是末端速度的 1/5 倍)：$300\,mm/sec \times \dfrac{1}{5} = 60\,mm/sec$，

平衡缸的負荷率 η 取 0.6，就以前述條件選擇最適當的平衡缸。

最大重量、行程及速度
Fmax：30 kgf，S：500 mm
Vmax：300 mm/sec
手動速度：100 mm/sec

圖 12-5　平衡式槓桿起重機構

解

欲找到適當的調壓閥，必須知道三個要素：

1.　調壓閥二次側壓力在哪個範圍中。

2.　通過該調壓閥的最大流量。

3.　該調壓閥的最大排洩量多少等三個條件，如此才能找到條件符合的調壓閥。

(1)　平衡缸的缸徑 $D = \sqrt{\dfrac{4 \times F_P}{\pi \times P \times \eta}} = \sqrt{\dfrac{4 \times 150}{\pi \times 6 \times 0.6}} = 7.28(cm)$，

　　選用 $\phi 80\,mm$ 之氣壓缸

(2)　調壓閥二次側壓力 $P = \dfrac{150}{\dfrac{\pi}{4} \times 8^2} = 3.0\ kgf/cm^2$【ANR】

(3)　最大空氣消耗流量

$Q = A \times V \times e = \dfrac{\pi}{4} \times 8^2 \times 6 \times \dfrac{3.0 + 1.033}{1.033} \times 60 \times 10^{-3} = 70.6\ \ell/min$ 【ANR】

(4)　手動操作消耗流量

$$Q = A \times V \times e = \frac{\pi}{4} \times 8^2 \times 2 \times \frac{3.0 + 1.033}{1.033} \times 60 \times 10^{-3} = 23.5 \ \ell/min \ 【ANR】$$

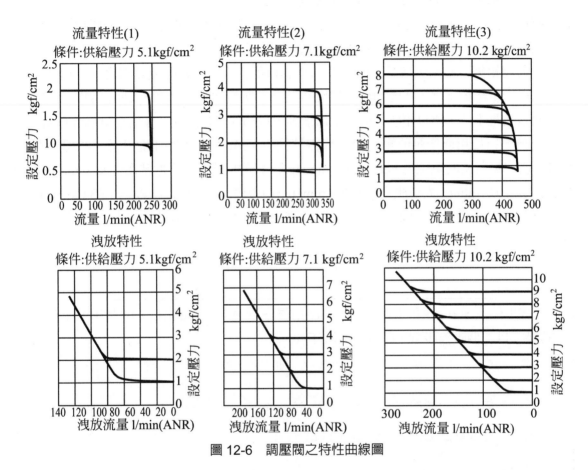

圖 12-6　調壓閥之特性曲線圖

從上圖 12-6 三種不同調整壓力之調壓閥特性曲線圖中，挑選出符合條件者。

1.　從二次側壓力 3 kgf/cm² 得知，如挑選流量特性 2. 設定壓力可到達 4 kgf/cm²，非常能符合現有條件的，若選用流量特性 (1) 及流量特性 (3)，則 (1) 設定壓力 (4 kgf/cm²) 太低，無達到要求，又 (3) 者設定壓力雖可符合，但在調整時會較為費時，不太方便使用。

2.　以流量方面來考量，流量特性 (2) 的調壓閥在 4 kgf/cm² 時正常流量可達 250 ℓ/min 【ANR】以上，洩放流量可達 90 ℓ/min 【ANR】以上，而本題所需最大空氣消耗流量 Q = 70.6 ℓ/min 【ANR】、手動操作消耗流量 Q = 23.5 ℓ/min 【ANR】，都已超過本題所需要的流量，所以可符合本題需求，若挑選流量特性 (2) 的調壓閥即可滿足本題平衡缸所需。

例題 12-5　真空吸盤選用

眞空吸盤的選用時需注意下面所列要點：

1. 吸取方式如爲水平 (縱向) 方向，因物件的重心幾乎會落在吸盤之有效吸取範圍內，吸盤與物件表面可較爲緊密接觸，故預估吸取重量以物件重量的 4 倍裕量爲準。

2. 若使用鉛錘方向來吸取時，因物件的重心會落在吸盤有效吸取範圍之外，物件受地心引力影響會下垂，造成物件有翻轉的力矩，會影響吸盤與物件表面接觸的緊密性，吸取效果不佳，所以預估吸取重量需加大，以物件重量的 6 ～ 8 倍裕量爲計算基準。

另外，所使用眞空壓的壓力單位皆需轉換爲 kgf/cm^2，如此才能計算出吸盤面積，例如：眞空壓所給的單位爲 bar、kPa、mmHg 等不同的單位，都需轉換成 kgf/cm^2 單位。轉換的大小爲 1atm(1 大氣壓力) = 760 mmHg = 1.013 bar = 101.3 kPa = 1.033 kgf/cm^2，利用此轉換公式都可把不同單位都可轉爲 kgf/cm^2，即可計算出吸盤大小。

若工件重 500 gf 採用水平吸取，使用眞空壓爲 –450 mmHg，則選用多大的眞空吸盤 (以 2 個吸盤吸取) 即可吸取該工件。

解

首先把眞空壓力轉換爲 kgf/cm^2 數，–450 mmHg = $\dfrac{-450}{760} \times 1.033$ = –0.61 kgf/cm^2。

再來工件 500 gf × 4 = 2000 gf = 2 kgf，

應用 F = P × a × n ⇒ a = $\dfrac{F}{P \times n}$ = $\dfrac{2}{0.61 \times 2}$ = 1.64 (cm^2)，

而 1.64cm^2 是每個眞空吸盤的有效面積，並把有效面積轉換爲吸盤參考直徑，最後以參考直徑數值挑選出最符合的吸盤。

由 A = $\dfrac{\pi}{4} \times D^2$ ⇒ D = $\sqrt{\dfrac{4A}{\pi}}$ = $\sqrt{\dfrac{4 \times 1.64}{\pi}}$ = 1.445 cm，

依據 1.445 cm = 14.45 mm，挑選 ⌀16 的眞空吸盤是最爲妥當。

　　市售真空吸盤常用規格 (稱呼徑)：$\phi2$、$\phi4$、$\phi6$、$\phi8$、$\phi10$、$\phi13$、$\phi16$、$\phi20$、$\phi25$、$\phi32$、$\phi40$、$\phi50$。

　　當計算出盤徑參考直徑值後，就以市售規格中 (稱呼徑) 挑選出最恰當的一個來使用。而吸盤的形狀至少有分下列多種：

1. 平型：適用於一般不易變形且表面平坦的物件。
2. 平型內唇型：適用於較易變形或釋放真空時要易脫離物件的情況。
3. 深型：適用於物件表面為曲面之情形。
4. 伸縮型：無足夠之空間做緩衝之場合，就靠吸盤本身的緩衝結構。
5. 擺首型：吸取的物件之表面非為水平面之情形，吸取後能自由調整角度。

　　以上五種不同種類的吸盤型式，是要給業界針對各種不同情形有所選用的。

例題 12-6　真空產生器選擇

在選擇真空產生器時,需從吸著時間(可從整個加工過程中預估出來)先算出最小理論吸入流量(Q_{min}),再由最小理論吸入流量,推導出真空產生器的參考吸入流量(Q_1),最後就以參考吸入流量來挑選出真空產生器,並可了解所選出之真空產生器的真實額定流量(Q_{rate})。而最小理論吸入流量計算的吸著時間,是取 1 倍或 3 倍與最大的使用真空度有關:

1. 如果真空度 < 63%(0.65 kgf/cm^2) 之完全真空壓力,吸著時間是取 1 倍即可。
2. 若是真空度 > 63%(0.65 kgf/cm^2) 之完全真空壓力,吸著時間直接取 3 倍。

下面即是有關真空產生器選用時的相關專業規定。

(1) t_1:未達 63% (–0.65 kgf/cm^2) 之完全真空壓力所需的吸著時間 (sec),

   $t_1 = 60 \times V/Q_{min}$

(2) t_2:超過 63% (–0.65 kgf/cm^2) 之完全真空壓力所需的時間 (sec),

   $t_2 = 3 \times t_1 = 3 \times 60 \times V/Q_{min}$

(3) V:真空產生器與吸盤間配管容積 (ℓ)

(4) Q_{min}:理論最小吸入流量,ℓ/min (ANR)

(5) Q_1:選用真空產生器的參考吸入流量 $Q_1 = 2.5 \times Q_{min}$,ℓ/min (ANR)

(6) Q_{rate}:真空產生器的額定吸入流量,需比參考吸入流量 (Q_1) 稍大,ℓ/min (ANR)

(7) Q_c:真空產生器的空氣消耗流量,ℓ/min (ANR)

解

1. 從上面【例 12-5】吸盤使用之真空壓力為 –450 mmHg (–0.61 kgf/cm^2) < 63% (0.65 kgf/cm^2),即可知道理論上計算吸入管線之最小吸入流量 (Q_{min}),僅需 1 倍的吸著時間 0.1sec 而已,由 t_1 (sec) = V(ℓ)/Q_{min} (ℓ/min【ANR】)/60 計算得之,其 V 為吸入管路容積

$$V = \frac{\pi}{4} \times \phi^2 \times L = \frac{\pi}{4} \times 0.27^2 \times 40 = 2.29 \times 10^{-3} \ (\ell) \ ,$$

則最小吸入流量 $Q_{min} = \dfrac{60 \times V}{t_1} = \dfrac{60 \times 2.29 \times 10^{-3}}{0.1} = 1.374$ (ℓ/min【ANR】)。

2. 在 6 kgf/cm^2 時驅動，選用真空產生器的參考吸入流量 Q_1 為最小吸入流量的 2.5 倍，
$Q_1 = 2.5 \times Q_{min}$ (ℓ/min 【ANR】) $= 2.5 \times 1.374 = 3.435$ (ℓ/min 【ANR】)，真空產生器選用的額定吸入流量，需比參考吸入流量 (Q_1) 稍大即可，因此參考下面圖 12-7，從中挑選出最適當的一個。從 1 ～ 8 號的真空產生器在 6kgf/cm^2 時，真空壓力皆達 -0.63 kgf/cm^2 以上，也都大於 -450 mmHg (-0.61 kgf/cm^2) 實際需求的真空度。

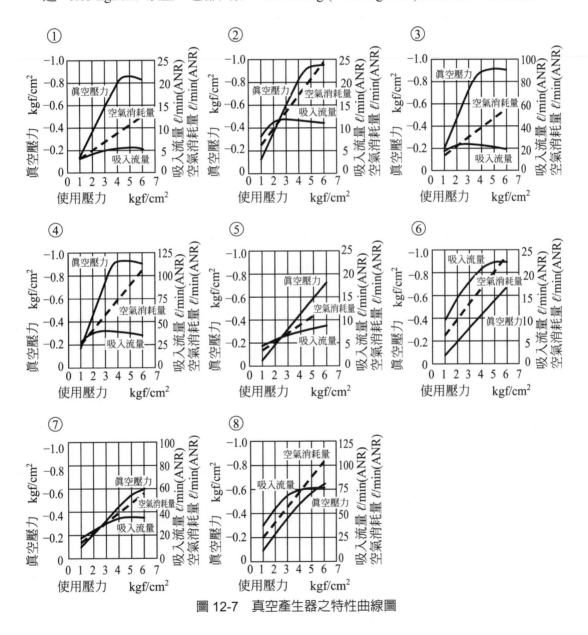

圖 12-7　真空產生器之特性曲線圖

另外，以吸入流量來看，在衡量真空產生器的吸入流量與空氣消耗量時，圖 12-7 中第 5 個圖之真空產生器是最符合吸氣量大 (Q_{rate}：8 ℓ/min【ANR】)、消耗量少的優點 (Q_c：13 ℓ/min【ANR】)。

假如，真空壓力超過完全真空壓力之 63% (0.65 kgf/cm^2)，吸著時間直接取 3 倍。

已知條件：負載 W = 0.5 kgf，真空產生器與吸盤間管線內徑，

長度：$\phi 4.0 \times 0.4$ m，

吸盤 1 個以垂直方式 (裕量取 8 倍) 吸取物件，

真空壓力 P_V：–75 kPa，

允許最大吸著時間：0.25sec，

真空產生器所使用空氣壓力 P = 5.5 kgf/cm^2，

試找出最恰當的真空產生器。

解

1. 真空壓力 –75 kPa = $-\dfrac{75}{101.3} \times 1.033 = -0.765$ (kgf/cm^2) 大於完全真空壓力之 63% (0.65 kgf/cm^2)，故計算最小吸入流量直接取吸著時間的 3 倍，

$$Q_{min} = \frac{3 \times 60 \times V}{t_2} = \frac{3 \times 60 \times \frac{\pi}{4} \times 0.4^2 \times 40 \times 10^{-3}}{0.25} = 3.62\ (\ \ell/min\ 【ANR】)。$$

2. 在常壓 5.5 kgf/cm^2 壓縮空氣供應時，選用真空產生器的參考吸入流量 Q_1 為最小吸入流量的 2.5 倍，$Q_1 = 2.5 \times Q_{min}(\ \ell/min\ 【ANR】) = 2.5 \times 3.62 = 9.05\ (\ \ell/min\ 【ANR】)$，真空產生器選用的額定吸入流量，需比參考吸入流量 (Q_1) 稍大即可，因此上面圖 12-7 中，從裡頭挑選出最適當的一個。因真空壓力超過完全真空壓力之 63% (0.65 kgf/cm^2) 以上，5 ～ 8 號的真空產生器的真空度皆低於實際需求。僅能從 1 ～ 4 號挑選，其中 1 號的吸入流量不足 (約 5.5 ℓ/min【ANR】)，就挑選出 2 號真空產生器，該元件的吸入流量約為 11 ℓ/min【ANR】比實需求 9.05 ℓ/min【ANR】稍大些，非常符合實際需求，且吸入量 / 消耗量之比值也很優異；至於 3、4 號真空產生器因吸入流量比實際需求大很多，而且空氣消耗量也很大，不是好的選擇。

例題 12-7　衝擊缸選用

有一台小型氣壓式衝壓床，驅動氣壓缸之空氣壓力 6 kgf/cm²，在 0.08 秒內要帶著 15 kgf 重量的模具向下行走 100 mm 完成沖壓的動作，試求出衝擊缸之大小、衝擊能量高低及消耗空氣量多寡。

解

1. 因衝擊缸的加速度非常大，必須單獨求出因加速度所產生之慣性力，而衝擊缸以垂直向下方式安裝，其加速度大小由運動學公式

$$S = V_0 \times t + \frac{1}{2} \times a \times t^2$$

因起始狀態是停止的，故 $V_0 = 0$，得

$$\rightarrow a = \frac{2S}{t^2} = \frac{2 \times 10}{0.08^2} = 3125 \text{ cm/sec}^2 (內含重力加速度 980 \text{ cm/sec}^2),$$

由氣壓缸所推動之加速度 $a_{cy} = 3125 - 980 = 2145 \text{ cm/sec}^2$，

故氣壓缸所需推力為，由牛頓第二運動定律求得推力

$$F = m \times a = \frac{15}{980} \times 2145 = 32.83 \text{ kgf}$$

$$D_C = \sqrt{\frac{4 \times F}{\pi \times \eta \times P}} = \sqrt{\frac{4 \times 32.83}{\pi \times 0.6 \times 6}} = 3.41 \text{ cm}$$

選用 ϕ40 之衝擊氣壓缸

2. 衝擊缸之最大衝擊能量 (KE)，係衡量衝擊缸之衝擊能力夠不夠之重要參考數據，

需由運動學 $KE = \frac{1}{2} \times m \times V^2$ 求得

最大速度 $V_{MAX} = 3125 \times 0.08 = 250 \text{ cm/sec}$

$$KE = \frac{1}{2} \times m \times V^2 = \frac{1}{2} \times \frac{W}{g} \times V^2 = \frac{1}{2} \times \frac{15}{980} \times 250^2 = 478.3 \text{ (kgf-cm)} = 46.92 \text{ N-m}$$

3. 衝擊缸瞬間最大所要空氣流量 (Q_{MAX})，用來作為供給該缸之電磁閥選擇的數據。

$$Q_{MAX} = A \times V \times e = \frac{\pi}{4} \times 4^2 \times 250 \times \frac{6 + 1.033}{1.033} \times 60 \times 10^{-3} = 1283 \ (\ell/\text{min 【ANR】})$$

例題 12-8

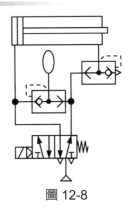

圖 12-8

　　小型儲氣筒之選用，因衝擊缸是很快速的移動，需求的空氣量非常大量，光只靠氣源的供應是來不及的，所以需要有儲氣筒先存些空氣起來預備，當大量用氣時可補充不及的量。而此處小型儲氣筒係裝置在電磁閥與衝擊缸之間，裝置的迴路如圖 12-8，此種裝置方式的優點在可使用較小號的電磁閥，因衝擊缸快速移動時瞬間所通過閥件氣體流量較少，儲氣筒之氣體此時不需通過閥件。缺點為需再加裝一顆快速排氣閥，會使迴路複雜些。

　　其他瞬間供氣時之條件，如下所述：

1. 衝擊缸負荷率 (η) 為 60%，並在向下行程做衝擊動作，
   假設衝擊缸快速前進時，儲氣筒供應一半用氣量，另一半由氣源供應。
2. 儲氣筒供氣是以絕熱膨脹過程供應，其計算公式為 $P_1 V_1^n = P_2 V_2^n$　(n = 1.4)。
3. P_1：儲氣筒最高壓力 (即系統最高壓力)，此處為 6 kgf/cm² 。
4. P_2：氣體膨脹後儲氣筒的壓力，但基於系統穩定性之考量，
   此處僅允許從最高壓力下降 0.5 kgf/cm² 。
5. V_1：儲氣筒容積大小，單位：cm³ 。
6. V_2：膨脹後氣體之體積 = 儲氣筒容積大小 + 衝擊缸容積的一半 + 儲氣筒至衝擊缸之間管線容積的一半，(因管線容積太小可忽略不計)，單位：cm³ 。

解

　　因膨脹過程為絕熱膨脹 n = 1.4 次方，由儲氣筒容積計算公式可得知如下：

$$\text{由 } P_1 V_1^n = P_2 V_2^n \Rightarrow \left(\frac{V_2}{V_1}\right)^{1.4} = \frac{P_1}{P_2} \Rightarrow \left(\frac{V_1 + \frac{1}{2}V_{CY}}{V_1}\right)^{1.4} = \frac{6+1.033}{(6-0.5)+1.033} = 1.0765$$

$$V_{CY} = \frac{\pi}{4} \times 4^2 \times 10 = 125.7 \text{ cm}^3 \qquad \left(\frac{V_1 + \frac{1}{2}V_{CY}}{V_1}\right)^{1.4} = \left(\frac{V_1 + 62.85}{V_1}\right)^{1.4} = 1.0765$$

$$\text{令 } X = \frac{V_1 + 62.85}{V_1}$$

$$\text{則 } X^{1.4} = 1.0765 \Rightarrow X = 1.054 \Rightarrow \frac{V_1 + 62.85}{V_1} = 1.054 \Rightarrow V_1 = 1163.9 \text{ cm}^3$$

歡迎加入 全華會員

● 會員獨享
會員享購書折扣、紅利積點、生日禮金、不定期優惠活動⋯等。

● 如何加入會員
填妥讀者回函卡直接傳真 (02) 2262-0900 或寄回，將由專人協助登入會員資料，待收到 E-MAIL 通知後即可成為會員。

如何購買 全華書籍

1. 網路購書
全華網路書店「http://www.opentech.com.tw」，加入會員購書更便利，並享有紅利積點回饋等各式優惠。

2. 全華門市、全省書局
歡迎至全華門市（新北市土城區忠義路 21 號）或全省各大書局、連鎖書店選購。

3. 來電訂購
(1) 訂購專線：(02) 2262-5666 轉 321-324
(2) 傳真專線：(02) 6637-3696
(3) 郵局劃撥（帳號：0100836-1　戶名：全華圖書股份有限公司）
※ 購書未滿一千元者，酌收運費 70 元。

OpenTech.com.tw 全華網路書店

全華網路書店 www.opentech.com.tw
E-mail: service@chwa.com.tw

※ 本會員制如有變更則以最新修訂制度為準，造成不便請見諒。